防灾减灾系列教材

应急管理概论

杨月巧 编著

清华大学出版社
北京

内容简介

本教材以应急管理理论作为研究对象,对应急管理基础和体系进行了深入的研究。其中基础研究以应急管理基本概念及其发展历程为主;体系研究以"一案三制"为研究主线,分别阐述了应急预案、应急法制、应急体制和应急机制的相关理论,并在此基础上总结了"一案三制"之间的相互关系。由于地震灾害的难以预测性、突发性、复杂性及损失严重性等特点,本教材在应急管理理论基础上又对地震应急管理作了相应的研究。

本教材可供高等院校和科研院所相关专业的师生使用,也可供有关应急管理、公共产业管理相关的研究人员参考,同时也可作为各级政府部门学习应急管理基础知识的入门教材。

版权所有,侵权必究。举报:010-62782989,beiqinquan@tup.tsinghua.edu.cn。

图书在版编目(CIP)数据

应急管理概论/杨月巧编著.—北京:清华大学出版社,2016(2023.8重印)
(防灾减灾系列教材)
ISBN 978-7-302-45077-1

Ⅰ.①应… Ⅱ.①杨… Ⅲ.①灾害防治-教材 Ⅳ.①X4

中国版本图书馆 CIP 数据核字(2016)第 222665 号

责任编辑: 佟丽霞
封面设计: 常雪影
责任校对: 王淑云
责任印制: 丛怀宇

出版发行: 清华大学出版社
网　　址: http://www.tup.com.cn, http://www.wqbook.com
地　　址: 北京清华大学学研大厦 A 座　　**邮　编:** 100084
社 总 机: 010-83470000　　**邮　购:** 010-62786544
投稿与读者服务: 010-62776969, c-service@tup.tsinghua.edu.cn
质量反馈: 010-62772015, zhiliang@tup.tsinghua.edu.cn
印 装 者: 三河市铭诚印务有限公司
经　　销: 全国新华书店
开　　本: 185mm×230mm　　**印　张:** 19.75　　**字　数:** 429 千字
版　　次: 2016 年 10 月第 1 版　　**印　次:** 2023 年 8 月第 12 次印刷
定　　价: 59.00 元

产品编号:069454-04

"防灾减灾系列教材"编审委员会

主　　任：薄景山

副主任：刘春平　迟宝明

委　　员：（按姓氏笔画排序）

万永革	马胜利	丰继林	王小青	王建富	王慧彦
田勤俭	申旭辉	石　峰	任金卫	刘耀伟	孙柏涛
吴忠良	张培震	李小军	李山有	李巨文	李　忠
杨学山	杨建思	沈　军	肖专文	林均岐	洪炳星
胡顺田	徐锡伟	袁一凡	袁晓铭	贾作璋	郭子辉
郭恩栋	郭　迅	郭纯生	高尔根	高孟潭	梁瑞莲
景立平	滕云田				

丛 书 序

防灾减灾是亘古以来的事业。有了人类就有了防灾减灾,也就有了人类对防灾减灾的认识。人类社会的历史就是一部人与自然不断协调、适应和斗争的历史。防灾减灾又是面向未来的事业,随着我国经济社会的高速发展,我们需要更多优秀的专业人才和新生力量,为亿万人民的防灾减灾工作作出更大贡献。因此,大力发展防灾减灾教育,是发展防灾减灾事业的重要基础性工作。

防灾科技学院是我国唯一的以防灾减灾专业人才培养为主的高等学校,拥有勘查技术与工程和地球物理学两个国家级特色专业建设点。多年来,学院立足行业、面向社会,以防灾减灾类特色专业群建设为核心,在城市防震减灾规划编制、地震前兆观测数据处理、城市震害预测及应急处理等领域取得了一系列科研成果,在汶川地震、玉树地震等国内重大地震灾害的应急处理工作中作出了应有的贡献。学院坚持科学的办学方针,在整个教学体系中既注重专业技术知识的讲授,又注重社会责任方面的教育和培养,为国家培养了一大批优秀的防灾减灾专业人才,在行业职业培训、应急科普等领域开展了大量卓有成效的工作。

为系统总结学院在重点学科建设和人才培养方面所取得的科研和教学成果,进一步深化教学改革,全面提高教学质量和科研水平,服务我国防灾减灾事业,我们组织编写了这套"防灾减灾系列教材"。系列教材覆盖了防灾减灾类特色专业群的主要专业基础课和专业课程,反映了相关领域的最新科研成果,注重理论联系实际,强调可读性和教学适用性,力求实现系统性、前沿性、实践性和可读性的有机结合。系列教材的编委和作者团队既有学院的教师,也有来自中国地震局相关科研院所的专家。他们均为相关领域的骨干专家和教师,具有较深厚的科研积累、丰富的教学经验和实际防灾减灾工作经验,保证了教材编写的质量和水平。希望本套教材的出版和发行能够为我国防灾减灾领域的专业教育、职业培训和科学普及工作发挥积极的作用。

编写防灾减灾系列教材是一项新的尝试,衷心希望业内专家学者和全社会关心防灾减灾事业的读者对本系列教材的编写工作提出有益的建议和意见,以便我们不断改进完善,逐步将其建设成为一套精品教材。清华大学出版社对本套系列教材的编写给予了大力支持,在此表示衷心的感谢。

丛书编委会
2012 年 10 月

前 言
FOREWORD

受国内外诸多因素影响,中国各类突发事件多发、频发、高发,从表面看,这些突发事件的发生都具有偶然性,但是深入探讨事件的发生背景和成因,往往又具有一定的必然性。因此,仅把应急管理的研究领域局限于应对研究或者应急救援研究是片面的,只有从突发事件的全周期、全过程来研究突发事件的应急管理,才能更好地降低风险,减少经济和社会损失,才能贯彻落实科学发展观、构建社会主义和谐社会。

我国的应急管理以"一案三制"建设为中心,在应急预案、应急法制、体制和机制方面取得了卓有成效的进步。但是,现有的应急管理的研究体系主要有以下三种:第一种是沿袭美国的应急管理研究体系,第二种以四大类突发事件作为研究体系,第三种是按照突发事件发生的过程进行研究。这些研究思路与我国的应急管理"一案三制"的建设体系不一致,本教材以"一案三制"为研究体系,在对应急管理进行理论分析的基础上,对应急预案、应急管理法制、体制和机制进行系统的介绍。

在各类突发事件中,地震灾害具有活动频度高、强度大、震源浅、分布广的特点,在多次应对重大地震灾害的过程中,我国已形成一套有效的应急救援经验,与地震应急救援实践相比,地震应急管理理论研究远远落后。现有地震应急管理理论研究的内容主要集中在应急救援方面,而不是全周期的管理。本书从全周期的角度,专门在各章对地震应急管理进行分析,明晰地震应急管理的体系内容。

本教材的特点是:

(1) 将应急管理与地震应急管理相结合,从突发事件应急管理的普遍性到地震应急管理的特殊性两方面论述应急管理的基础和体系。

(2) 以"一案三制"建设作为研究体系,与我国的应急管理实践相统一。

(3) 理清应急管理及其相关概念,对应急管理的法制、体制和机制等基本问题进行系统的总结和归纳。

作为防灾科技学院精品课程建设的成果之一,本教材的初衷是为公共事业管理和应急管理相关专业的本科生提供一本兼顾应急管理与地震应急管理的基础的、内容丰富的入门教材。本教材的编写人员很早就开始应急管理领域的理论与实践的研究,同时开始人才培养教学实践方面的思考与探索。因此本教材立足于教学实践,吸收相关教材、参考资料的精髓,结合学生的反馈,经历了"编写—试用—征求意见—修改—再修改",几易其稿才得以完成。

由于学识与能力有限,本书难免有遗漏和不足之处,希望应急管理专家学者、从事实践工作的应急管理人员及广大读者提出批评和意见,使本教材不断完善,在此表示衷心感谢!

杨月巧

2016年6月

目录
CONTENTS

第 1 部分　应急管理基础

第 1 章　应急管理基本概念 … 3
1.1　突发事件 … 4
- 1.1.1　突发事件概念 … 4
- 1.1.2　突发事件分类 … 7
- 1.1.3　突发事件原理 … 9
- 1.1.4　突发事件分级 … 11

1.2　应急管理及相关概念 … 13
- 1.2.1　应急管理 … 13
- 1.2.2　危机管理 … 15
- 1.2.3　风险管理 … 18
- 1.2.4　公共安全管理 … 19
- 1.2.5　紧急状态管理 … 20
- 1.2.6　常态管理 … 20

1.3　应急管理生命周期理论 … 21
- 1.3.1　管理研究 … 22
- 1.3.2　过程研究 … 23

1.4　应急管理工作原则 … 25

1.5　突发事件：地震 … 29
- 1.5.1　地震成因 … 29
- 1.5.2　地震相关概念 … 29
- 1.5.3　地震分类 … 30

1.6　地震灾害 … 31
- 1.6.1　地震灾害及相关概念 … 31
- 1.6.2　地震灾害分级指标 … 31

    1.6.3 地震灾害链 ··· 32
    1.6.4 我国地震灾害的特点 ······································· 36
  1.7 地震应急管理 ·· 37
    1.7.1 地震应急管理 ··· 37
    1.7.2 地震应急管理内容 ·· 38
    1.7.3 地震应急管理事件分类 ··································· 39
    1.7.4 地震应急救援 ··· 42
  习题 ··· 43

第 2 章 应急管理发展历程 ··· 44
  2.1 我国应急管理的发展历程及发展趋势 ·· 44
    2.1.1 我国应急管理的发展历程 ······························· 44
    2.1.2 我国应急管理的模式 ······································· 47
    2.1.3 我国应急管理的发展趋势 ······························· 50
  2.2 美国应急管理的发展历程及发展趋势 ·· 52
    2.2.1 美国应急管理发展历程及重要阶段 ··············· 52
    2.2.2 美国应急预案建设 ·· 58
    2.2.3 应急管理体制 ··· 58
    2.2.4 应急管理机制 ··· 60
    2.2.5 应急管理法制 ··· 61
    2.2.6 应急保障系统 ··· 62
    2.2.7 案例：卡特里娜飓风 ······································· 63
  2.3 日本应急管理的发展历程及发展趋势 ·· 65
    2.3.1 日本应急管理发展历程 ··································· 65
    2.3.2 预案编制体系 ··· 65
    2.3.3 法制 ··· 69
    2.3.4 日本应急管理体制 ·· 74
    2.3.5 日本应急管理机制 ·· 78
    2.3.6 案例：东日本大地震 ······································· 80
  2.4 地震应急管理的发展历程及发展趋势 ·· 90
    2.4.1 从地震中学习 ··· 90
    2.4.2 从地震中反思 ··· 91
    2.4.3 地震应急管理法制化 ······································· 92
    2.4.4 应急管理工作深入开展 ··································· 94
    2.4.5 地震应急管理工作新挑战 ······························· 95

  2.4.6 地震应急管理工作新发展……………………………………… 100

习题…………………………………………………………………………… 104

第 2 部分　应急管理体系

第 3 章　应急预案 …………………………………………………………… 107

 3.1 概述 ……………………………………………………………… 108

  3.1.1 应急预案与预案管理 …………………………………… 108

  3.1.2 应急预案发展历程 ……………………………………… 109

  3.1.3 应急预案管理范围 ……………………………………… 109

  3.1.4 应急预案管理基本原则 ………………………………… 110

 3.2 应急预案体系构成 ……………………………………………… 111

  3.2.1 按突发事件性质划分 …………………………………… 111

  3.2.2 按应急预案功能划分 …………………………………… 112

  3.2.3 按行政区域划分 ………………………………………… 113

 3.3 应急预案编制 …………………………………………………… 116

  3.3.1 应急预案影响因素 ……………………………………… 116

  3.3.2 应急预案基本内容 ……………………………………… 116

  3.3.3 预案核心要素 …………………………………………… 118

  3.3.4 预案编制过程 …………………………………………… 123

  3.3.5 应急预案文件体系 ……………………………………… 126

 3.4 应急预案批准、备案与发布 …………………………………… 127

  3.4.1 应急预案批准 …………………………………………… 127

  3.4.2 应急预案备案 …………………………………………… 127

  3.4.3 应急预案发布 …………………………………………… 128

 3.5 应急预案更新与修订 …………………………………………… 128

  3.5.1 应急预案动态更新 ……………………………………… 128

  3.5.2 应急预案修订 …………………………………………… 128

 3.6 应急预案宣传、培训和演练 …………………………………… 129

  3.6.1 应急预案宣传和培训 …………………………………… 129

  3.6.2 应急预案演练 …………………………………………… 133

 3.7 国家地震应急预案 ……………………………………………… 138

  3.7.1 国家地震应急预案修订过程 …………………………… 138

  3.7.2 国家地震应急预案分析 ………………………………… 141

3.7.3　地震应急预案规定的应急期关键业务……………………………… 142
　习题…………………………………………………………………………………… 146

第4章　应急管理法制……………………………………………………………… 147

4.1　法制 ………………………………………………………………………… 147
4.2　应急管理法制概述 ………………………………………………………… 149
　　4.2.1　应急管理法律定义 ………………………………………………… 149
　　4.2.2　应急管理法律特点 ………………………………………………… 149
　　4.2.3　应急管理法制框架 ………………………………………………… 150
　　4.2.4　应急管理法制构成 ………………………………………………… 152
4.3　《突发事件应对法》………………………………………………………… 155
　　4.3.1　《突发事件应对法》总体思路 ……………………………………… 155
　　4.3.2　《突发事件应对法》内容解析 ……………………………………… 157
4.4　地震应急管理法制 ………………………………………………………… 159
　　4.4.1　地震应急管理法规体系 …………………………………………… 159
　　4.4.2　《防震减灾法》……………………………………………………… 161
习题…………………………………………………………………………………… 167

第5章　应急管理体制……………………………………………………………… 168

5.1　体制 ………………………………………………………………………… 168
5.2　应急体制 …………………………………………………………………… 169
　　5.2.1　应急管理体制定义及特征 ………………………………………… 169
　　5.2.2　中国应急管理体制建设的背景 …………………………………… 169
5.3　我国应急管理体制发展历程 ……………………………………………… 170
　　5.3.1　第一阶段：单一灾种应急管理体制 ……………………………… 170
　　5.3.2　第二阶段：共同参与的应急管理体制 …………………………… 171
　　5.3.3　第三阶段：综合性应急管理体制 ………………………………… 171
5.4　应急管理体制基本内容 …………………………………………………… 171
　　5.4.1　统一领导 …………………………………………………………… 171
　　5.4.2　综合协调 …………………………………………………………… 172
　　5.4.3　分类管理 …………………………………………………………… 172
　　5.4.4　分级负责 …………………………………………………………… 172
　　5.4.5　属地管理为主 ……………………………………………………… 174
5.5　应急管理机构 ……………………………………………………………… 175
　　5.5.1　应急管理工作机构 ………………………………………………… 175

  5.5.2 应急管理组织机构 …………………………………………… 179
5.6 我国现行的应急管理体制优势和存在问题分析 ………………………… 181
  5.6.1 我国应急管理体制优势 ………………………………………… 181
  5.6.2 应急体制现存问题分析 ………………………………………… 181
5.7 地震应急管理体制 …………………………………………………… 184
习题 ……………………………………………………………………… 187

第6章 应急管理机制 …………………………………………………… 188

6.1 机制概述 …………………………………………………………… 189
6.2 应急机制概述 ……………………………………………………… 189
  6.2.1 应急管理机制的定义及特征 …………………………………… 189
  6.2.2 中国应急管理机制建设的背景 ………………………………… 189
  6.2.3 应急管理机制研究思路 ………………………………………… 190
6.3 预防和预警 ………………………………………………………… 191
  6.3.1 预防机制 ………………………………………………………… 191
  6.3.2 应急管理监测预警机制 ………………………………………… 193
  6.3.3 预防与预警机制的相互关系 …………………………………… 194
6.4 应急处置 …………………………………………………………… 195
  6.4.1 信息报告 ………………………………………………………… 195
  6.4.2 先期处置 ………………………………………………………… 197
  6.4.3 应急响应 ………………………………………………………… 204
  6.4.4 信息发布 ………………………………………………………… 205
  6.4.5 应急结束 ………………………………………………………… 207
6.5 恢复与重建 ………………………………………………………… 210
  6.5.1 善后处置 ………………………………………………………… 210
  6.5.2 调查与评估 ……………………………………………………… 212
  6.5.3 恢复重建机制 …………………………………………………… 215
6.6 地震应急机制 ……………………………………………………… 220
  6.6.1 震前应急机制 …………………………………………………… 220
  6.6.2 震中应急机制 …………………………………………………… 222
  6.6.3 震后应急机制 …………………………………………………… 226
习题 ……………………………………………………………………… 226

第7章 一案三制 ………………………………………………………… 227

7.1 "一案三制"相互关系 ………………………………………………… 227

  7.1.1 "一案三制"：四要素之间的关系 …………………………… 227
  7.1.2 "一案三制"：体制优先 ………………………………………… 229
  7.1.3 "一案三制"：机制服务于体制 ………………………………… 230
 7.2 《突发事件应对法》对"一案三制"的规定与解读 ……………………… 230
  7.2.1 《突发事件应对法》关于应急预案的规定与解读 ………………… 230
  7.2.2 《突发事件应对法》中关于应急体制的规定与解读 ……………… 232
 习题 ………………………………………………………………………………… 236

附录 A　法律 …………………………………………………………………… 237
 A.1　国家突发事件应对法(2007 年 11 月) ………………………………… 238
 A.2　国家防震减灾法(2008 年 12 月) ……………………………………… 249

附录 B　预案 …………………………………………………………………… 263
 B.1　国家突发公共事件总体应急预案(2005 年 1 月) …………………… 264
 B.2　破坏性地震应急条例 …………………………………………………… 270
 B.3　国家地震应急预案(2006 年 1 月修订) ……………………………… 275
 B.4　国家地震应急预案(2012 年 8 月修订) ……………………………… 286

参考文献 ………………………………………………………………………… 297

第1部分

应急管理基础

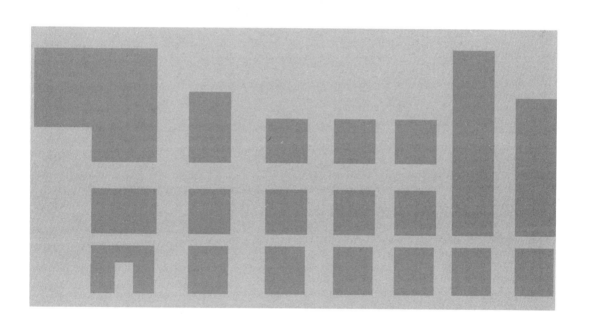

第 1 章

应急管理基本概念

学习目标:

(1) 掌握突发事件的概念及分类;掌握应急管理的概念及应急管理与危机管理的区别与联系、应急管理的工作原则;掌握地震的成因、地震波的概念与分类、震级与烈度的区别与联系。

(2) 理解突发事件相关概念;理解应急管理的全周期理论;理解风险管理的基本概念。理解地震灾害及相关概念;理解地震灾害链的概念;理解我国在地震应急方面的相关措施;理解地震应急的"一案三制"。

(3) 了解突发事件的动态演化原理、紧急事态管理和公共安全管理基本概念。

(4) 了解地震灾害和地震应急管理的相关概念。

本章知识脉络图

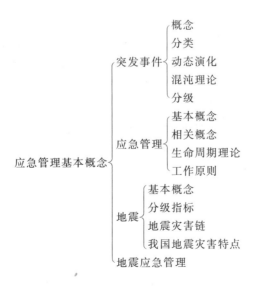

应急管理是近年来管理领域中出现的一门新兴学科,是一个综合了管理学、经济学、运筹学、信息技术以及各种专门知识的交叉学科,是专门研究突发事件现象及其发展规律的学科,是研究突发事件应急管理优化的科学。

1.1 突发事件

1.1.1 突发事件概念

1. 突发事件的概念

"突发事件"是一个使用频率较高的词语,社会上各行各业都在不同专业范围内诠释和使用着这一概念。但不知何故,《现代汉语词典》等权威辞书均未将其作为词目收录。近年来,对"突发事件"这一概念的准确定义和划分,一直是学术界普遍关注的问题。

从结构上看,"突发事件"是一个以"事件"为中心词,以"突发"为修饰成分的偏正结构词组。"突发",显然是"突然发生"的缩略;"事件",则是指"历史上或社会上发生的不平常的大事情"。按照该词典解释,"事件"是一个中性词,并无含有好坏、褒贬之意。因此,从字面上看,"突发事件"一词的含义就是"历史上或社会上突然发生的不平常的大事情"。从这个视角出发,"突发事件"就是一个外延极为宽泛的概念:凡是历史上或社会上突然发生的各种不平常的大事情,无论是好事还是坏事,都可以称之为"突发事件"。对于这个由"突然发生"和"影响重大"两个语义要素构成的"突发事件"概念,称为广义的"突发事件"。它的定义域可表示为:突然发生＋影响重大＋事件。

《国家突发公共事件总体应急预案》(简称《总体应急预案》)规定:突发事件是指突然发生,造成或可能造成重大人员伤亡、财产损失、生态环境破坏和严重社会危害、危及公共安全的紧急事件。

《中华人民共和国突发事件应对法》(简称《突发事件应对法》)中所称突发事件,是指突然发生,造成或者可能造成严重社会危害,需要采取应急处置措施予以应对自然灾害、事故灾难、公共卫生事件和社会安全事件。

《突发事件应对法》中对突发事件的定义将《总体应急预案》中突发事件的定义和分类有机地结合起来,二者都体现了突发事件的要素:一是突然性,事件发生后给人们思考、决策的时间很短;二是公共性,事件发生造成的后果危害或影响范围大;三是载体,即事件;四是强度大小,危及或可能危及社会安全程度不同。

显然,《国家突发公共事件总体应急预案》和《中华人民共和国突发事件应对法》给出的定义是一个现阶段比较成熟,并直接与实际工作相衔接的定义。本教材所采用的概念沿用这一定义。

2. 突发事件相关概念①

在中文文献中,关于"突发事件"在学术界和实践部门的近似提法还有"紧急事件""紧急情况""紧急状态""非常状态""戒严状态"等,这些提法在词语的描述上不尽一致,但其内涵大致相当,都是用来描述性质相近的一类事件或状态。

国内学术界往往把"突发事件"与"紧急事件""危机""灾害/灾难"等混用。在英文文献中,与 Emergency 相近或相关的概念有突发事件(Emergency/Disorder)、事件(Accident/Event/Incident)、危机(Crisis/Risk/Danger/Hazard)、灾害/灾难(Disaster/Catastrophe/Catastrophic Incident)。

(1)突发事件 Emergency/Disorder

Emergency:Sudden serious event or situation requiring immediate action. Emergency 直译为紧急情况,该定义体现了突发性、紧迫性和危害性的主要特点,是突发事件最常用的表达。

Disorder:Disruption. 意为"干扰",也有人将其翻译成"突发事件",多用于形容偏离初始均衡状态且比较容易被恢复的、小的同幅度的扰动。

(2)事件 Event/Accident/Incident

Event:A happening, especially an important, interesting, or unusual one. 通常指一般意义上的事件,是个含义相对中性的词,并不暗含对事件的积极或消极性质的说明。

Accident:Event that happens unexpectedly and causes damage, injury, etc. 通常用于描述事故,含有偶然发生、并非意料之中的意思,往往是有不利的后果。多用于交通事故。

Incident:

在英文中 incident 有三个意思:

第一,event or happening, often of minor importance. 指事情,很小的事情。

第二,hostile military activity between countries, opposing forces, etc. 指国际间或敌对力量等之间的敌对行动、军事冲突。

第三,public disturbance, accident or violence. 指骚乱、事故、暴力事件。

Incident 一词在应急管理以及与安全相关的文献中出现频率较高,用于表达突发的可能造成损失的事件,是一种比较标准的用法。我们提到灾难性事件时通常使用这个词,一般工业事故也常用这个词。

(3)危机 Crisis/Risk/Danger/Hazard

Crisis:Emergency; Turning-point in illness, life, history, etc; Time of difficulty danger or anxiety about the future.

Crisis 意为"危机",危险+机遇,危险中也孕育着机遇,其最初的含义是事件在发展过

---

① 本书采用的英文解释全部来源于:*Oxford advanced learner's English-Chinese dictionary* fourth edition, the commercial press & Oxford university press.

程中需要在短时间内做出重要决策的一个状态或阶段,是事件有可能变得更好或者更坏的一个临界点。

危机可以指社会,也可以是个人、家庭或者特定群体,而在危机前加上"公共"两字,在内涵和外延上就很接近"突发事件"的概念。所以在突发事件的称呼没有统一、规范之前,"公共危机"经常与"突发事件"混用。但危机在事件的发展过程中既有负面的、消极的因素,也有正面的、积极的因素,可以化危险为机遇。但突发事件只能"造成或者可能造成严重社会危害",通常不包括正面的、积极的因素。这也是"危机"与"突发事件"的主要区别。

Risk: the possibility of meeting danger or suffering harm, loss, etc. 意为"风险",是一种相对广义的概念。突发事件可以被认为是风险的重要组成部分。

danger: chance of suffering damage, loss, injury, etc=risk. 危险也是风险,danger 和 risk 有可能转化为 disaster。

Hazard: Danger, risk. Hazard 作为名词时通常指一种可能造成损失或者伤害的源头或根源,或者是一种会造成不好后果的未知或不可预测的现象。

(4) 灾害/灾难 Disaster/Calamity/Catastrophe

Disaster: Event that causes great harm or damage. Disaster 更多情况是指突然而发的造成悲惨、不幸以及痛苦等感受的损失或后果,多用于形容大规模的灾难性事件,尤其是自然灾害。

联合国国际减灾战略提供的《UNISDR 减轻灾害风险术语》(2009 年版)对灾害的界定是被广泛接受的定义。它定义灾害"是一个社区或社会功能被严重打乱(的事件),涉及广泛的人员、物资、经济或环境的损失和影响,且超出受到影响的社区或社会能够动用自身资源去应对。"能进入联合国国际减灾战略(UNISDR)数据库的灾害必须满足以下四个条件中的一个:①至少有 10 人死亡;②有 100 人受到影响;③相关的政府部门宣布进入应急状态;④中央政府请求国际援助。从这个标准来看,灾害是从事件所造成的后果(严重程度)及应对能力两个方面来界定的。灾害通常可以分为自然灾害和人为灾害:自然灾害,如地震、海啸、冰雪灾害、洪水、山体滑坡等;人为灾害,如危险化学品泄漏、炸弹爆炸、恐怖袭击等。

Calamity: an accident; a disaster, especially one causing a lot of damage or suffering. 通常是指特别重大、持续时间长的事故灾害。

Catastrophe: a sudden, unexpected, and terrible event that causes great suffering, misfortune, or ruin. 通常指巨灾。

根据美国《国家应对框架》(National Response Framework, NRP)(2008)对巨灾的定义,巨灾是任何导致大量人员伤亡、财产损失或给公众、基础设施、环境、经济、国民士气以及政府职能带来严重破坏的自然或人为事件,包括恐怖袭击。巨灾和灾难的主要区别在于灾难的大小、量级(magnitude)上,巨灾在量级上是比灾难更大的事件。

各个概念之间的关系如图 1-1 所示。

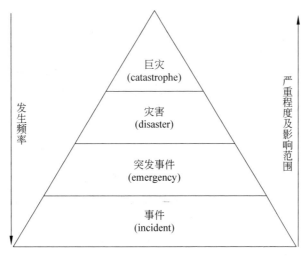

图 1-1　突发事件相关概念关系图

1.1.2　突发事件分类

对突发事件进行分类是各国应急管理的基础。突发事件的种类众多,纷繁复杂。根据不同的标准,突发事件可以作多种分类。

从国家突发事件管理的有效性和突发事件立法的科学性出发,最主要的分类是根据事件的性质分类。美国将突发事件分为三类:自然灾害(natural disasters)、技术灾害(technological disasters)和恐怖灾害(terrorist disasters)。其中自然灾害的发生是经常性的,包括大范围的自然灾害和严重的风暴、泥石流、雷击和龙卷风;技术灾害的模式与自然灾害的模式在某种程度上有所不同,随着现有技术的发展和变化以及新技术的引进,有害物质数量和种类也越来越多,例如采用核电站和液化天然气设施的能源技术,使越来越多的人生活在技术灾害的边缘;恐怖灾害是指恐怖袭击,是有意导致人员伤亡的一种行为。恐怖分子常常会利用技术灾害中涉及的材料引起巨大伤亡、造成严重损失。

从成因上看,突发事件可以分为自然性突发事件和社会性突发事件;从危害性上看,可以划分为轻度危害、中度危害和重度危害的突发事件;从预测性上看,可以分为可预测的突发事件和不可预测的突发事件;从可防可控性上看,可以分为可防可控的突发事件和不可防难控的突发事件;在城市区域上还可分为小城市、大中城市和特大城市突发事件等。

我国的突发事件按照《总体应急预案》规定,根据突发事件的发生过程、性质和机理,主要分为以下四类:

1. 自然灾害

自然灾害,指的是由于自然因素所引发的公共突发事件。当然,诱发自然灾害的原因并非绝对只有自然原因,特殊情况下人为因素也可能引发自然灾害,例如未熄灭的烟头引发的森林火灾、水库放水引发的地震等。

《总体应急预案》规定自然灾害主要包括水旱灾害、气象灾害、地震灾害、地质灾害、海洋灾害、生物灾害和森林草原火灾等。

《国家自然灾害救助应急预案》的规定更为具体。自然灾害包括水灾、旱灾、台风、冰雹、雪灾、沙尘暴等气象灾害，火山、地震灾害，山体崩塌、滑坡、泥石流等地质灾害，风暴潮、海啸、赤潮等海洋灾害，以及森林草原火灾、重大生物灾害等。

2. 事故灾难

《总体应急预案》规定事故灾难主要包括工矿商贸等企业的各类安全事故、交通运输事故、公共设施和设备事故、环境污染和生态破坏事件等。

与自然灾害不同，事故灾难在诱因上多具有人为因素，或者是自然因素与人为因素的结合。具体而言，我国的事故灾难包括：①安全生产事故，即各类工、矿、商、贸企业在其生产过程中发生的事故；②交通运输事故，包括铁路行车事故、民用航空器飞行事故、海上突发事故、城市地铁事故等；③公共设施与设备事故，包括电网事故、通信事故、核电厂事故、互联网事故等；④环境与生态事故，包括水污染、大气污染等。

3. 公共卫生事件

公共卫生事件主要包括传染病疫情、群体性不明原因疾病、食品安全和职业危害、动物疫情，以及其他严重影响公众健康和生命安全的事件。

根据《突发公共卫生事件应急条例》的规定，公共卫生事件是指"突然发生，造成或者可能造成社会公众健康严重损害的重大传染病疫情、群体性不明原因疾病、重大食物和职业中毒以及其他严重影响公众健康的事件"。集中表现为对人类或者动物的生命和健康造成危害的各种疾病，其诱因可以是自然因素也可以是人为因素。

其中，重大传染病疫情是指某种传染病在短时间内发生，波及范围广泛，出现大量的患者或死亡病例，其发病率远远超过常年的发病率水平的情况。群体性不明原因疾病是指在短时间内，某个相对集中的区域内同时或者相继出现具有共同临床表现的患者，且病例不断增加，范围不断扩大，又暂时不能明确诊断的疾病。重大食物和职业中毒是指由于食品污染和职业危害的原因而造成的人数众多或者伤亡较重的中毒事件。重大动物疫情，是指高致病性禽流感等发病率或者死亡率高的动物疫病突然发生，迅速传播，给养殖业生产安全造成严重威胁、危害，以及可能对公众身体健康与生命安全造成危害的情形，包括特别重大动物疫情。

4. 社会安全事件

社会安全事件主要包括恐怖袭击事件、经济安全事件和涉外突发事件等。

社会安全事件的诱因是人为因素，而且造成事件发生的人为因素在主观上多出于故意。当然，在不同性质的社会安全事件中，引发事件的人在主观恶性的程度上并不完全相同。对于恐怖袭击而言，袭击者具有严重的主观恶性，抱着与政府、社会、人类相对抗的心理，以破坏整个社会秩序为目的。对于经济安全事件，如粮食危机、金融危机、能源危机而言，引发事件既可能有故意囤积居奇、哄抬物价、投机炒作者,也可能包括不明真相的盲从者。

表 1-1 列举了我国国家级应急预案中突发事件的主要特征和常见案例。

表 1-1 四大类突发事件的特征及事例

事件类型	特征描述	主要诱发因素	具体事例
自然灾害	由于自然原因而导致的突发事件	自然因素	地震、龙卷风、海啸、洪水、暴风雪、干旱
事故灾难	由于人类活动或者人类发展而导致的计划之外的事件或事故	人为因素	化学品泄漏、核放射线、设备故障、车祸
公共卫生事件	主要由病菌或病毒引起的大面积的疾病流行等事件	自然因素 人为因素	非典、霍乱、多人食物中毒
社会安全事件	主要由人们主观意愿产生,会危及社会安全的突发事件	人为因素	能源和材料短缺导致的紧急事件、恐怖活动、战争

《总体应急预案》的这种分类的优点在于管理者可以根据不同的事件特性,提出相应的预防和控制措施,但是随着其影响范围的扩大,其突发事件的内在要素之间以及周围环境之间不断进行着物质循环、能量转换和信息传递,并借助突发因子相互耦合在一起,形成系统驱动。在系统的动力作用下,逐步从一种看似无序和混沌的驱动下走向自组织临界值,形成新的突发事件。突发事件这种动态演化在自然灾害中表现最为明显。

1.1.3 突发事件原理

1. 动态演化原理——沙堆模型

沙堆模型中由外部加入沙粒,使沙堆形成一个开放的动力系统。在沙堆形成的过程中,会从非临界态转向临界态。在非临界态下遵守的是局部的动力学规则,在临界态下遵守的是整体动力学规则。

沙堆模型阐述了自组织临界性的现象。在一个空间有一些现成的沙堆,该空间的顶部有一个不断向下漏沙的沙栈。通常情况下一堆沙堆得太高时也会"沙崩",顶部的沙将平均地流向这堆沙的四周,而这些流下来的沙又会影响其他本来稳定的沙,局部的"沙崩"也许会引起连锁反应,这种现象称为"坍塌"。我们根据某一个沙崩影响沙粒的多少来定义一个沙崩的大小。当不断地向这个"沙堆"加入沙粒时,取决于沙堆的状态和沙粒添加的位置,会不断地产生"沙崩"不停的演化,如图 1-2 所示。

每一次沙崩的大小都不一样,它的大小取决当前沙堆的稳定情况,有时一些沙粒掉下该沙堆仍然稳定,并没有发生沙崩现象。发生沙崩的大小规律如图 1-3 所示。

沙堆模型在模拟具有自组织临界特征的系统时,可以产生一个长时间序列的崩塌数据,这个序列的数据是长时间内的仿真结果。P. Bak 提出过一个经典的沙堆模型,把沙堆落在台面上用一个二维的格子来代表,每个方格都有一个坐标 (x,y),用 $Z(x,y)$ 表示落在方格

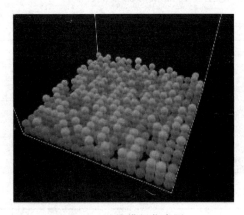

图1-2 沙堆模拟仿真图

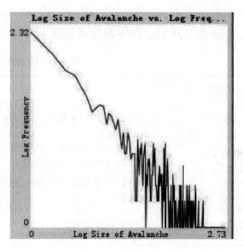

图1-3 双对数坐标下沙堆崩塌分布曲线

中的沙粒数量,每一粒沙子都是理想的立方体。随便选取一个格子,并把那个格子的高度Z增加1,从而有1粒沙子加到方格中,即$Z(x,y)=Z(x,y)+1$。一旦某个格子中高度Z超过了4,那么这个方格就会向附近的4个方格各输送1粒沙子。因而当Z达到4的时候,那个方格的高度就会减少4。每一次倒塌记为一次崩塌,一个雪崩事故中可能有很多次崩塌,崩塌的次数记为故障规模。如果崩塌发生在台子边缘,则沙子滚落到台子外面,有

$$Z(x,y) = Z(x,y) - 4$$
$$Z(x\pm 1,y) = Z(x\pm 1,y) + 1$$
$$Z(x,y\pm 1) = Z(x,y\pm 1) + 1$$

沙堆最理想的临界态是所有格子中的高度都是3,但是这种情况不可能出现,因为在这之前的大雪崩就使沙堆倒塌了。

沙堆模拟结果显示"崩塌"发生的大小与发生的次数也严格符合数学上的幂次率,如图1-3所示,"崩塌"的统计数据落在一条直线上。"崩塌"和地震的统计完全一样,有着深刻的相似性。

2. Gutenberg-Richter定律

地震研究领域有一个很有名的实验现象叫做Gutenberg-Richter定律。这个定律描述了在某一个地区一个较长的时间段内不同大小的地震发生频率的规律。2002年,Bak统计了美国加州地区1984年到2000年间所发生地震大小的频率的规律。数据表明大地震很少、小地震很多。但超乎直觉的是,各种大小的地震,从震级为2的小地震到震级为7的大地震,发生的次数随着其大小按幂律下降。如果将这些地震的数据点画在横轴是震级大小,纵轴是次数的双对数图上,是一条直线。这是一个惊人的发现,因为地震大小每提高一个里氏级,其释放的能量增大约30倍。震级为2的地震与震级为7的地震释放的能量相差2 500万倍,但能量相差如此之大的地震,其统计数据点都奇迹般的落在了Gutenberg-

Richter 定律所描述的直线上。

远不止地震,从自然系统到人造系统,各种突发事件也都呈现幂次律的关系,都遵守着沙堆理论。在沙堆动力学的背后,蕴藏着自组织临界性的思想:一个动力学系统会自身(不需要外部干涉、引导)演化到临界状态,在这个状态,任何一个小的扰动,例如加一粒沙,所引起的后果是不能预测的,很可能引起一些小的沙崩,但如果恰好在适当的位置上,也会引发特大的沙崩。

因此,通过沙堆模型在突发事件上的应用,能够观察沙堆的整体特征,找到影响自组织临界性参数的因素和改变自组织临界特征的方法,并把这种反应方法应用到更广泛的领域中去。

3. 混沌理论

突发事件最初以一种突发性、非线性、复杂性的形态呈现在人们面前,在周围环境因子的作用下,突发事件内在要素达到临界状态,小事件会导致一场大灾难。这时系统行为不再具有特征时间和特征空间尺度,而是表现出覆盖整个系统的时空分布,也就是整体性的特征。要把握突发事件的整体性就要认识其模糊性和多样性。而模糊理论为我们提供了认识事物的一种新的视角。1965 年美国加利福尼亚大学控制论教授扎德(L. A. Zadeh)发表了有关模糊理论的第一篇论文 *Fuzzy Sets*(《模糊集》),首次提出了模糊子集的概念,建立了模糊子集的"并""交""补"的运算(扎德,1982)。此后,模糊概念和认识方法在科学的各个领域长驱直入,极大地推动了现代科学的进一步发展。

模糊理论分析的对象大多具有随机性、隶属边界不清晰和性态不确定等特征。扎德提出了模糊子集的概念,对一个元素是否属于某个子集不是简单的肯定或否定,而是用"隶属度"来表示其属于的程度。同样对突发事件这样带有模糊特征的事物,也可以用模糊隶属度来分类。这样,每一个突发事件的影响因子相应于每个模糊子集都有不同的"隶属度",然后进行综合评价,就能确切地找到要分类的模糊目标。当然,在其分类过程中总会涉及很多的数学算法,真正实行起来也比较复杂。

1.1.4 突发事件分级

按照《总体应急预案》的规定,各类突发事件均分为四级,即Ⅰ级(特别重大)、Ⅱ级(重大)、Ⅲ级(较大)和Ⅳ级(一般)。《突发事件应对法》规定事件的分级仅针对自然灾害、事故灾难和公共卫生事件,而将社会安全事件排除出去。之所以对社会安全事件的分类不作规定,原因在于目前通行的分类标准对于社会安全事件很难适用。

突发事件的分级标准是该事件的"社会危害程度"和"影响范围",在实践中一般体现为下列几项具体标准:

第一,死亡(或生命受到威胁)、失踪、重伤、中毒的人数。这是最常见的分级标准,其中最为常见的划分方法是:死亡、失踪 30 人以上,或重伤、中毒 100 人以上为特别重大事件;死亡、失踪 10～30 人,或重伤、中毒 50～100 人为重大事件;死亡、失踪 3～10 人,或重伤、中毒 50 人以下为较大事件;死亡、失踪 3 人以下为一般事件。一般自然灾害、突发地质灾害、突发环境事件、安全生产事故、铁路行车事故、城市地铁事故、森林火灾、突发环境事件等均适用这一分级标准。

对于部分特殊的突发事件,此类标准有所变通。例如,对于地震灾害,由于其破坏性较大,因此其分级标准高于一般突发事件:以造成 300 人以上死亡(或失踪)为特别重大事件,造成 50~300 人死亡(或失踪)为重大事件,造成 20~50 人死亡(或失踪)为较大事件,造成 20 人以下死亡(或失踪)为一般事件。

第二,经济损失。经济损失(包括直接经济损失和间接经济损失)也是较为常见的分级标准之一,通常的划分方法是:间接经济损失 1 亿元以上或直接经济损失 1 000 万元以上的为特别重大事件;间接经济损失 5 000 万~1 亿或直接经济损失 500 万~1 000 万元的为重大事件;间接经济损失 500 万~5 000 万元或直接经济损失 100 万~500 万元的为较大事件;间接经济损失 500 万元以下或直接经济损失 100 万元以下的为一般事件。突发地质灾害、突发环境事件等适用这一分级标准。

部分容易造成重大财产损失的突发事件的分级标准更高。例如,铁路行车事故、城市地铁事故、安全生产事故等以直接经济损失 1 亿元以上为特别重大事件。另外,也有以其他方法表示经济损失以划分突发事件的,如直接经济损失占某省(区、市)上年国内生产总值 1%以上的地震为特别重大地震。

第三,需转移、安置、疏散的人数。许多突发事件发生之后,需要对受灾人员进行转移、安置或疏散,因此,需转移、安置、疏散的人数也是突发事件的重要分级标准。对于这一标准,由于不同突发事件对附近居民的影响差异较大,因此不同事件的分级标准也很不统一。例如,一般自然灾害、铁路行车事故、城市地铁事故、安全生产事故等以需要转移 10 万人为特别重大事件;突发环境事件以转移 5 万人为特别重大事件;地质灾害则以转移 1 000 人为特别重大事件。

第四,其他特殊分级标准。由于各种突发事件的损害对象并不完全相同,因此许多突发事件并不完全适用上述分级标准,而适用自身特有的分级标准,或者在适用常用标准的同时以某些特有的分级标准为辅助。例如:①多数自然灾害以房屋倒塌数量作为分级标准;②地震灾害使用震级作为分级标准;③森林火灾以受害森林面积和火场持续未得到有效控制的时间为分级标准;④铁路行车事故以繁忙干线中断行车时间为分级标准;⑤大面积停电事故以减供负荷达到事故前总负荷的比例为分级标准;⑥环境突发事件以区域生态功能丧失程度和濒危物种生存环境受污染程度为分级标准;⑦突发公共卫生事件以疾病的类型、性质和发病范围作为分级标准,等等。

突发事件的四级划分法并不是绝对的,部分突发事件根据法律、行政法规或国务院的规定,可能采用其他分类方法。例如,森林火灾划分为一级、二级、三级响应;大面积停电事件分为一级、一级响应;核电厂事故分为应急待命、厂房应急、场区应急和场外应急四级;其他核设施事故一般分为应急待命、厂房应急、场区应急三级,等等。

现行的突发事件分类标准比较清楚明晰,易于使用,但其分类的科学性却有待商榷。以最为常见的死亡人数这一标准为例,多数事件以 30 人以上死亡为特别重大的标准,即使是地震这样的灾种,这一标准也仅为死亡 300 人以上。而实际上,许多重大灾难所造成的死亡人数可能远远超过 300 人,甚至达到数十万人,如 2008 年的汶川大地震。而在造成数百人死亡的灾害到造成数十万人死亡的灾害之间,存在着巨大的幅度空间。在这一空间内,基于危害程度的不同,国家仍有必要对不同等级的灾害采取不同的应对措施,因此仍有进一步划分等级的必要,否则将造成应急手段与灾害性质的不匹配。例如,按照目前的分级标准,一旦发生死亡人数超过万人的巨灾,如地震、海啸等,即使国家动用了应对特别重大突发事件的非常手段,也势必难以应对。因此,对于某些特殊的突发事件,可以考虑进行四级以上的划分,以便在"特别重大"这一级别之上划分出更高的事件等级,并赋予国家更特殊的应对手段。

1.2　应急管理及相关概念

1.2.1　应急管理

应急管理古已有之,人类的历史从某种意义上可以说是各种突发事件的应对史,尤其是自然灾害事件的应对在中国 5000 年的历史文化中有很多的典故,例如"大禹治水"、"都江堰"水利工程等。伴随着这些斗争史,"存而不忘亡、安而不忘危、治而不忘乱"等居安思危、预防在先的应急理念与危机意识思想萌芽逐步得到酝酿。近年来,随着各类突发事件的频繁发生,人类对于应急管理的认识日益深刻,应急管理体系逐步成熟,应急管理成为一个专门的研究领域。

关于应急管理的概念,联合国国际减灾战略在《术语:灾害风险消减的基本词汇》(UN/ISDR,March 31,2004)中提出,应急管理是组织与管理应对紧急事务的资源与责任,特别是准备、响应与恢复。应急管理包括各种计划、组织与安排,它们确立的目的是将政府、志愿者与私人机构的正常工作以综合协调的方式整合起来,满足各种各样的紧急需求,包括预防、响应与恢复。

美国联邦紧急事态管理局(Federal Emergency Management Agency,FEMA,1995)定义应急管理为:有组织地分析、规划决策和分配可利用的资源以针对所有的风险灾难完成缓解(包括减少负面影响或防止)、准备、响应和恢复等功能。

美国的米切尔·K. 林德尔(Michael K. Lindell)认为应急管理(emergency management)就是应用科学、技术、规划与管理,应对能造成大量人员伤亡、带来严重财产损失、扰乱社会生活秩序的极端事件。

2007 年 10 月 23 日,美国国土安全部出版的《术语》(Lexicon)提出,应急管理是协调、整合对于建立、维持与提高一系列能力来说很有必要的所有活动,它们包括针对潜在或现实灾害或紧急事务而进行的准备、响应、恢复、减缓,不论导致灾害或紧急事务的原因是什么。

在中国,"应急管理"这一术语最早由核电行业引入我国。1989年5月27日,《人民日报》发表了《我国核安全进入法制化轨道——已发布6个核安全法规24个安全导则》,其中提到了"核事故应急管理"。自2003年SARS疫情暴发以来,我国对突发事件应急管理给予了前所未有的高度重视,"应急管理"已成为一个家喻户晓的社会热门词汇。但是对于应急管理的理解不同的学者有着不同的理解。

姜安鹏和沙勇忠认为应急管理是指政府及其他公共机构在突发事件的事前预防、事发应对、事中处置和善后管理过程中,通过建立必要的应对机制,采取一系列必要措施,保障公众生命财产安全,促进社会和谐健康发展的有关活动。

陈安把应急管理分为传统的应急管理和现代应急管理,传统的应急管理只处理单一领域或行业的事件;现代应急管理(Modern Emergency Management,MEM)是为了降低突发灾难性事件的危害,基于对造成突发事件的原因、突发事件发生和发展过程以及所产生的负面影响的科学分析,有效集成社会各方面的资源,运用现代技术手段和现代管理方法,对突发事件进行有效地监测应对、控制和处理。

唐承沛认为应急管理顾名思义是应对突发事件的管理。

王绍玉和冯百侠认为应急管理就是通过协调有关人士,明确对各种灾害类型的应急和灾害的管理责任并提高其管理能力。

张沛和潘锋的研究领域为城市的应急管理。他们认为城市公共安全应急管理是针对城市面临的各种突发公共事件,通过建立全面融合的城市公共安全应急体系,以有效预防、处理和消弭突发公共事件为目标,由城市管理者为核心所进行的有组织、有计划、持续动态的管理活动。

通过对以上观点的研究,本教材认为:

(1)应急管理是一种全过程管理。应急管理的核心目标是响应和处置突发事件,但是对于突发事件的响应和处置是离不开常态下的应急准备。特别对于常规性突发事件,应急响应和处置的效果主要取决于应急准备工作。因此应急管理不仅包括非常态下的工作,也包括常态下的应急工作的部分。也就是说,应急管理应当包括在突发事件发生之前的准备工作,突发事件发生之后的响应工作(如疏散、隔离、应急处置等),以及突发事件发生之后的社会支持、恢复以及重建工作。

(2)应急管理是一种实践管理活动。以政府的行政管理活动为核心,但不限于政府,并包括管理活动的所有特征,如计划、组织、协调和决策等。在突发事件的事前预防、事发应对、事中处置和善后管理过程中通过建立必要的应对机制,采取一系列的必要措施,保障公众生命财产安全。

(3)应急管理是一种综合性的管理活动。应急管理应当包括常态下和非常态下两部分工作,具体而言,应急管理应该包括应急预案体系建设、应急设备和基础设施建设、危险源与风险监测、隐患排查与防范、应急演习演练、应急宣传和培训、应急公众教育、应急科学和技术发展、报警和应急救援设备设施建设和维护、应急救援队伍建设、应急储备建设、预测与预警、应急处置、恢复与重建、应急保障,以及应急责任追究与奖惩等与突发事件应急直接或间接相关的多项内容。

在以上各种分析的基础上,可以认为应急管理分别从"应"和"急"两个方面进行分析,"应"是指"应对、应付","急"是指"迫切、紧急、重要"。从这个意义上,应急管理分为狭义应急管理和广义应急管理。狭义应急管理体现在"急"上,主要是指应急救援,是指在突发事件发生后,根据应急预案,履行统一领导职责或者组织处置突发事件的人民政府针对其性质、特点和危害程度,立即组织有关部门,调动应急救援队伍和社会力量,依照有关法律、法规、规章的规定采取应急处置措施[①]。广义应急管理不仅包括"急",还有"应",是面对正在发生或者可能发生的突发事件,与事件相关的主体在各种法律法规的许可范围内,运用现行的体制,建立常态与非常态的机制对突发事件进行全周期的管理。在这里与事件相关的主体包括政府、军队、非政府组织、企业和个人等。全周期包括事前、事中和事后的预防、准备、响应和恢复等各个阶段。广义应急管理包括狭义应急管理,狭义应急管理是广义应急管理的一个重要组成部分。

1.2.2 危机管理

1. 危机的特征

(1) 危机具有突发性和紧急性

危机必定是突发事件,然而突发事件未必就形成危机,突然发生的事件如果不具有下述的四个特征,则不能称之为危机事件。这四个特征是:亟须快速做出决策,并且严重缺乏必要的训练有素的人员、物质资源和时间来完成。

(2) 危机具有高度不确定性

危机发生以后,人们往往不知所措,不仅仅因为这种事件的开端无法用常规性规则进行判断,而且其后的衍生和可能涉及的影响也没有经验性知识进行指导,一切似乎都在瞬息万变。

危机之所以成为危机,一定程度上就是因为在事件开端以后,就很难预计它可能带来的后果,而且还有可能带来连带效应(涟漪反应或连锁反应)。

(3) 危机的影响具有一定的社会性

突发事件和应急管理体系中涉及的危机专指在公共管理范畴内的危机,即对一个社会系统的基本价值和行为准则架构产生严重威胁,其影响和涉及的主体具有社会性。

(4) 危机事件的实质是非程序化决策问题

不确定性的存在其实本质上来源于信息的缺失,现实中的不可见性导致了信息的不可

---

① 狭义的概念是参考《突发事件应对法》中相关的规定。

靠或不完备,无法提供决策所需的基础。

对于危机状态,正是要在有限信息、有限资源、有限时间(客观上标准的"有限理性")的条件下寻求"满意"的处理方案。迅速地从正常情况转换到紧急情况(从常态到非常态)的能力是危机管理的核心内容。

(5) 应急处置中的最大威胁:及时有效识别危机。

常规突发事件与危机的区别在于新奇性。如何发现新奇性和为什么未能识别出新奇性的认识偏误如表 1-2 所示。

表 1-2 发现新奇性的方法和认识偏误的特征

发现新奇性的方法	认识偏误的特征
将注意力放在新奇性上	高估经验
能够用多样化的视角观察	经验的幻觉
系统化寻求"其他"看法	过度自信
设定操作期望并追逐不同于这些期望的实际结果	未能观察到不利的证据或者不相信这些证据
	过度承诺
	目标迁移

2. 应急管理与危机管理的关系

(1) 从研究对象来看,危机管理的研究对象是危机。而应急管理的研究对象是突发事件。

危机(crisis)最早起源于希腊语中的 krinein,指"有可能变好或变坏的转折点或关键时刻",也包括"困难或危险的时刻或不稳定状态"的含义;从汉语字面的释义而言,即"危险中也孕育着机遇"。

定义危机的角度有两种,一种是从决策的角度定义危机;另一种是从冲突的角度定义危机。

危机研究的先驱赫尔曼认为:危机就是一种情境状态,其决策主体的根本目标受到威胁,在改变决策之前可获得的反应时间有限,其发生也出乎决策主体的意料。

罗森塔尔(Rosenthal)认为:危机是对一个社会系统的基本价值和行为准则架构产生严重威胁,并且在时间压力和不确定性极高的情况下,必须对其做出关键决策的事件。

薛澜认为:危机"通常是在决策者的核心价值观念受到严重威胁或挑战,有关信息很不充分,事态发展具有高度不确定性和需要迅捷决策等不利情景的汇集"。

张成福认为:危机是指一种紧急事件或紧急状态,它的出现和爆发严重影响社会的正常运作,对生命、财产、环境等造成威胁、损害,超出政府和社会常态的管理能力,要求政府和社会采取特殊的措施加以应对。

从以上定义可以看出,虽然危机与突发事件存在范围和对象的差异,危机管理与突发事件应急管理存在一脉相承的关系。

(2) 从研究目的来看,危机管理与应急管理并无差异

无论危机管理还是应急管理的目的就是要最大限度地降低人类社会悲剧的发生。危机管理和应急管理并无本质差异。

国外突发事件应急管理多是以危机管理出现。罗伯特·吉尔(Robert Gurr)认为:危机研究和管理的目的就是要最大限度地降低人类社会悲剧的发生。库姆(Coombs)定义危机管理:代表一系列旨在防范危机、应对危机和减轻与危机相关的实际损害的行动因素,换言之,危机管理主要在于防止危机发生和降低危机发生率,减少危机的负面影响从而保护组织和人们免受损害。巴顿(Barton)定义危机管理:针对危机情景发展,包括消除危机的技术、正式沟通体系以避免和管理危机等一系列实践活动的总称。

(3) 从研究范围或任务来看,应急管理比危机管理范围更广

一些学者根据应急管理的范围或任务定义危机管理。格林(Green)注意到危机管理的一个特征是"事态已经发展到无法控制的程度"。一旦发生危机,时间因素非常关键,减少损失将是主要的任务。危机管理的任务是尽可能控制事态,把损失控制在一定的范围内,在事态失控后要争取重新控制住。米特罗夫(Mitroff)和佩尔森(Pearson)认为,收集、分析和传播信息是危机管理者的直接任务。危机发生的最初几小时(或危机持续时间很长时的最初几天),管理者应同步采取一系列关键的行动。这些行动是"甄别事实,深度分析,控制损失,加强沟通"等一系列关键的行动。

国内一些学者也对危机管理进行了定义,如苏伟伦认为危机管理是指组织或个人通过危机监测、危机预控、危机决策和危机处理,达到避免、减少危机产生的危害,甚至将危机转化为机会的目的。薛澜则认为危机管理的核心内容是在有限信息、有限资源、有限时间的条件下,寻求突发事件"满意"的处理方案,迅速从正常情况转换到紧急情况。

(4) 从应对的积极性来看,危机管理是面临事件的积极措施,可以不出现多余成本;而应急管理是灾难性事件的高级阶段,是在上一次造成的损失和灾难后果基础上的管理。

(5) 从涉及的学科领域来看,危机管理需要公关方法和技巧,技术只是辅助因素,而应急管理则需要优化与决策理论、信息技术、经济学、管理学、社会学等多个学科的支撑。

(6) 从研究的广度来看,危机管理处理的事件更为宏观,且影响面更广,可能造成的损失更大。但是可以通过恰当的处置方式,仍然有机会挽回潜在的损失,使事件不至于造成不可挽救的后果。应急管理则是应对各种突发性事件,对曾经造成过损失的情况下进行的管理,主要研究的重点是对突发事件的缓解、准备、响应和恢复。

3. 结论

危机和应急管理是孪生领域,因此有很多相似之处。

(1) 危机管理的重点在于危机的特性、紧急性和巨大的威胁及其所对应的非常规决策与行动以及战略性思考等管理特征。

应急管理对应更加宽泛的事件,危机必然导致应急状态,但并非所有的应急状态都由危

机导致,实际上大部分应急状态完全与危机无关。

(2) 应急管理更多属于公共管理的范畴,应急管理一般而言是一个发展和执行公共政策和政府活动的过程。危机管理包含有管理领域内容,如评价、理解和应对各种严重危机情景的技术和技能等,并主要是针对从事件发生之时直到恢复过程的开始。应急管理的范围则与其所对应的突发事件一样,大量非危机性突发事件是需要纳入应急管理的范畴中,要比危机管理涉及的范围广。

(3) 从管理对象看,应急管理涵盖了危机管理,而从管理主体看,危机管理涵盖应急管理。

1.2.3 风险管理

1. 风险及风险管理

威廉·沃(Waugh,2000)认为,应急管理就是风险管理,其目的是使社会能够承受环境、技术风险,应急环境、技术风险所导致的灾害。"处置和避免风险的学科",因为风险既包括转化出的危险—突发事件,也包括潜在的危险。哈多与布洛克(Hadow and Bullock,2003)说,应急管理是一门应对风险与规避风险的学科,等等。以上观点说明了应急管理与风险管理有相似性。

"非典"之后,众多专家依据国际现代化建设的经验指出,中国正处于经济和社会的转型期,"非典"等一系列事件共同预示了中国高风险社会的来临。由此出发,展开了对风险社会以及风险管理的研究。

风险概念原是早期资本主义商贸航行的一个术语,意思是冒险进入未知领域,随后成为商业行为和金融投资中的常用概念。而风险管理最早起源于20世纪的美国——1931年美国管理协会道德提出"风险管理"概念。20世纪70年代,生产事故的频频发生,使得科学家开始把风险概念应用技术性事故。风险一直伴随人类社会的始终,没有哪一个时代、哪一个国家,甚至哪一个人是在绝对安全的环境中生存和生活,只是某个国家的某个历史阶段可能具有更为鲜明的风险特征。根据国际经验,人均GDP正好介于1 000美元到3 000美元之间的阶段容易产生分配失衡、道德失范、公众失业、社会失序等社会问题,社会处于不稳定状态。中国从现在起到2020年恰恰处于并将长期处于经济转型、社会转型的特殊历史时期。中国由此进入风险社会甚至是高风险社会。

研究风险自然涉及风险管理。国外对于风险管理最早起源于20世纪30年代。随着风险概念的应用逐步推广,风险管理的方法也逐步扩展,并且从20世纪70年代开始由美国传播到澳大利亚。1995年,澳大利亚/新西兰风险管理标准(AS/NZS4360)正式颁布,发达资本主义纷纷效仿。中国的风险管理研究和风险管理实践较晚,起始于改革开放之后,主要涉及金融、重大工程、某些自然灾害等,真正应用于社会灾难事故等的公共安全风险管理还没有真正开展。

2. 结论

应急管理和危机管理主要是针对非常态管理,风险管理则是居于常态管理与非常态管理的中间地带,主要解决如何防范和应对各种风险,以避免演化为突发公共事件和危机。事实上,风险管理是以"不发生事故"为目标,而应急管理不仅关注事前的防范,更关注事中的管理和事后的处置。

1.2.4 公共安全管理

1. 公共的含义

从辞典得知,"公共"(Public)本身包含有公(有)的、公众(事务)的、政府的、公家的、公立的、社会的、公用的、公共的、公开的等多种意思,它的反义词是"私人的"(Private),其概念外延的直观理解比较明确,但在具体探讨它的内涵时却可能会遇到难以回答的问题。我们可以用不同的方法探讨"公共"的意义,简单归纳为:根据政府和国家之类的词语给"公共"下定义,这就要求进一步探讨主权、合法性、普通福利等法律概念、哲学概念及普通政治理论方面的问题;按照在某种社会中人们认为有哪些公共职能或公共活动的认识简单地从经验方面给"公共"下定义,但由于人们认识不同很难有统一的规定;根据政府所执行的职能或活动的常识性方法来定义,但是有许多政府行为是不稳定的或不确定的。

由于各国的社会观念和国情不同,对"公共"一词理解很复杂。大多数人认为理解"公共"的含义和意义的最有效的方法是利用一些社会学、人类学等学科中的概念,用功能分析方法和文化概念对其进行解释。

2. 安全的含义

安全,从狭义上讲是生产中的安全,即指在劳动保护国策的范围之内,保护劳动者在生产过程中的安全和健康。换言之,是指劳动者在上班或生产期间的安全,即在国家法律、法规所限定的劳动安全与卫生的条件和环境中从事生产、工作或其他活动。

广义的安全包括生产、生活、生存、科学实践以及人可能活动的一切领域和场所中的所有安全问题,这是因为,在人或人群的各种活动或场所中,发生事故或产生危害的潜在危险以及外部有害因素总是客观存在的,即事故发生的普遍性不受时间、空间的限制,只要有人及危害人身心的外部因素同时存在的地方,就始终存在着安全问题。广义安全内涵及其扩展有三个内容:其一,安全是指人的身心安全(含健康)而言,不仅仅是人的躯体不伤、不病、不死,而且还要保障人的心理的安全与健康;其二,安全涉及的范围超出了生产、劳动的时空领域,拓展到人能进行活动的一切领域;其三,人们随着社会文明、科技进步、经济发展、生活富裕的程度不同,对安全需求的水平和质量具有不同时代感的全新内容和标准。具体地说,安全是指在外界不利因素作用下,使人的躯体及其生理功能免受损伤、毒害或威胁以及使人的心理不感到惊恐、危险或害怕,并能使人健康、舒适和高效率地进行生产、生活,参与各种社会活动,而不仅仅是使人处于一种不死、不伤或不病的存在状态。另一方面,安全是指使人的身心处于健康、舒适和高效率活动状态的客观保障条件,即物质的、精神的或者与物质相联系的客观保障因素。

3. 结论

在"安全"前面加上"公共"一词包括下面几个含义:

(1) 和私人安全有了区别。"公共安全"是相对于"私人安全"来说的,亦即强调执行安全活动的主体主要是公共部门或公共服务机构而不是私人机构。

(2) 明确安全活动的主体主要是公共部门或公共服务机构而不是私人机构。

(3) 强调公共部门所负的社会责任和义务。安全活动的目的和性质决定了它应负有的社会责任和义务。

(4) 强调公众的参与性。公共安全的整个活动过程和广大公众的利益有密切联系,这种参与主要表现在公众对政府安全决策的影响。

(5) 强调安全活动的公开性。公开性一方面说明政府部门官员的安全工作要有透明度,让公众知晓;另一方面说明要让新闻媒介和各种公众了解主要的安全管理工作并随时接受检查、调查和监督。

1.2.5 紧急状态管理

紧急状态是社会状态的一种形式,是正常状态的对立面,任何社会都可能有在时间上并存、在空间上交替的两种状态和两种性质有别的社会秩序。由于社会体制、地域文化和自然环境等因素的差异,不同组织对紧急状态的内涵也有多种不同的理解。其中有一种是从广义的角度来理解,只要有扰乱正常社会秩序的事情发生,就称之为紧急状态。也有从狭义的角度来理解,紧急状态为发生在全国或局部的特殊的但通过国家行政权力可以控制的危险事态。与正常社会状态相比,紧急状态往往意味着社会秩序的破坏、国家权力正常运转节奏的打乱以及公民权利的克减。

我们认为:紧急状态是一种相应于突发公共事件所产生的,影响全体公民利益的,并对正常生产秩序、生活秩序和社会秩序构成严重威胁和破坏的,迫在眉睫的危险事态。

应急管理是指政府和其他公共机构在突发公共事件的事前预防、事发应对、事中处置和善后管理过程中,通过建立必要的应对机制,采取一系列必要措施,保障公众生命财产安全,促进社会和谐健康发展的有关活动。

应急状态与紧急状态是对同一事物的不同描述。对突发公共事件而言,从应急活动来看,其响应期间是一种应急状态;从事件活动来看,其发生期间是一种紧急状态。

1.2.6 常态管理

在公共管理中,包括了常态管理与应急管理,但是对两者进行确切的划分是很困难的。

在常态管理中常常潜藏着非常规性因素,在应急管理中也蕴含着常态管理的一般规律。比较两者是为了更清楚地界定突发公共事件应急管理的内涵。应急管理与常态管理的具体区别在于:

从管理主体看,应急管理的主体多为国家政府组织,而常态管理的主体范围更宽泛,除政府外,也可以是企业、医院、学校以及其他一切形式的组织。

从管理客体看,应急管理的客体就是突发公共事件,是客体针对性较强的管理,而常态管理的客体涉及人、财、物的方方面面,不具有特定性和针对性。

从管理的目标看,应急管理的目的就是消除突发公共事件带来的危机,并将危害和损失尽可能控制在最小范围。而常态管理的目的往往根据组织职能设置的不同,其管理目标也不尽相同,或是企业实现经济效益的增长,或是医院实现救死扶伤的医德要求,或是学校实现教育质量的提升等。当然,在日常公共管理中,不应把应急管理与常态管理教条地割裂开来,应寓非常态管理的意识于常规管理实践当中,将应急管理与常态管理结合起来,把危机意识贯穿管理始终。表1-3中分别列出了应急管理与常态管理的区别。

表 1-3 应急管理与常态管理的区别

指标	应急管理	常态管理
管理主体	多为国家政府组织	除政府外,也可以是企业、医院、学校以及其他一切形式的组织
管理客体	专指突发公共事件,针对性强	涉及人、财、物的方方面面,不具有特定性和针对性
管理目标	消除突发公共事件带来的危机,并将危害和损失尽可能控制在最小范围	根据组织职能设置的不同而各异,例如企业实现经济效益的增长;医院实现救死扶伤的医德要求;学校实现教育质量的提升等

从表 1-3 的比较中我们可以看出,突发公共事件应急管理作为管理活动的一个分支,既有一般管理活动的共同属性,也具有自身的特殊性质和特点,其管理所面对的突发公共事件可能是一个无法挽回的损失或灾难事件,只能通过努力减少损失或者终止损失事件的蔓延。区别于常态管理活动,应急管理是指政府等管理主体,对突发公共事件根据事先制定的应急预案,采取应急行动,控制或者消除正在发生的危机势态,最大限度地减少危机带来的损失,保护人民的生命和财产安全。一般来说,应急管理的目标应该有两个,一是尽快消除危机,二是把损失控制在最小范围,尽量不侵犯或少侵犯群众的利益。因此,应急管理主要研究的是灾难的缓解、准备、响应和恢复。

1.3 应急管理生命周期理论

在理论界,应急管理的生命周期理论已经形成比较成熟的观点。本书从两种不同的角度进行分类分析。

1.3.1 管理研究

1. PPRR(MPRR)理论

美国联邦紧急事态管理署(the Federal Emergency Management Agency, FEMA)提出 PPRR(prevention 预防、preparation 准备、response 反应和 recovery 恢复)理论。PPRR 是应急管理应用比较广的理论。美国州长协会(National Governor Association)在 20 世纪 70 年代依据灾难的发生周期，将紧急事态管理的活动、政策和项目分为四个阶段：减除(mitigation)、准备(preparedness)、应对(response)和恢复(recovery)，所以又称 MPRR 模式。这就是紧急事态管理的生命周期理论或四个阶段理论。它是对紧急事态的全面管理，是无数次灾难中吸取的教训的总结。它从可能造成灾难的风险识别和减除开始，避免能够避免的灾难后果，减轻不能避免的灾难的影响；在应对和恢复过程中下一次紧急事态的发生做好准备。如图 1-4 所示。

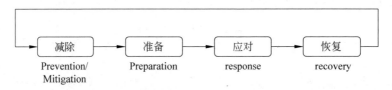

图 1-4　美国 PPRR(MPRR)理论示意图

在 PPRR 模型中，2P 比 2R 重要，做好 2P，才能搞好 2R。如果没有做好 2P，2R 只能起到非常有限的作用；相反地，做好 2P，即使 2R 没做好，突发事件的危险损害还能够在控制之下，这是"预防为主"原则的道理。

2. 4R 理论

美国危机管理专家罗伯特·希斯(Robert Heath)提出了危机管理 4R 理论：缩减力(reduction)、预备力(readiness)、反应力(response)和恢复力(recovery)。4R 理论具体内容如图 1-5 所示。

有效的危机管理是对 4R 模式所有方面的整合，其中缩减管理贯穿于整个危机管理的过程。在预备模块中，运用缩减管理的风险评估法可以确定哪些预警系统可能会失效，就可以及时地予以修正或加。在反应模块中，缩减管理可以帮助管理者识别危机的根源，找到有利于应对危机的方法。在恢复模块中，缩减管理可以对恢复计划在执行时可能产生的风险进行评估，从而使恢复工作产生更大的反弹效果。

3. SSCT 理论

以库姆斯(W. Timothy Coombs)为代表的学者在以往"危机公关"研究的基础上总结出情境式危机传播理论，以"危机责任"(crisis responsibility)为出发点，把组织危机分为"受害型""事故型"和"错误型"三类，每一类的特征和内容如表 1-4 所示。

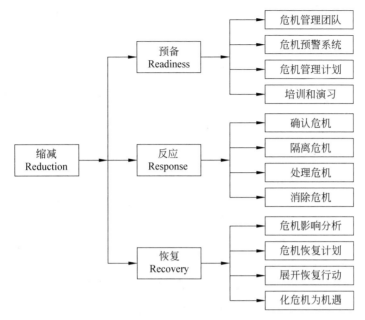

图 1-5　希斯 4R 危机管理内容示意图

表 1-4　SSCT 中的危机类型

类型	特 征	内 容
受害型	几乎没有危机责任	自然灾害、谣言、工作场所的暴力冲突
事故型	较小的危机责任	遭到指责或怀疑；由技术原因导致的事故或"问题"产品扩散
错误型	较大的危机责任	由人为原因导致的事故或"问题产品"扩散；管理层的不当处理

4. 五阶段理论

以我国学者薛澜为代表的五阶段理论包括危机预警阶段、识别危机阶段、隔离危机阶段、管理危机阶段、危机后处理阶段。根据不同阶段的特征采取相应的策略和措施，准确估计危机形势，尽可能把危机控制在某一特定阶段，以免进一步恶化。

1.3.2　过程研究

过程研究就是从突发事件发生的过程出发，进行研究。

1. 三阶段生命周期模型

三阶段生命周期理论是最基本、最常见的理论，即危机事前（pre-crisis）、危机事中（crisis）和危机事后（post-crisis），这三个阶段是三个宽泛的阶段，其中包括一些更有限制的、不明显的、易变的次阶段。

三阶段理论并非由哪一个理论专家提出,但其作为一般的分析框架,已经在很多研究中出现。

2. 芬克四阶段生命周期模型

管理学者斯蒂文·芬克(Fink)认为危机事件有其自身的运动和演化规律,提出突发事件的四阶段生命周期模型(1986)。芬克用医学术语形象地对危机的生命周期进行了描述:

第一阶段是征兆期(Prodromal),线索显示有潜在的危机可能发生;

第二阶段是发作期(Breakout or Acute),具有伤害性的事件发生并引发危机;

第三阶段是延续期(Chronic),危机的影响持续,同时也是努力清除危机的过程;

第四阶段是痊愈期(Resolution),有迹象清晰表明危机事件已经解决。

3. 保夏特和米特罗夫五阶段生命周期模型

保夏特(Pauchant)和米特罗夫(Mitroff)将危机的演化特征与三个更大的危机管理策略相联,将危机分为五个阶段:

第一阶段:信号侦测,识别新的危机发生的警示信号并采取预防措施;

第二阶段:探测和预防,组织成员搜寻已知的危机风险因素并尽力减少潜在损害;

第三阶段:控制损害,组织成员努力使其不影响组织运作的其他部分或外部环境;

第四阶段:恢复阶段,尽快让组织运转正常;

第五阶段:学习阶段,组织成员回顾审视所采取的突发危机管理措施,并对其进行整理,使之成为今后的运作基础。

五阶段模型对管理者提出了挑战,要在主动避免与为危机做准备方面承担更多的责任。被动策略或没有策略,在他们看来是根本不能接受的。

4. 奥古斯丁六阶段生命周期模型

奥古斯丁是中世纪伟大的传播学家与哲学家,他把危机管理分成六阶段,而针对每个阶段提出相关应对管理措施。

第一阶段:危机的避免。此阶段对于管理的要求便是降低相关风险,同时也需构建相应的预防体系用来应对未知的风险。

第二阶段:危机管理的准备。这个阶段需要针对危机进行对应的处理方案确定,并且完善应急计划,将管理需要的前期工作完善。

第三阶段:危机的确认。确认危机是指危机已经发生并且正在蔓延,这个阶段就必须保证有强有力的危机识别技术来节省时间用来应对。

第四阶段:危机的控制。此阶段的目的是将危机的损失与危害降低到最小范围内。具体做法就是依据危机自身的特点,确定各个对应措施的顺序及执行。

第五阶段:危机的解决。主要依据危机产生的原因,针对性地找出危机解决策略。

第六阶段:从危机中获利。危机应对完成,过程经验与教训的总结会对以后类似事件起到借鉴作用。

具体过程如图 1-6 所示。

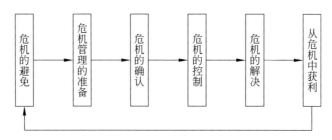

图 1-6　奥古斯丁的六阶段模式

5. 预见失效六阶段模型

巴里·特纳提出六个不连续的阶段，被认为是最为全面综合的危机阶段论之一。特纳认为危机可以理解为"大规模的情报失误"或"预见失效"。预见失效模型包括动作正常点、危机潜伏期、触发事件、危机事件、救援和全面文化与信仰调整六阶段。"灾难出现是由于所接受的规范或信仰不准确或不完全"，这些规范与信仰没有及时发展。在特纳看来，危机是现存信仰系统的失效，充分性与准确性不够，抱残守缺所致，而非短期的技术失效、管理者一时糊涂、操作者警觉性不够或决策制定错误问题。

这类模式共同的特点是，把"组织"作为应急处理的核心，按照突发事件发展的脉络为"组织"开出合适的"诊断书"。

本教材所采用的是三阶段生命周期模型。采用该模型的原因有以下几个：

（1）应急管理研究对象是突发事件，而突发事件本身具有突发性、非线性、复杂性的特点，其突发事件的内在要素之间以及周围环境在系统的动力作用下，逐步达到自组织临界值，形成新的突发事件。突发事件在要素和新环境的作用下达到下一个临界值。因此突发事件不易明确界定。

（2）三阶段生命周期理论是最基本、最常见的理论，与突发事件特征相对应，即事前（pre-crisis）、事中（crisis）和事后（post-crisis），这三个阶段是三个宽泛的阶段，其中包括一些更有限制的、不明显的、易变的次阶段。

（3）有一定的研究基础。三阶段理论并非由哪一个理论专家提出，但其作为一般的分析框架，已经在很多研究中得以应用。

1.4　应急管理工作原则

正因为应急管理有其自身的特点和特定的目标，因此，在实施应急管理过程中，应遵循或者坚持一定的原则如表 1-5 所示。

表 1-5　突发公共事件应急管理的基本原则

基本原则	必　要　性	重　要　性
第一时间	突发公共事件通常突发性高、震撼性强,变化迅速,无章可循,难以预料	时间因素最为关键,将为争取整个突发公共事件应急管理工作的顺利完成奠定基础
权威介入	控制局势、稳定人心、协调救治行动都需要有权威机构、权威人物的及时介入和权威信息的及时发布、权威决策的及时出台	政府对控制突发事件局势有不可推卸的责任,绝不能在请求、报告、等待甚至公文履行中贻误战机
果断决策	突发公共事件决策属于非程序性决策,时间有限,任何犹豫不决、举棋不定或拖延决策都有可能给组织带来致命的伤害	必须集中精力抓好当务之急。只要突发公共事件不解决,其所带来的负面影响就无法根除
生命第一	抢救生命与保障人们的基本生存条件,是突发公共事件应急处置和救援工作的首要任务	必须以确保受害和受灾人员的安全为基本前提。同时保护救援人员的生命安全,以免造成事件升级
及时沟通	突发公共事件改变了组织的运行轨迹,以及相互之间的关系,民众有知情权	畅通的沟通渠道对于维护组织的形象、阻止突发公共事件扩散及降低损失具有十分重要的作用
效率优先	突发公共事件涉及范围广,需集中救助力量,快速实现有效救助的目标	须集中优势兵力首先将事态中的关键因素迅速控制住,否则将可能势如决堤,一溃千里
协调一致	参与突发公共事件的应对人员和力量来自各个方面,因此,协同一致动作特别重要	政府各部门的协调运作,能够优化整合各种社会资源,发挥整体功效,最大可能地减少事故损失
科学有序	应急管理需要依据一定的评估标准和优先次序,确定现场控制及处理的工作程序	应对中要注意科学性、技术性,不能盲目蛮干。要把握火候,掌握尺度

资料来源:连玉明《汶川案例——应急篇》

1. 第一时间原则

突发公共事件通常都具有突发性、震撼性的特征,来势凶猛,整个事件的过程发展变化迅速,有时甚至无章可循或无先例参考,而且由于信息不畅或不全面,其发展与后果往往带有不确定性,难以预料。鉴于其巨大的破坏性、危害性和负面影响,突发公共事件一旦发生,时间因素就显得最为关键,政府必须立即在事发现场采取一系列紧急处理手段,及时控制突发公共事件事态发展,而且越快越好。应对突发公共事件初始阶段的应急措施,如果能够做到及时、准确,则民众心理能够得以初步安定,社会秩序也得以初步维持,为争取整个突发公共事件处理工作的顺利完成奠定了基础。

2. 权威介入原则

突发公共事件状态下,社会失序、心理失衡、险象环生。控制局势、稳定人心、协调救治行动都需要有权威机构、权威人物的及时介入和权威信息的及时发布、权威决策的及时出台,绝不能在请求、报告、等待甚至公文履行中贻误战机。在目前我国政府的科层体制中,最先介入的应该是突发公共事件发生地基层政府。基层政府对控制突发公共事件局势有不可推卸的责任。但在采取初步的控制措施的同时，必须逐级上报，由上级政府和有关专业部门做出需要哪一级机构、哪一级领导介入的决定，并立即实施。美国在遭到前所未有的"9·11"恐怖袭击时，总统布什立即采取措施，在返回白宫途中，布什总统分别在路易斯安那州和内布拉斯加州空军基地做短暂的停留，表达哀痛之意并誓言还击。针对恐怖事件，布什总统立即发表四次讲话（第一次发表讲话的时间距离事发仅45分钟），希望全国人民团结一起共渡突发公共事件，表明美国政府保护本国人民、打击恐怖主义的信心和决心。随后开展的救援工作也都井然有序，整个美国的社会秩序也很快得以恢复，为此布什总统本人也得到了美国民众和媒体普遍的称赞。

3. 果断决策原则

突发公共事件决策属于非程序性决策，需要完成两个转换：一是决策方式由平时的"民主决策"切换为战时的"权威决策"。突发事件来临时给予领导者们的决策时间往往十分有限，任何犹豫不决、举棋不定或拖延决策都有可能给组织带来致命的伤害。平时为了达成共识，在决策时可以多方酝酿，反复协商，并且要以理服人，少数服从多数，突发公共事件时则必须由最高决策者在信息共享、专家咨询的基础上"乾纲独断"，迅速拍板，并且是谁决策谁承担责任。二是决策目标必须从维护"利益共同体"切换为拯救"命运共同体"。平时，维系一个组织（国家、企业或家庭）靠的是共同利益；然而突发公共事件来临之时，命运胜于利益。在应对突发公共事件之时，各级领导需要马上去做的事情必定会成倍增长，千头万绪常常令人不知从何下手。然而大难临头，必须抓住主要矛盾，以公众为中心，以公众的切身利益为中心，以公众关注的优先级为中心来分清轻重缓急和先后顺序。只有以公众为中心安排的轻重缓急和优先级，才有可能使得本部门、本企业乃至领导者个人的损害降低至最小。因此，在进行突发公共事件管理时，必须集中精力抓好当务之急，切忌三心二意，左顾右盼。从国内外经验来看，只要突发公共事件不解决，突发公共事件所带来的负面影响就无法根除，试图抵消这种影响的任何努力都只能是事倍功半。

4. 生命第一原则

突发公共事件的应对中，抢救生命与保障人们的基本生存条件，是处理突发公共事件和开展救援工作的首要任务。因此，必须以确保受害和受灾人员的安全为基本前提。同时，还应该最大限度地保护参与处置突发事件的应急人员包括士兵和警察等的生命安全。2000年7月22日傍晚8名工人在台湾嘉义县番咯乡八掌溪下游进行河床固体工程时，突遇山洪暴发，其中三男一女走避不及，受困于湍急溪流中，在洪水中四人相依为命紧紧地拥抱在一起，苦撑了两个多小时，但救援的直升机却迟迟未到，终于被洪流冲走溺死。由于当时电视媒体在场，整个不幸事件"现场直播"至全岛各地，人们亲眼目睹4名工人在急流中挣扎，直至被洪水吞噬；而人们引颈相盼前往救援的空军海鸥部队和空中警察队却互踢皮球，一个说低空非自己责任区，一个说天气不佳，无法起飞，因而延误了抢救时间。在电视画面的强烈冲击下，台湾整个社会对新当局的不满和愤怒终于爆发出来，纷纷痛斥当局官僚无能，要求有关官员辞职，使一场突发事件迅速升级为一场政府突发公共事件。

5. 及时沟通原则

突发公共事件改变了组织的运行轨迹,同时也改变了组织与社会公众、利益相关者、组织内人员之间的关系,他们有权知道究竟"发生了什么?"此时,畅通的沟通渠道,高明的公关政策对于维护组织的形象、阻止突发公共事件的扩散、降低突发公共事件的损失具有十分重要的作用。与公众沟通的关键在于及时把公众须知、欲知、应知的全部信息通过最容易让公众接受的方式发布出去,在公众中树立诚实守信、敢于负责也能够负责的形象。在2003年"非典"突发公共事件中,北京市政府在4月20日以后的突发公共事件公关是一个非常典型的成功范例。面对北京防治"非典"的严峻形势和国内外的观望、怀疑态度,作为北京指挥抗"非典"的核心决策人物之一,4月30日,一向低调的王岐山在一次规模庞大的记者招待会上主动亮相,并爽快地接受了中央电视台名牌记者王志的采访,在"面对面"节目与公众作了整整45分钟的"面对面"交流,不仅回答了王志以"质疑"的方式提出的所有尖锐问题,而且主动解答了他"最怕回答"而记者也没有提出的热点问题,其自信、坦诚、务实、亲民的形象,坚定的神情,睿智的谈吐,特别是那句掷地有声的古语"人不自信,谁人信之",廓清了笼罩在北京市政府头上的疑云,扫荡了北京市民心中的阴云,给北京以信心,给市民以力量。

6. 效率优先原则

突发公共事件发生后,往往会波及比较大的社会范围,这就需要我们集中救助力量,利用短小精悍的精锐部队快速实现有效救助的目标。在政策选择上,平时在日常工作中,为了让下属和公众容易接受和适应某项政策措施,通常会采用比较温和的办法,细水长流,逐步深化,逐渐加以完善。然而在突发公共事件时刻则绝不能采用拖泥带水的"渐进式增兵"办法,必须采取高压强势政策,抓住主要矛盾,集中优势兵力首先将事态中的关键因素迅速控制住,否则就有可能势如决堤,一泻千里。在具体救助中救援人员不宜过多,以免造成协调困难,忙中出乱。世界各国在应对突发公关事件时都非常重视精干高效的原则,特别是在面对恐怖活动之类的突发公共事件时,很多国家都建立了特种部队专门应对。这些队伍一般都是人员精干、通信手段先进、武器装备精良和专业化、高效能的特殊部队。这些部队在执行应对突发公共事件的任务时,常常人自为战,组自为战,而绝不搞人海战术。

7. 协调一致原则

由于参与突发公共事件的应对人员和力量来自各个方面,包括交通、通信、消防、信息、搜救、食品、公共设施、公众救护、物资支持、医疗服务和政府其他部门的人员,以及军队、武装警察官兵等,有的时候还有志愿人员参加,因此,突发公共事件应对中的协同一致运作特别重要。突发事件的不可回避性以及突发事件应急管理的紧迫性,要求政府在事件发生后,不同职能管理部门之间实现协同运作,明晰政府职能部门与机构的相关职能,优化整合各种社会资源,发挥整体功效,最大可能地减少事故损失。目前在许多国家,通常由警察治安当局负责事发现场的组织协同工作,如美国法律规定,紧急事务事发现场的组织协同的牵头机构为联邦调查局,突发公共事件处理后期协同工作则由联邦紧急事务管理署牵头负责。在一些危急的、大规模的、与国家利益密切相关的涉外突发公共事件中,有时需要政府首脑直接负责组织协调,统一调度,以保证权威地调度突发公共事件应对所需的各种资源并及时做出决策。

8. 科学有序原则

政府突发公共事件应对中所谓的"科学原则",主要是针对那些因工业技术而引起的灾害以及由自然灾害而造成的突发公共事件。其中,前者包括危险物品、辐射事故、水坝决堤、资源短缺和大面积建筑物着火等;后者包括干旱、海啸、森林大火、山崩、泥石流、雪崩、暴风雪、飓风、龙卷风、洪水和火山爆发等。对于这些突发公共事件,应对中一定要注意科学性、技术性,多征求特定技术领域专家的意见,千万不能盲目蛮干。突发公共事件管理行为的实施,必须依据一定的评估标准和优先次序,确定现场控制及处理的工作程序。如果在法律上有明确的规定,则首先要遵照法律的规定实施;对于社会性突发公共事件,迅速有力地恢复正常秩序是首要的目标。要善于甄别主要危害物,采取有效措施,对于一些群体突发事件,应对时要把握争取多数、孤立少数的原则,区分不同情况,严格把握政策界限。特别是在处理一些暴力型的突发事件过程中,火力的使用要把握火候,掌握尺度,一般以制服对方、解除其抵抗能力为限度。

1.5 突发事件:地震

1.5.1 地震成因

地震俗称地动,其英文名称为earthquake。实际上是地球构造运动的一种表现形式,它是地球内部介质运动的结果。它如同刮风、下雨、洪涝、山崩、火山爆发一样,是经常发生的一种突发性自然现象。据统计,地球上每年平均要发生500万次地震,其中人们能感觉到的有5万多次,会给人类社会造成不同程度破坏的约有1 000次,而形成严重灾害的7级以上地震平均每年约20次,8级或8级以上的特大地震每年1~2次。

1.5.2 地震相关概念

1. 地震波

地震发生时,激发出一种向四周传播的弹性波,称为地震波。地震波主要包含纵波(P波)和横波(S波)。纵波能引起地面上下颠簸振动,横波引起地面的水平晃动。横波是地震时造成建筑物破坏的主要原因。由于纵波在地球内部传播速度大于横波,所以地震时,纵波总是先到达地表,人们先感到上下颠簸,数秒到十几秒后才感到有很强的水平晃动。纵波的到达,警告人们应尽快做好防备。

2. 震级和烈度

地震有强有弱。用来衡量地震强度大小的"尺子"有两把,一个是地震震级,另一个是地震烈度。

(1) 地震震级是根据地震时释放能量的多少来划分的。它可以通过地震仪记录的地震波形计算得出。震级越高,表明地震释放的能量越多。一次地震只有一个震级。各国和各地区的地震分级标准不尽相同,大家较为熟悉的震级标准叫"里氏震级"。

(2) 地震烈度是指地面及房屋等建筑物受地震影响和破坏的程度,用"度"来表示。地震烈度与震级大小、震中距离、震源深度和地质条件等因素有关。对同一个地震而言,因其对不同地方的影响程度不同,故各地方所表现的烈度大小也不一样。一般而言,距离震中近的地方破坏大,烈度高;距离震中远的地方破坏小,烈度低。

烈度的大小是根据人的感觉、室内物体设施的反应、建筑物的破坏程度以及地面的破坏现象等综合评定的。用来划分地震烈度的标准是地震烈度表。最新的《中国地震烈度表》(GB/T 117742—1999)于 1999 年 4 月颁布施行,该表把地震烈度分为 12 个等级,从 I 度到 XII 度依次反映地震及其破坏从弱到强的程度。

3. 震源、震中、震中距、震源深度

地震震动的发源处称为震源;地面上与震源正对着的地方,称为震中;地面上其他地点到震中的距离,叫震中距;从震中到震源的垂直距离,叫震源深度。

1.5.3 地震分类

为了深入地认识地震,首先就要从不同的角度对地震进行分类。如图 1-7 所示。

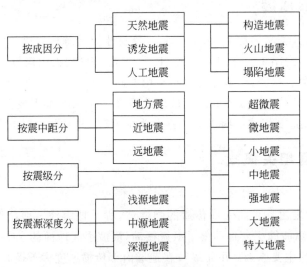

图 1-7 地震的分类

地震按成因分为天然地震、诱发地震和人工地震三类。天然地震是自然界发生的地震,包括构造地震、火山地震及塌陷地震。构造地震是由于地下岩层错动和破裂所造成的地震,全球 90%以上的天然地震都是构造地震;火山地震是由于火山喷发或气体爆炸等引起的地震,占全球天然地震总数的7%;塌陷地震是由于地层陷落或矿坑下塌等原因引起的地震,约占总数的3%。诱发地震是在特定的地区因某种地壳外界因素诱发而引起的地震,其中比较常见的是由矿山冒顶、水库蓄水引发的地震。人工地震是人类的工程活动引发的地震,如爆破、核爆炸、物体坠落等。

按震中距大小不同分为地方震(震中距小于100千米)、近地震(震中距100~1 000千米)和远地震(震中距1 000千米以上)。

按震级大小不同分为超微震(震级小于1)、微震(震级大于或等于1级小于3级)、小地震(也叫有感地震。震级大于或等于3级小于4.5级)、中地震(震级大于或等于4.5级小于6级)、强地震(震级大于或等于6级小于7级)、大地震(震级大于或等于7级)和特大地震(震级大于或等于8级)。迄今为止,世界上记录到最大的地震为9.5级。

按震源深度分为浅源地震(震源深度小于60千米)、中源地震(震源深度为60~300千米)和深源地震(震源深度大于300千米)。目前记录到的地震中最深震源达720千米。地球上75%以上的地震是浅源地震。

1.6 地震灾害

1.6.1 地震灾害及相关概念

地震灾害是指地壳快速释放能量过程中造成强烈地面振动及伴生的地面裂缝和变形,对人类生命安全、建(构)筑物和基础设施等财产、社会功能造成损害的自然灾害。

1.6.2 地震灾害分级指标

这里所指的地震一般是指天然地震,也包含少量诱发地震,如水库地震。按照《国家地震应急预案》,地震灾害事件主要有如下定量分级指标。

1. 死亡人数指标

该指标地震后一般很难马上准确获得。一般情况下,至少需要6~12小时才能获取较准确的数据。因此,该指标在地震应急第一时间响应时只作为参考依据,随着死亡人数的增加,动态地调整应急处置和救灾措施。

2. 地震震级指标

该指标地震后可以很快获得。根据地震震级可以大致判断地震的可能影响范围。一般而言,地震震级越大,可能的影响范围越广。目前,该指标是地震应急第一时间响应的主要依据之一。例如,在我国只要发生5级以上地震,都会采取相应的应急处置措施。

3. 发生地域指标

该指标地震后可以很快获得。根据发生地域的人口、经济等情况,结合地震震级大小可以初步判断地震可能造成的影响和破坏情况。一般而言,人口稠密地区的5级以上地震都会造成一定的人员伤亡和较大的灾害损失；反之，人烟稀少或无人区则不会造成大的影响。该指标也是地震应急第一时间响应的主要依据之一，每次会根据发生地域结合地震震级大小部署相应的应急处置措施。

4. 经济损失程度指标

该指标地震后一般很难马上准确计算获得。通常先对地震造成的房屋破坏、工程损坏、设备毁坏等进行现场抽样调查，然后根据抽样调查结果计算灾区的灾害经济损失。该指标不能作为地震应急第一时间响应的依据，主要用于事后地震事件的准确定性，也可作为灾区申请恢复重建资金的重要依据。

一般来说，地震事件划分为以下四个级别。

（1）特别重大地震灾害：造成300人以上死亡（含失踪），或直接经济损失占地震发生地省（区、市）上年国内生产总值1‰以上。当人口较密集地区7.0级以上的地震，人口密集地区发生6.0级以上地震，初判为特别重大地震灾害。

（2）重大地震灾害：造成50人以上、300人以下死亡（含失踪），或者造成严重经济损失的地震灾害。当人口较密集地区发生6.0级以上、7.0以下地震，人口密集地区发生5.0以上、6.0以下地震，初判为重大地震灾害。

（3）较大地震灾害：是指造成10人以上、50人以下死亡（含失踪）或者造成较重经济损失的地震灾害。当人口较密集地区发生5.0级以上、6.0级以下地震，可初判为较大地震灾害。

（4）一般地震灾害：造成10人以下死亡（含失踪）或者造成一定经济损失的地震灾害。当人口较密集地区4.0级以上、5.0级以下的地震，初判为一般地震灾害。

1.6.3　地震灾害链

地震发生后往往后引起多种次生灾害和衍生灾害，进而形成地震灾害链。

1. 次生灾害和衍生灾害

（1）直接灾害

直接灾害是指强烈地震动和地面破坏作用引起的结构破坏、生命线工程系统的破坏，这是造成人员伤亡和地震经济损失的最直接原因。

（2）次生灾害

地震次生灾害是指地面震动或地面破坏作用造成的火灾、水灾、毒气泄漏爆炸和放射性污染等。自然灾害作为多重过程发生，一种灾害通常触发次生灾害。地震时房屋倒塌、生命线系统破坏、火源失控导致起火，同时由于消防系统受损、社会秩序混乱，火势不易得到有效控制，从而酿成大灾，典型的日本关东大地震和美国旧金山地震都产生了严重的火灾，次生灾害的损失大于地震的直接损失。

（3）衍生灾害

衍生灾害是指地震灾害所引发的各种社会性灾害，如停工停产、经济失调、社会混乱、疾病流行、心理创伤造成的灾害等。

次生灾害和衍生灾害共同构成了地震灾害链,如图1-8所示。

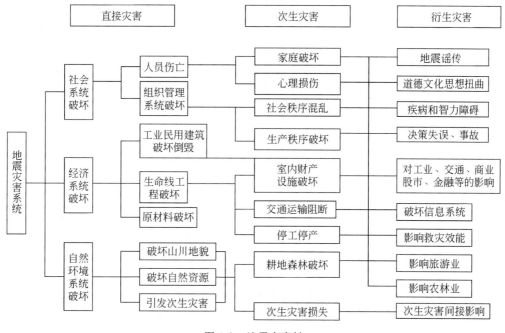

图 1-8 地震灾害链

2. 地震灾害链

(1) 自然灾害链

自然灾害链(以下称其为灾害链)是一个自然的、客观实际存在的综合体系。链内各灾害之间相互渗透、相互作用、相互影响,相互之间以及与环境进行着物质、能量和信息的交换,形成相互联系、相互制约的复杂的反馈系统。

根据灾害链的特征再综合系统观点可对灾害链定义如下:灾害链是指包括一组灾害元素的一个复合体系,链中诸灾害要素之间和诸灾害子系统之间存在着一系列自行连续发生反应的相互作用,前一个灾害可为后继重大灾害的发生提供关键信息,后继灾害的巨大杀伤力有时可能超过前次灾害。其作用的强度使该组灾害要素具有整体性。

灾害链一般可分为五种情形:

① 因果型灾害链,这是指灾害链中相继发生的自然灾害之间有成因上的联系。例如,大震之后引起瘟疫,旱灾之后引起森林火灾等。

② 同源型灾害链,这是指形成链的各灾害的相继发生是由共同的某一因素引起或触发的情形。例如太阳活动高峰年,因磁暴或其他因素,心脏病人死亡多,地震也相对多,气候有时也有重大波动,这三种灾情都与太阳活动这个共同因素相关。

③ 重现型灾害链,这是同一种灾害二次或多次重现的情形。台风的二次冲击、大地震后的强余震都是灾害重现的例子。

④ 互斥型灾害链,这是指某一种灾害发生后另一灾害就不再出现或者减弱的情形。民间谚语"一雷打九台"。就包含了互斥型灾害链的意义,历史上曾有所谓大雨截震的记载,这也是互斥型灾害链的例子。

⑤ 偶排型灾害链,这是指一些灾害偶然在相隔不长的时间在靠近的地区发生的现象。例如,大旱与大震、大水与地震、风暴潮与地震等就属于这类灾害链。

(2) 地震灾害链

灾害链有多种形式,其中地震灾害链是最为常见的一种灾害链。

地震灾害的形成有两个基本条件,其一是地震灾变;其二是受灾体易损性。地震灾害形成的两大因素中,又各包含若干因子,它们像自然灾变一样也具有层次性和联系性。在地震灾变与受灾体易损性两个基本条件制约下,地震灾害以受灾体的损毁程度显示出来,受灾体的损毁以及经济损失又可能影响社会经济环境和自然环境,从而影响了致灾的自然因素与社会因素,从而构成地震灾害链。

3. 地震灾害链的实例

(1) 地震—建筑倒塌—人员伤亡及财产损失灾害链

2008年5月12日14时28分发生在四川省汶川县的8.0级大地震,造成了自唐山大地震以来中国最严重的自然灾害。据不完全统计,至5月23日,四川"5·12"地震造成严重损坏房屋593.25万间,倒塌房屋546.19万间,造成数百万人无家可归。重灾区一些乡镇和绵阳北川县城等被夷为平地,地震造成公路、铁路、桥梁、电力、通信、水利等基础设施和厂房严重损毁。

截至2008年8月18日,四川"5·12"地震已造成69 225人遇难,17 923人失踪,374 643人受伤的巨大人员伤亡。据国务院新闻办公室9月4日发布的调查评估报告,这次四川"5·12"地震造成的直接经济损失达8 451亿元人民币。四川省21个市(州)有19个市州不同程度受灾,重灾区面积超过10万平方千米,涉及6个市州、88个县市区、1 204个乡镇、2 792万人。

(2) 地震—山体崩塌、滑坡以及泥石流—阻断道路交通灾害链

四川"5·12"地震发生后,进入震中区域汶川县城的213、317国道及省道交通,被地震造成的山体崩塌、滑坡以及泥石流全部阻断,使地震后的抗震救灾工作陷入困境。各路救灾人员不得不采用徒步、空攒、空降以及冲锋舟等方式进入重灾区,失去了震后第一时间进入重灾区救援的良机并给抗震救灾工作造成了巨大的困难和救灾投入。

(3) 地震—山体崩塌、滑坡、泥石流—阻断河流形成堰塞湖—堰塞坝溃决形成洪水灾害链

1933年8月25日四川叠溪发生7.5级地震,叠溪城被地震时山体滑坡所毁灭,又因附近的岷江被地震造成的山体崩塌、滑坡堵塞,蓄水形成4个串珠状地震堰塞湖——叠溪海

子。发生地震45天之后,叠溪海子部分溃决把堰塞坝冲垮,使下游的茂县、汶川县沿江区域发生非气象因素的特大洪水灾害。致使6 800余人丧生,2 000余人受伤,房屋倒塌1 700余间,农田损失520公顷,时隔53年后的1986年6月15日,由于岷江上游连续暴雨引起叠溪海子再次溃决,形成特大洪水灾害。

(4) 地震—水库大坝破坏—水库大坝溃决形成洪水灾害链

由于四川"5·12"地震受损程度不同的水库在四川各地有1 803座,存在高危以上险情的水库有379座(溃坝险情69座、高危险情310座),其中绵阳、德阳、广元等六个重灾区高危以上险情水库339座。水库大坝溃决形成洪水灾害链的可能性将一直存在。

(5) 地震—化工企业管道断裂—有毒危险物质溢出—人员伤亡灾害链

四川"5·12"地震后,造成什邡市的化工厂倒塌,数百人被埋,80余吨液氨泄漏,当地政府组织附近6 000多名居民疏散。同日,德阳市某化工厂亦发生硫酸和液氨泄漏,在什邡西北部的龙门山山脉地区,洛水、蓥华、红白三镇连接起来的这条狭长的山谷里,因为盛产磷矿,一共集中了宏达、蓥峰等六家化工企业,仅蓥峰实业这一所化工厂就有近1 500名职工。据粗略的估算什邡市受灾最严重的婺峰化工厂,直接损失有可能达到4亿~5亿元人民币。这是典型的地震次生环境灾害。

(6) 地震—造成炉具倒塌、漏电、漏气及易燃易爆物品引起火灾—人员伤亡及财产损失灾害链

1923年9月1日日本关东地区发生8.2级大地震,距震中60千米的横滨市有1/5房屋倒塌,横滨市有208处同时起火,因消防设备和水管被震坏,火灾无法扑灭,几乎全市被烧光。1923年关东8.2级地震成为日本历史上人员伤亡最多、财产损失最重的一次大灾难。

(7) 地震—沙土液化、喷沙冒水—地基失稳灾害链

1739年1月3日银川、新渠(今姚伏附近)、平罗、宝丰县发生8.0级强烈地震,在地震力的突然作用下,地基造成砂土液化,其承载能力降低,加重了一些建筑物的破坏。在这次地震中,新渠、宝丰、平罗三县以及洪广营、平羌堡阖城房屋倒塌不计其数。大量的史料记载说明了,由于砂土液化而造成的破坏是这次地震引发的一种较为普遍的次生灾害现象。

(8) 地震—人、畜死亡后尸体腐烂—污染水源—瘟疫灾害链

由于人、畜死亡后尸体腐烂污染水源和大批灾民安置以及军地救援人员、志愿者等都集中于灾区,再加上天气转热等影响,卫生防疫、预防传染病等疾病传播,已成为四川"5·12"地震灾区引发次生灾害的一个重大隐患。5月20日凌晨开始,为了预防发生疫情以及堰塞湖潜在的危险,北川县城开始"封城",除救援人员外,其他人员几乎无法进入城区。震后八天起发现生命迹象的几率越来越小,大面积搜救已结束,更多的救援人员已将工作重点转向尸体处理和消毒防疫。

(9) 地震—毁坏植被和农田—形成荒芜的迹地—林业和农业减产灾害链

四川"5·12"地震不同于唐山大地震,汶川地震对当地生态环境的影响主要体现在对植被和农田的破坏。山体中上部的大量植被会被破坏,从而形成荒芜的迹地;与此同时,这一

区域内的部分动植物生存环境将丧失,影响珍稀的动植物资源,如该区域内的大熊猫;而汶川、茂县、理县等地区的农业大多在河谷区域和山体中下部的坡地上,很容易被泥石流冲毁,从而损失大量的耕地。初步估计,四川"5·12"地震受损的农田将在 1 000 万亩以上。大量农田被淹、被毁,导致农田面积急剧减少,另外新覆盖上的冲积客土,其肥力和耕作性能很低,土地生产力可能大大降低。

(10) 地震—放射性废物库以及危险废物处理、处置库(场)损毁—生态环境污染灾害链

四川"5·12"地震后重点防治水体污染,放射性废物库以及危险废物处理、处置库(场)要加强控制和管理,要全面监视有毒有害化学品的经营、使用、生产、存放场所和可能产生有毒有害废水、废气、废物严重污染环境的生产企业,尤其要保障饮用水源保护区的环境安全。

(11) 地震—伤员及救援人员受灾情强烈刺激—心灵伤害灾害链

唐山地震 20~30 年之后,幸存者仍存在大量的创伤后精神障碍的问题。高达 75% 的幸存者拒绝看、听与地震相关的场景和事件,拒绝回忆或讲述与地震相关的情节和过程。回避问题,只是其中的问题之一,在其他许多问题上,唐山市民存在精神障碍的比例比普通城市的市民高出近 10 倍。

1.6.4 我国地震灾害的特点

我国位于环太平洋和喜马拉雅世界两大地震带的交会部位,大地构造位置决定了我国是世界上地震活动最强烈和地震灾害最严重的国家之一。

我国人口占全球人口的 1/5 左右,面积占全球面积的 1/15,而陆地地震占全球同类地震的 1/3 左右。新中国成立以来,除浙江和贵州外,全国其他省份均发生过破坏性地震。20 世纪全球大陆 35% 的 7 级以上地震发生在我国,全球因地震死亡 120 余万人,我国占 59 万。我国大陆地区,大都位于地震烈度Ⅵ度以上区域,其中 50% 的国土面积位于Ⅶ以上的地震高烈度区域,包括 23 个省会城市和 2/3 的百万人口以上的大城市。

因此我国地震灾害具有如下特点:

1. 频度高

据资料统计,1900—2002 年,全国共发生 5 级以上地震 3 595 次,6 级以上地震 835 次,7 级以上地震 125 次,8.0~8.5 级地震 10 次。其中,除台湾岛及附近海域之外,大陆地区发生 5 级以上地震 2 111 次(平均每年 20 次),6 级以上 449 次(平均每年约 4 次),7 级以上地震 73 次,8.0~8.5 级地震 8 次。20 世纪,全球共发生 7 级和 7 级以上地震近 1 300 次,其中发生在中国的近 110 次,约占全球总数的 8%,而在大陆地震中,中国大陆所占比例更高,约占全球大陆地震的 35%。

2. 强度大

我国的地震活动强度很大,历史上发生过若干次大地震。迄今为止,中国已发生 8 级以上大地震达 20 次之多,其中除台湾有两次 8 级地震外,其余的 18 次均发生在大陆地区。20 世纪以来世界上发生过 3 次 8.5 级特大地震,除 1960 年智利 8.5 级地震外,其余两次均发

生在中国,即 1920 年宁夏海原 8.5 级地震和 1950 年西藏察隅 8.6 级地震。

3. 分布范围广

我国地震活动在空间分布上具有很强的不均匀性,它们往往集中发生在某些地区或某些地带上。空间不均匀性最明显的表现是地震成带分布,各地震区地震活动也不均匀。

根据地震活动,我国可划分为八个地震区:①台湾地震区,指台湾省及附近海域;②青藏高原地震区,主要指西藏、四川西部和云南中西部;③西北地震区,主要指河西走廊、青海、宁夏、天山;④华北地震区,主要指太行山两侧、汾渭河谷、阴山燕山带、山东中部和渤海湾;⑤华南地震区,主要指福建、广东、广西等地;⑥东北地震区;⑦华中地震区;⑧南海地震区。大地震主要分布在前五个地震区。台湾地震区和青藏高原地震区分别位于环太平洋地震带和地中海—喜马拉雅地震带上。

我国地震活动亦呈带状分布,大致划分为 23 个地震带。其中:

单发式地震带:①郯城—庐江带;②燕山带;③山西带;④渭河平原带;⑤银川带;⑥六盘山带;⑦滇东带;⑧西藏察隅带;⑨西藏中部带;⑩东南沿海带。

连发式地震带:⑪河北平原带;⑫河西走廊带;⑬天山—兰州带;⑭武都—马边带;⑮康定—甘孜带;⑯安宁河谷带;⑰腾冲—澜沧带;⑱台湾西部带;⑲台湾东部带。

活动方式未定的地震带:⑳滇西带;㉑塔里木南缘带;㉒南天山带;㉓北天山带。

据统计,在我国行政区域的 32 个省、自治区、直辖市中,20 世纪都曾发生过 5 级以上地震,有 22 个曾发生过 6 级以上地震,有 14 个曾发生过 7 级以上地震,如果从有史料记载以来计算,则有 20 个省、自治区、直辖市曾遭 7 级以上地震袭击。

4. 震源浅

我国除东北、台湾和西藏一带有少数中源、深源地震外,绝大多数地震的震源深度在 40 千米以内,特别是我国大陆的东部地区,震源更浅,一般都在 10~20 千米。

1.7 地震应急管理

1.7.1 地震应急管理

由于地震灾害的难以预测性、突发性、复杂性以及造成损失的严重性等特点,一旦发生就会给社会经济、人民生活带来灾难性后果。因此,客观上要求社会具有应付此类灾难事故的应急能力。

地震应急的概念于 1991 年编制的《国内破坏性地震应急反应预案》中才被正式确立,是指破坏性地震发生后的应急反应。在 1995 年 2 月国务院发布的《破坏性地震应急条例》中,"地震应急"有了确切的定义,即采取的不同于正常工作程序的紧急防灾和抢险行动。1996 年《国家应急预案》进行了第一次修订。1997 年 12 月国家发布的《中华人民共和国防震减灾法》中关于地震应急的内涵与《破坏性地震应急条例》大体相同,《中华人民共和国防震减灾法(1998)》释义的解释是：指为应付突发地震事件而采取的震前应急准备、临震应急防范和震后应急救援等应急反应行动。2009年的修订的《防震减灾法》将地震应急相关内容改为地震应急救援。

根据本教材的应急管理的概念,地震应急管理也可以分狭义地震应急管理和广义地震应急管理。其中狭义地震管理是指地震应急救援。广义的地震应急管理是包括防震减灾规划、地震监测预报、地震灾害预防、地震应急救援、地震灾后过渡性安置和恢复重建的全周期的管理。二者之间相关性在于在震前如果已应急准备充分,震时各种紧急应对措施得当,震后应急救援行动及时、到位,就可以将地震灾害损失降低到最小。

就地震应急管理研究范围来讲,所有对经济、社会有重大影响的突发性地震事件都属于本教材的研究内容。既包括发生有重大影响的强有感地震或者破坏性地震的情况,也包括发生没有影响的小震、微震的情况；不但包括发生地震的情况,而且包括发布短临预报的情况、发生谣言的情况,等等。

地震应急管理的时间来讲,随着地震事件的类别和大小不同而不同。狭义地震应急管理应对时间通常为1～3天,严重的破坏性地震要延续一个月左右。广义的地震应急管理时间较长,几年甚至更长的时间。

从研究的内容上来讲,狭义的地震应急管理包括破坏性地震(包括一般、严重和造成特大损失的破坏性地震)应急和破坏性地震短期或者临震预报,分别称为破坏性地震应急和临震应急；广义的地震应急管理包括监测、预报、评估、防灾、抗灾、救灾、援建、立法、教育、规划等内容,它们组合在一起,构成地震应急体系的基本框架。

1.7.2 地震应急管理内容

地震应急是最直接的减灾行动,在防震减灾中具有不可或缺的作用。充分认识地震应急的重要性及其任务、方法,增强应急意识,提高应急能力。最大限度地减轻地震灾害的损失,已成为人们共同关注亟待解决的现实问题。

《中华人民共和国防震减灾法》第二条规定"在中华人民共和国境内从事地震监测预报、地震灾害预防、地震应急、震后救灾与重建等(以下简称防震减灾)活动,适用本法。"把地震应急列为防震减灾的四个环节之一。2000年全国防震减灾工作会议之后,国务院又将地震紧急救援列为防震减灾工作的三大体系之一。但是这里所讲的地震应急是指对破坏性和有重要影响的地震以及与地震有关,并影响社会稳定及减灾效果的事件的紧急处置。一般宣布进入地震应急反应阶段是在破坏性地震发生之后,或极有把握认定破坏性地震即将发生时。然而任何破坏性地震的发生都有一个蕴育发展过程；有效的防震减灾需要一定的准备时间；破坏性地震发生后也需要经过一段时间的恢复才能达到震前水平。因此,地震应急工作不是一蹴而就的,需要一个从预备到救急,再到恢复的过程。总结国内外地震应急的经验教训,仅将地震应急管理限定为地震发生后的行动是不够的,根据应急管理全周期理论,可以将地震应急管理分为震前、震中和震后三阶段。

1. 震前

地震发生之前,应急管理主要工作是:

(1) 预防:工程建筑等防震抗震性能调查与加固;提高地震应急与防震减灾能力。

(2) 预测:加强地震监测预报;分区进行地震危害性预评估;圈定地震应急预备区;确定地震应急等级,进行地震应急组织准备。

(3) 预报:在接到地震短临预报后,预测的地震危险区内各级政府、部门和社会群体,应针对可能出现的危急情况,迅速做出准备和反应,以最大限度地减少地震灾害损失。首先需要在地震危险区的政府领导下,联合防震减灾的各机关部门,组成抗震救灾指挥部,组织领导地震应急工作。

2. 震中

地震发生后,即进入应急救灾阶段。这一阶段在多次的抗震救灾行动中地震工作者已取得了大量血的教训和积累了丰富的实践经验。国务院与中国地震局对地震应急行动的内容和准则已作了详细规定,在此无须赘述。在这一阶段,最关键的工作是应急指挥。

抗震救灾指挥部对地震引起的各种灾后紧急事务和问题要统一进行考虑,分出轻重缓急,在混乱中力争有序处理,查危排险。

3. 震后

一般震后数日或数十日后震区灾民已得到初步安置,通常认为至此地震应急工作已经结束。但这时还没有恢复正常的生产秩序和生活秩序,人们恐震心理尚严重存在,因此还需要社会的援助、援建、心理抚慰和地震知识再教育。灾后建设要与社会发展相结合。

1.7.3 地震应急管理事件分类

按本教材前面所述的地震应急的内涵,把地震应急事件分为两大类:Ⅰ类为破坏性地震的应急,包括临震应急和震后应急;Ⅱ类为无破坏的地震"事件"的应急,包括"大震"的有感而无破坏的波及区,有感小震群及地震谣传的应急。这两大类"事件"应急的目标不同,应急的要素也有差别,这决定相应的应急预案的内涵、应急决策的风险及对策行动方案也必然有差别。

1. Ⅰ类"事件"

Ⅰ类"事件",即破坏性地震的应急,其应急目标是争取最大限度地拯救生命和安置好灾民的生活。《防震减灾法》和《破坏性地震应急条例》主要强调破坏性地震的应急。要求制定出地震应急预案也是针对破坏性地震。

(1) Ⅰ类"事件"应急要素

Ⅰ类"事件"的应急的要素主要包括灾情、环境、队伍、条件等。下面分别作简要的讨论：

① 灾情包括地震所造成的人员伤亡和直接的经济损失。对地震应急而言，指的主要是人员伤亡。这里主要对无预报的情况下，在地震台网给出地震基本参数的速报结果后，怎样对地震可能造成的人员伤亡状况作粗略的估计。其可能的影响因素主要包括地震的大小，灾区的人口，房屋的建筑物构筑物的类型与抗震性能，地震发生的时间（白天或夜间等），灾区的地形和土质，灾区为城镇还是农村等。不仅应考虑由房屋建筑物/构筑物倒塌、破坏造成的人员伤亡，而且应顾及由地震所引发的诸如崩滑流（山崩、滑坡、泥石流）、火灾、水灾等次生灾害可能造成的人员伤亡。

② 环境包括灾区的自然环境和人文环境。自然环境主要包括地形地势（平原、高原、戈壁滩、丘陵、高山峡谷、海拔高度等）和震时灾区的天气（季节、气温、雨雪、风力等），以及河流、水库等。自然环境不仅涉及是否可能产生次生灾害的问题，而且对紧急救援的难度有不同程度的影响。

人文环境是指无论灾区为农村，还是城镇（大中城市与小城市镇有别），灾区的人口，房屋建筑物/构筑物的类型与抗震性能外，还包括灾区居民点的分布（集中还是分散），灾区所在地区（地、市、县）的经济发展水平、交通条件、民族与风俗习惯等。人文环境不仅对灾情产生直接的影响，而且对紧急救援的条件支撑及灾民的安置有不同程度的影响。

③ 队伍包括破坏性地震发生后赶赴灾区的各种队伍（解放军、武警、公安、消防、医疗队、专业的地震灾害紧急救援队，以及交通、通信、生命线工程抢修队伍等）和灾区民众。灾区民众的自救互救知识与技能对拯救生命至关重要，进而对赶赴灾区队伍的救援任务有不同程度的影响。赶赴灾区紧急救援队伍的规模主要取决于灾情，而紧急救援的效率与救援队伍的技能及灾区的自然环境等有关。

④ 条件是指紧迫救援的物资保障和技术支撑。物资保障主要为安置灾民生活的必需品：食品、饮用水、衣被、帐篷等。技术支撑主要包括生命探测与拯救、医疗、照明，以及抢修与排险等技术和相应的装备。物资保障和技术支撑直接影响了救灾的效率和效果。

(2) Ⅰ类"事件"行动对策

破坏性地震应急预案应充分体现应急的目的，充分顾及应急的诸多要素，并应立足于严重震灾和不良、乃至恶劣的自然环境。具体对策行动方案应与其相应：

① 发布临震预报后，一方面应立即组织力量动员所预报地区的民众撤离抗震性能差的房屋建筑物/构筑物，并安排临时食宿，以及维持社会治安。另一方面应立即对灾情进行预测，依其确定紧急救援队伍的规模和组成，整装等发。队伍的规模应立足于预报的震级和相应的预测的灾情可能偏低，适当增大些；对"短临预报"的应急，则应按"内紧外松"的原则，加强震情跟踪和检查督促应急预案的落实，作为紧急救援的准备。

② 无临震预报的破坏性地震发生后，应立即启动破坏性地震应急预案规定的各项紧急

救援行动。按前面所述的灾情的快速初估,确定首批赶赴灾区执行紧急救援任务的队伍的规模与组成,并调运相应的救灾物资。鉴于初估的震灾可能偏低,应组织后续的队伍和物资,整装待发。

2. Ⅱ类"事件"

Ⅱ类"事件"的应急目标主要是尽快解除民众的惊慌,恢复社会秩序,维护社会稳定,争取最大限度地减少,乃至避免"事件"对社会经济生活的干扰及其所造成的不应有的损失。Ⅱ类"事件"的应急不可回避,且随着社会经济的发展越来越重要,尤其是对于人口稠密、经济较发达地区,对此类"事件"如果处置不及时或不当,可能严重干扰正常的社会生活和经济活动,造成不应有的损失。

(1) Ⅱ类"事件"应急要素

Ⅱ类"事件"应急的要素主要包括震情与环境。下面分别作简单的说明和讨论:

① 震情指的是"事件"本身的特征和对"事件"发生区域后续灾情的判断。"事件"本身的特征明显有别:地震谣传所传播的将要发生的地震都是大地震,甚至7级以上、8级以上强烈地震,可能发生的时间、地域都很具体,但毫无科学依据,甚至纯属捏造。对地震谣传,判断的风险最小,除非当地当时多种前兆观测资料出现较明显的异常,在一般情况下,基本上不存在风险。对中强以上地震的波及区和小震群活动区,则存在不同程度的风险。其风险主要取决于对当地各种前兆观测资料的分析,尤其对地震序列本身特征的把握,以及专家们的预报经验。

② 环境。这里所称的环境与Ⅰ类"事件"有别,主要指事发地区的经济发展水平和民众的地震科学知识。"事件"对社会经济生活的干扰及其所造成的不应有的损失与事发地区经济发展水平直接相关联。民众的地震科学知识状况能影响其心理。状态及对地震工作部门给出的震情判断意见的反应。

(2) Ⅱ类"事件"应急对策

毫无疑问,Ⅱ类"事件"的应急对策行动应以实现其应急目标作为基本出发点,充分顾及事发地区上述的人文环境(某些"事件"可能还涉及天气等自然环境)以及对震情判断的风险程度。对策行动都以让社会公众清楚地震工作部门对震情的判断意见作为主要着眼点。

① 地震谣传,传播快、覆盖面广,对震情判断的风险上,基本无风险。对策行动理应果断,不仅应"快",而且覆盖面应尽可能广。近几十年来有关地区的政府和地震工作部门对地震谣言的应急处置,总体来说是有效的,在公开向广大社会公众讲清楚地震工作部门对震情的判断意见之际,对谣传的所谓"依据"进行剖析,指出其捏造性和伪科学的本质,从而很快平息了谣传,使社会生活和经济活动恢复常态。但也有少数"事件"的应急处置,有值得反思之处。

② 当无破坏而强有感的地震"事件"伴生地震谣传时,可能增加地震应急反应的复杂性。在这种情况下,不仅应牢牢把握应急的目标不动摇,而且必须对应急的诸要素的特征作

深入的分析,以确定相应的对策行动方案。

不同类型的地震应急"事件",应急决策的目标和要素虽然有某些共同点,又明显有差别。对任一具体的应急"事件",不仅应正确地确定应急的主要目标,而且必须准确地把握应急的要素,依其选择可能最佳的应急对策行动方案,并在具体实施中,针对出现的新情况,遇到的新问题,及时采取相应的对策措施,以争取应急目标的实现。

1.7.4 地震应急救援

1. 地震应急救援的概念

狭义的地震应急管理就是地震应急救援。根据《中华人民共和国防震减灾法》释义,地震应急救援是指地震发生前所做的应急准备、地震临震预报发布后的应急防范和地震灾害发生后的应急抢险救灾。

2. 地震应急救援的特点

(1) 作业环境复杂。地震发生后,建筑物垮塌严重;被埋人员的亲属,以及志愿者、救援队的人员众多;现场秩序较乱,一些被埋人员的亲属甚至出现不理智行为;同时,各类基础性的"生命工程",如交通、电力、天然气、通信等,遭到严重破坏;地震中随着余震不断,往往伴随着恶劣的天气,如雨、雪、雾、大风等,使救援作业环境异常复杂,增大救援难度。

(2) 救援装备需求大。地震救援过程中,不仅要用到雷达生命探测仪、音视频生命探测仪、搜救犬等搜索装备进行全方位的人员定位,还要用到起吊、挖掘、破拆、顶升和支撑救援装备,埋压深度较深时,甚至还要用到大型的吊车、重型铲车等工程挖掘机械,必须综合运用各类装备,才能打开救援通道。同时,救援现场还需要大量救生类、照明类、洗消类、后勤保障类等装备。除此之外,救援人员还要结合现场实际,利用木料、砖块、预制板等材料,制作各类支撑构件。

(3) 救援持续时间长。地震中,随着被埋压人员的生命体征越来越弱,救援过程就是与时间赛跑。救援准确发现并定位被埋压人员后,在打通救援通道的工作中,要消耗大量的时间和精力。救援过程中,各类破拆类装备不宜长时间使用,其主要构件易造成损坏,加之在一些狭小空间里,空间有限,操作装备和人员施救的难度加大。以上原因致使救援效率低,救援时间长。

(4) 救援危险性大。地震生命救援时,具有一定的危险性,其主要表现为余震的威胁给救援带来困难,余震可能引起受损建筑物出现第二次垮塌和打通的救援通道出现塌方;救援人员在破拆时,若使用的装备冲击力强,引起较大震动,也可能造成新的垮塌;救援时一些钢筋水泥、玻璃等尖锐物品容易刺伤人员;救援人员连续作战,精力和体力下降时,有可能造成搬运重物时精力不集中,砸伤人员,过度劳累也可能导致人员重伤或死亡。

习题

1. 什么是突发事件？突发事件是如何分类的？
2. 什么是应急管理？分析应急管理与危机管理的关系。
3. 什么是地震应急管理？
4. 美国紧急事态管理署提出的应急管理生命周期理论的内容是什么？

第 2 章

应急管理发展历程

学习目标:
(1) 掌握中国的应急管理发展历程的标志性事件和地震应急管理发展历程。
(2) 理解中国的应急管理较为典型的模式。
(3) 了解美国和日本的应急管理的发展历程。

本章知识脉络图

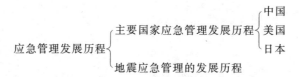

突发性公共事件,是世界各国都不可避免要面对的重大挑战。在应对和处理突发性公共事件实践中,世界上各个国家,尤其是美国和日本,积累了丰富的经验,形成了比较完善的应急管理系统和运作机制,对我国的突发公共事件应急管理具有很好的学习和借鉴意义。本章主要选择美国和日本作为研究对象,分析两国的应急管理模式,为我国应急管理体系建设提供启示。

2.1 我国应急管理的发展历程及发展趋势

2.1.1 我国应急管理的发展历程

新中国成立初期,由于战时体制以及其他因素的影响,传统的计划经济运行,地方政府间的横向联系受制于中央与地方关系状况的主导,是以高度集权为特点,以层级的行政区划为构架。这种体制一直延续到改革开放初期。在新中国成立之初,该政治体制是适应经济体制要求的,对克服分散主义起了积极作用。但它也破坏了民主集中制原则,造成了一些决策的失误,形成机构重叠,人浮于事,办事效率低等诸多弊病。中央越是集权,各地方政府间的联系越少。因此,对于重大突发公共事件,政府实行党政双重领导,以部门、区域、学科相分离的封闭性、单一性的"统治"手段进行。由于在突发公共事件响应过程中是以自上而下传递计划指令进行信息的沟通,地方级政府的主观能动性不能充分发挥,因而是一种被动应对时期。在"一元化"的领导体制下,各种组织机构的职能和权限混乱。政府职能部门对突发公共事件的应对多采取"集权"方式,决策缺乏科学、民主,不能对突发公共事件进行有效管理。

改革开放以后,随着西方危机管理思想传入中国以及我国政府领导人民进行过多次艰苦卓绝的反突发事件斗争,在应对多种突发公共事件累积了一些经验,我国突发公共事件政府应急管理也逐渐走向规范。在"非典"事件发生之前,政府对于突发公共事件的综合治理以及相关预防工作重视不够充分。政府应对突发公共事件的力量依然分散,"单灾种"的应急"版本"多,综合性的少。处置各类重特大突发公共事件的部门较多,但大都各自为政。我国的突发公共事件管理机构分属不同的管理部门,政府部门之间职能划分不够清晰,许多事项管理的权力、责任存在着严重的条块分割、部门封锁现象。当突发公共事件暴发时,许多事项往往要由中央政府统一下令才不得已相互配合一下。我国这种分散管理体制造成突发事件发生时各机构沟通不畅,无法协调统一,步调一致,对需要多个部门协同运作的复合型突发公共事件的管理就更显效率低下。通常的做法是,当重特大突发公共事件来临并造成一定的灾难,形成危机后,决策机关紧急宣布成立一个临时性协调机构,选派得力干部,风风火火地紧抓一阵子,待危机过后就撤销解散,人员各自回归原单位,以后再遇到大的突发公共事件,就如法炮制一遍。可见,我国在进行突发公共事件应急管理中主要主体依赖于政府的现有行政机构,出现突发事件时所成立的指挥部或领导小组,具有浓厚的临时色彩,因此在进行跨部门协调时工作量很大,效果也不明显。

自 2003 年"非典"以来,中国的应急管理取得了长足的发展:

(1) 2003 年是中国应急管理的起步之年。

2003 年 4 月 13 日,全国"防非"工作会议上,温家宝总理提出要沉着应对,措施果断;依靠科学,有效防治;加强合作,完善机制。4 月 14 日,温家宝主持国务院常务会议,提出建设突发公共卫生事件反应机制,要做到"中央统一指挥,地方分级负责;依法规范管理,保证快速反应;完善检测体系,提高预警能力;改善基础条件,保障持续运行"。7 月 28 日,在抗击"非典"表彰大会上,党中央、国务院第一次明确提出,政府管理除了常态以外,要高度重视非常态管理。2003 年 11 月,国务院成立了应急预案工作小组,重点推动突发公共事件应急预案编制工作和应急体制、机制、法制建设工作。

(2) 2004 年是中国的应急预案编制之年

2004 年 3 月 25 日,国务院办公厅在郑州市召开"部分省(市)及大城市制订、完善应急预案工作座谈会",确定把围绕"一案三制"开展应急管理体系建设,制订突发公众事件应急预案,建立、健全突发公共事件的体制、机制和法制,提高政府处置突发公共事件能力,作为当年政府工作的重要内容。国务院办公厅分别印发了《国务院有关部门和单位制定和修订突发公共事件应急预案框架指南》和《省(区、市)人民政府突发公共事件总体应急预案框架指南》。

(3) 2005年是全面推进"一案三制"工作之年

2004年3月25日,国务院常务会议审议并原则通过《国家突发公共事件总体应急预案》。3月23日,中央军委召开军队处置突发事件应急指挥机制会议。4月17日,国务院以国发[2005]11号文件正式下发《国家突发公共事件总体应急预案》。6月7日,国务院、中央军委公布《军队参加抢险救灾条例》。自7月1日起实施。7月22日,国务院在北京召开首次全国应急管理工作会议,会议要求各地成立应急管理机构。这次会议标志着中国应急管理工作进入一个新的历史阶段。会议指出,加强应急管理工作要遵循的原则包括健全体制、明确责任;居安思危、预防为主;强化法制、依靠科技;协同应对、快速反应;加强基层、全民参与。12月,国务院成立应急管理机构,即国务院应急办(国务院总值班室),履行应急值守、信息汇总和综合协调的职能。

(4) 2006年是全面加强应急能力建设之年

十届人大四次会议审议通过的《中华人民共和国国民经济和社会发展第十一五年规划纲要》将公共安全建设列为专节。应急管理工作首次被列入国家经济社会发展规划。2006年4月,国务院出台了《关于全面加强应急管理工作的意见》;提出了加强"一案三制"工作的具体措施。5月,国务院第138次常务会议原则通过了《突发事件应对法(草案)》。7月7~8日召开的第二次全国应急管理工作会议特别要求:在"十一五"期间,建成覆盖各地区、各行业、各单位的应急预案体系;健全分类管理、分级负责、条块结合、属地为主的应急管理体制;构建统一指挥、反应灵敏、协调有序、运转高效的应急管理机制;完善应急管理法律、法规;建设突发公共事件预警预报信息系统和专业化、社会化相结合的应急管理保障体系;形成政府主导、部门协调、军地结合、全社会共同参与的应急管理工作格局。9月,在南京扬子石化召开了中央企业应急管理和预案编制工作现场会,推动应急管理"进企业"工作。12月31日,国务院应急管理专家组成立。

(5) 2007年是基层应急管理工作之年

2007年5月,全国基层应急管理工作座谈会在浙江诸暨召开,座谈会指出,要建立起"横向到边、纵向到底"的应急预案体系;建立健全基层应急管理组织体系,将应急管理工作纳入干部政绩考核体系;建设"政府统筹协调、群众广泛参与、防范严密到位、处置快捷高效"的基层应急管理工作体系;深入开展科普宣教和应急演练活动;建立专兼结合的基层综合应急队伍;尽快制定完善相关法规政策。8月30日《中华人民共和国突发事件应对法》发布,并于11月1日正式实施。这标志着应急管理工作在规范化、制度化和法制化的道路上迈出了重大步伐。

(6) 2008年是中国应急管理的大考之年

2008年对于中国应急管理是一个不同寻常之年。年初,我们经历了南方暴风雪的考验;5月,又经历了汶川地震的冲击;8月还成功地举办了北京奥运会,实现了"平安奥运"的目标。中国应急管理经历了严峻的挑战。

(7) 2009年是应急管理的巩固提高之年

2009年,中国应急管理完成了国庆60周年安保任务,经历了乌鲁木齐事件的考验。2009年10月18日,国务院办公厅颁布了《关于加强基层应急队伍建设的意见》。同年,中德合建中国应急管理基地在国家行政学院揭牌。

可见自2003年"非典"暴发以来,中国各级政府对突发事件应急管理给予了前所未有的高度重视。应急管理以"一案三制"建设为中心;在应急预案、应急体制、机制和法制方面卓有成效。可以说,"一案三制"的建设为中国应急管理构建起一个基本的发展框架,为应急管理事业的进一步发展奠定了坚实的基础。

2.1.2 我国应急管理的模式

我国的应急管理较为典型的模式主要有三种:一是广西南宁城市应急系统(图2-1)。二是以广东深圳为代表的"110城市应急中心"(图2-2)。三是以河南郑州为代表的110、120、119三台合一应急系统(图2-3)。

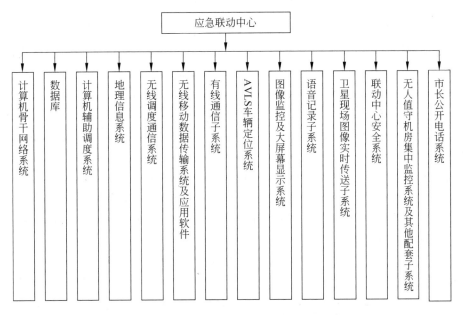

图2-1 南宁市突发公共事件应急组织体系图

资料来源:南宁市城市应急联动中心. 2002年

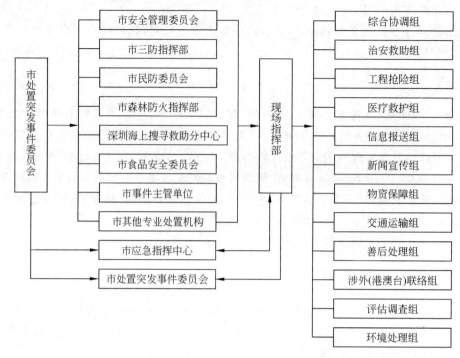

图 2-2　深圳市突发公共事件应急组织体系图
资料来源：2005 年 3 月深圳市人民政府突发公共事件总体应急预案

南宁模式的特点是：集成主要接警系统，统一指挥调度。即"政府主导"的模式，市政府专门成立了一个城市应急联动中心，为公安、交通、消防、医疗等联动部门提供统一办公场所，人员由各单位分别派驻，接受中心和原单位双重领导。四部门联动实际上是联合办公，并没有从体制上打破公安、交通、消防、医疗四部门间的隔阂。南宁模式实质是一种高投入、大联合、快反应的应急模式。在现阶段要想将南宁市这种个体模式向全国推广，还有一定困难。许多政府部门在巨额财政压力面前，会考虑单独建一个城市应急联动中心是否造成浪费，合署办公的模式在遇到各单位权益之争时是否行得通等。

深圳模式的特点是：改造升级重点系统，扩展应用范围。即以原有的 110 为龙头，对原有系统进行改造升级，将其提升为整个城市的应急指挥系统，政府授权 110 处置紧急事件，有关部门共同参与应急救助。

郑州模式的特点是：整合公安应急系统，实现统一接警。

目前，我国条件具备的中小城市，多参照南宁城市应急模式，一步到位建立应急管理体制。而其他条件尚不具备的大多数中小城市，多把深圳模式和郑州模式结合起来，实行政府授权，以公安 110 应急中心为基础，整合 120、119 和政府办公业务大网，成立应急指挥部办公室，各有关部门联动，形成共同参与的应急救援模式。

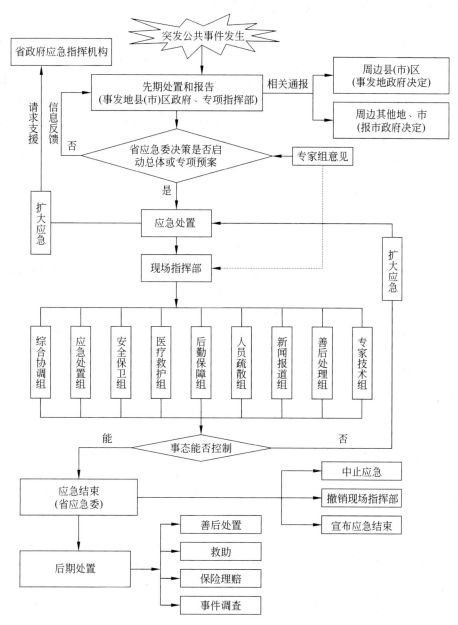

图 2-3 郑州市人民政府突发公共事件应急处置流程图
资料来源：2005 年 1 月郑州市人民政府突发事件总体应急预案

2.1.3 我国应急管理的发展趋势

应急管理体系建设是一个渐进的过程。在未来的应急管理体系建设过程中,我国进一步通过公共治理结构改革,用制度化的措施和方法,科学合理地界定政府、社会、公众等相关主体在应急管理过程中的权力、职责及其相互关系,构建全社会共同参与的新型应急管理工作格局。其总体思路是以"三移"推动"三靠",即通过应急管理的关口前移、重心下移、主体外移,形成全方位、立体化、多层次、综合性的应急管理网络以及常态和非常态有机衔接的机制,最终在全社会塑造"小灾靠自己,中灾靠集体,大灾靠政府"的应急管理工作理念,为全面推进应急管理工作奠定坚实的制度基础与社会基础。

1. 关口前移

突发事件的根源在于各种各样的风险,最高明的应急管理应当是避免事件的发生。有效的应急管理应当"使用少量钱预防,而不是花大量钱治疗"。为此,应急管理必须做到关口的再前移,即从当前侧重对突发事件的管理到对事件和风险并重的管理,在此基础上实现应急管理工作从事后被动型到事前主导型的积极转变,从而最大限度地避免和减少风险源和突发事件的发生,建立一个应急管理和风险管理有机结合的公共安全治理框架。

风险管理是应急管理的关口再前移,是一种真正积极的全过程的管理。目前我国应急管理虽然提倡要开展事前的监测和预警工作,但仍存在一定程度的被动成分。监测和预警的主要任务是尽量捕捉突发事件发生的前兆并采取应对措施,但风险管理能够更加全面地分析和评估各种危险因素并系统地消除或管理这些因素。不以风险分析为基础的应急预案实际上是很难有针对性的。目前很多地方和部门所编制的应急预案更多的是一些概括性、原则性的规定,而真正的预案要求在风险分析的基础上,针对那些比较紧急的具体状况做场景分析,进而有针对性地采取各项措施。因此,要实现应急管理工作"关口前移"的目标,不应当仅限于满足做好"监测与预警"的工作,而应当将关口继续"再前移"至风险管理阶段,通过风险分析、风险评估及其有效处置,从根本上防止和减少风险源以及致灾因子的产生,满足风险管理工作"超前预防"的目的,在此基础上实现常态管理与非常态管理的有机结合,从根本上减少突发事件发生的根源。

2. 重心下移

中央与地方关系是影响政府应急管理效率的重要因素。大部分突发事件发生在地方,地方是第一响应者。在集权体制国家,保持信息从地方到中央的畅通是中央进行应急决策的基础,但信息的漏损和失真也是应急决策的重要障碍。研究表明,与那些以分散决策为基础的政治结构以及交流渠道通畅和意识形态淡化的开放性社会体系相比,政治凸显和舆论一致的集权决策的国家通常在信息收集和传递方面存在很大困难。在集权决策和以计划为主的封闭的国家体系中,政府决策对信息的高度依赖性与在获得信息上严重的体制性障碍之间的矛盾,使得政策失败的可能性成倍地增加了,有时甚至是不可避免的。

我国现有的决策体制具有很强的政治优势和组织优势,很适合突发事件发生后开展大规模的抢险救灾工作,但在事前的突发事件预防则存在明显的制度缺陷。作为一个单一制的大国,我国既要强调中央对地方有直接的指挥权,同时又不能忽略政府结构的复杂性和各级地方政府在责权上的分立所带来的不同地方在应急管理中可能会凸现的巨大的特殊利益。当前,随着应急管理逐渐成为各地区各部门工作的重要内容,各级领导对应急管理工作高度重视,大大推动了应急管理工作。但与此同时,也可能出现应急管理自上而下,重心偏高的问题。一方面,应急管理指挥决策权过度集中于领导或上级部门,导致领导层不得不把大量的时间和精力花费在突发事件的具体应对工作中;另一方面,下级部门、基层单位和第一现场处置力量则被动反应,甚至可能产生依赖和等待上级指令的情形,由此使得上下级均陷入管理困境。实际上,应急管理工作同样应当强调应对重心的下移和第一现场的处置权。在权力相对集中和管理重心下移之间,要结合自身的实际,科学合理地进行职责分工,明晰上下级之间、部门之间、领导指挥与现场处置之间的责、权、利关系。为解决过度集权和过度分权所产生的地方应急管理行为偏差现象,需通过制度化分权,将应急管理重心适当下移,建立和完善以地方为主的应急管理工作权责机制,明确中央和地方在应急管理过程中的权力、责任和义务,特别是要注重营造一种鼓励地方积极创新和勇于承担风险的制度环境。

3. 主体外移

当今突发事件具有越来越多的开放性和扩散性,因此应急管理也需要采取开放思维和多元治理方法,建立一个由政府、企事业单位、非政府组织、志愿者、公民个体等共同构成的治理网络,形成多元主体责任意识,着力让个体归位、政府到位、社会力量补位,形成多元合力。政府体系外的社会力量不仅是政府的重要信息来源,也是政府应急管理的重要力量。为此,在应急管理过程中,要建立政府、企业、社会组织等多元主体之间平等交流、协商合作的互动机制,让社会个体、各类非政府组织、国际性和区域性组织同政府打破界限,进行跨领域、跨部门、跨地区乃至全球性的良性合作。

当前中国"政府主导、社会参与"的应急管理格局具有"一条腿长、一条腿短"的特征:包括军队在内的政府力量在应急管理中的作用发挥得比较充分,成为抢险救灾的生力军和突击队,而政府体系外各种社会力量的作用发挥则显得明显不足,他们更多的是响应号召式地参与应急管理工作,表现出较强的被动性和滞后性。党的十六届六中全会明确提出,要健全"党委领导、政府负责、社会协同、公众参与的社会管理工作格局"。针对当前中国应急管理参与主体多元化程度不高的问题,可在遵循"政府主导、社会参与"基本原则的前提下,构建一个全过程的应急治理结构,建立社会广泛有序的参与机制和评价激励机制,通过建立"政府—非政府组织—企业"新型合作的全社会有序参与机制来提高社会整体的安全意识和应急技能。特别是随着政府应急管理工作的推进,将来不能一味地强调政府对其他主体的要求和主张,需要更多强调社会组织、企业和公民的主体地位,在强调"政府负责"的同时,应当逐步树立"多元主体的责任意识",要明确应急管理工作中哪些应当由社会组织、企业以及公民承担的责任和义务,培养他们主动履行相关义务的意识,从而建立一种和谐的安全文化和多元主体共同负责的社会文化,让社会各类主体能够积极主动,而不是消极被动、响应号召式地参与应急管理工作,由此真正形成全社会共同参与的新型应急管理工作格局。

2.2 美国应急管理的发展历程及发展趋势

2.2.1 美国应急管理发展历程及重要阶段

1. 美国应急管理发展历程

美国最早的公共安全管理行为出现在1803年,国会通过法案,由联邦政府对遭受火灾的新罕布什尔城提供财政援助,依此法案模式,直到1950年通过《灾难救济法》的一个多世纪里,美国先后就遭受飓风、地震、洪水等灾害地区援助问题通过了128个法案。仅仅被视为法律执行部门和消防局的功能的应急管理,已被定性为政府(地方、州、联邦)的法定责任,被选举的官员对于灾难的反应、保护生命和财产负有内在和法定的责任。

20世纪70年代,不断发生的重大自然灾害在促使国会通过了两个洪水保险法后,也推动国会向全面的灾难救助立法前进,于1974年通过了新的《灾难救济法》,该法令不仅设立了对受灾家庭和个人的资助项目,更重要的是,将联邦政府的公共安全管理从应对和恢复的反应性政策,拓展到减灾和准备的预防性政策。为了改变应急管理中各个机构之间权限不明、相互扯皮问题,1979年,卡特总统发布"12127号"行政命令,合并诸多分散的紧急事态管理机构,组成统一的联邦紧急事态管理局(FEMA),其局长直接对总统负责。自此,美国的公共安全管理机制正式建立。紧急事态管理局成立以来,把工作重心放在应对各种灾难,特别是自然灾害上。在1993年中西部大洪水和1994年的诺斯里奇地震中,发挥了重要的作用。2001年发生的"9·11"事件,引起美国政界、舆论界和学术界对国家公共安全管理体制的深刻反思,开始把国家安全的重点转移到反恐上。2002年,国会通过了《国土安全法》,2003年正式成立了国土安全部,联邦紧急事态管理局成为国土安全部的一个组成部分,从此,美国的公共安全管理进入了一个新的时期。美国的应急管理发展历程如表2-1所示。

表2-1 美国应急管理发展历程

年　　代	应急管理理念	应急管理特点	成立相关部门/颁发文件
1803年—20世纪初	专项管理	专案处理	专项法律
20世纪30—40年代	系统化管理	民防与应急管理并存,建立综合性管理部门	国家应急管理委员会 国家应急管理办公室
20世纪50—60年代	全面管理	返回以民防为主,强调准备体系的平战结合	《1950年民防法》
20世纪70—80年代	综合应急管理模式	提出综合应急管理模式(准备、应对、恢复和减灾)	国防民事整备署 联邦紧急事务管理局(FEMA) 《减灾法案》 《斯塔福减灾和紧急援助法》

续表

年　　代	应急管理理念	应急管理特点	成立相关部门/颁发文件
20世纪90年代	可持续性发展模式	引入适应性团队、脆弱性等概念，扩展应急管理内涵	FEMA重组与重新定位(减灾司) 联邦响应计划(FRP)
21世纪初—现在	强调国土安全	联邦及地方政府应急能力与资源重新配置，形成涵盖各类突发事件的应急管理体系，并配以综合性国家事故响应计划	国土安全部 《国家事故管理系统》(NMS) 《国家响应计划》(NRP) 《国家应对框架》(NRF)

2. 美国应急管理相关计划和标准

如前所述，标志美国从真正意义上走向应急管理轨道的事件是1979年FEMA的成立，它推动了美国从以核战与民防为管理核心向覆盖各类突发事件和各类应急管理职能的综合型应急管理模式的转变。而1988年的《斯塔福减灾和紧急援助法》将这种转变以法律的形式固定下来，进一步推动了美国应急管理体系的发展。自此，伴随着应急管理机构的改革以及一系列重大灾难事件的发生，美国国家应急管理机制的操作性文件也经历了几次重大的调整与完善：从FRP到NRP再到NRF，这些文件的出台过程记录了美国应急管理理论与实践在摸索中前进的历程，也代表着美国应急管理机制设计的思路演变，对我国应急管理机制设计具有重要的借鉴具有重要意义。

(1) FRP：联邦层级应急管理机制的产生

1979年4月，经卡特总统提议，美国成立FEMA专门负责应急管理工作，其职责包括通过预防、应急准备、应急响应和灾后恢复重建等手段，保护公用设施，减少人员伤亡和财产损失。FEMA是在应急管理过程中用以协调全国跨部门、跨地域统一行动的主管部门。随后在1988年，国会通过了《斯塔福减灾和紧急援助法》，规定了紧急事态的宣布程序，明确了公共部门救助责任，强调了减灾和准备职责的重要性，概述了各级政府间的救援程序。而在1992年出台的《联邦响应计划》(Federal Response Framework, FRP)则是联邦政府最早出台的应对灾害的操作性文件，主要阐述了应急管理中联邦层级的政府及其部门应发挥的作用及相应的责任，该计划于1999年发布了第二版，为的是确保与当时政策保持一致性。见表2-2。

(2) NRP：从联邦到地方全覆盖的应急管理机制的建立

2001年"9·11"事件以后，应对突发事件的范围已扩展到遍及美国本土，保卫国土安全成为政府的头等大事。2003年2月28日，美国总统发布国土安全第5号总统令(HSPD-5)，要求新成立的国土安全部建立《美国国家事故管理系统》(National Incident Management System, NIMS)并制订《美国国家响应计划》(National Response Plan, NRP)，以促进联邦、州、地方和部落各级政府全面提升应对各种威胁和挑战的能力。

表 2-2　1999 年版《联邦响应计划》(FRP)的主要内容

主要章节			主要内容
基础计划（主要内容）	介绍	目的	在《斯塔福减灾和紧急援助法》框架下，为联邦政府层级应对巨灾建构系统的、协调性的、有效的流程与组织结构
		范围	《斯塔福减灾和紧急援助法》规定总统认为应当由联邦层级提供援助的巨灾
		国家级灾害响应框架	地方、州和联邦政府，志愿者组织、私营部门和国际资源构成国家级灾害响应框架的核心内容；在此框架下，联邦政府为地方和州提供灾害援助，FEMA 担负执行相关政策的主要责任
		《计划》组成	基础计划、紧急援助功能、恢复功能、保障功能、特殊事件、附录等
	相关政策	授权	联邦政府介入的条件，以及授权和处置过程
		资源协调与管理	遵从以地方与州的资源利用为主的原则；规定了联邦政府提供资源的前提、资源类型、协调与管理原则等
		信息发布	对各层级的信息报告、发布以及反馈进行规定
	启动前提		规定了需要联邦介入的灾害、次生灾害、造成伤亡及损失后果等情况
	运行原则	总体原则	属地为主；多元协调时，遵守由火灾部门采用的 ICS 运行结构
		与其他联邦层级专项计划的关系	专项计划包括应对有害物资、大规模杀伤武器等；专项计划的执行需要一个牵头的联邦部门(LFA)，在应对不同灾害时，FEMA 需要与 LFA 合作或提供协助
			响应、恢复、减灾行动的全流程管理
		组织关系	对 FEMA、紧急援助部门、连带援助部门、联邦法律执行部门进行规定
		应急队伍与设备	国家应急管理协调中心(NECC)/移动应急响应队伍(前沿)、国家应急响应队伍、巨灾响应组织、灾害恢复中心等
	响应与恢复	初始响应	
		后继响应	
	各方责任		主要部门、保障部门、恢复部门、其他联邦政府部门等
附录	紧急援助功能		涉及交通、通信、公共设施、火灾、信息与规划、大众照顾、资源保障、健康与医疗、城市搜索与援救、危险物质、食品、能源等
	恢复功能		原则、概念、组成部门、相关项目等
	保障功能		社区关系、国会事务、捐助管理、财务管理、后勤管理、职业安全与卫生、公共事务等
	特殊事件		恐怖袭击
	附录		术语与定义、缩写、1999 版本的变化内容、灾害应对流程等

《美国国家事故管理系统》(见表 2-3)和《美国国家响应计划》(见表 2-4)分别于 2004 年 1 月和 12 月正式发布。前者规定了美国各级政府对事故应急的统一标准和规范,其目的是为联邦、州和地方各级政府提供一套全国统一的方法,使各级政府都能协调一致和快速高效地对各类事故进行预防、准备、应急和恢复;后者则是根据前者提供的框架,为应对国家级重大事故提供一套完整的国家应急行动计划,以期能在重大事故的事前、事发、事中和事后,全方位调集和整合联邦政府资源、知识和能力,并实现各级政府力量的整合和行动的协调统一。

表 2-3 《美国国家事故管理系统》(NIMS)的主要内容

主要章节		主 要 内 容
主体部分	综述	对 NIMS 的界定,灵活性、标准化的建设原则(以下各部门的原则不再赘述)。 包括五部分:预备、通信与信息管理、资源管理、指挥与管理、持久地管理与维护
	预备	有效的事故管理是以大量预备活动为基础,预先对潜在事故作准备。预备包括一系列活动:计划、培训、演习、人员资质和证明标准、设施的获取与证明、出版物的管理方法与活动
	通信与信息管理	管理特点:标准化的通信类型、制订政策与计划、统一设备标准并培训等; 组织与运行:事故信息、通信标准与格式等
	资源管理	管理资源的流程(九步骤):确认与输入资源,认证、审查和人员授权,库存资源,确认资源需求,订购和购买资源,调动资源,资源跟踪和报告,资源恢复,资源的偿付及重购
	指挥与管理	《事故指挥系统》(ICS)的管理特征、事故指挥与指挥人员、普通职员、事故管理队伍、复合事故——单一事故指挥组织的多重事故管理、现场指挥; 还包括:多机构协调系统、公共信息系统、指挥与管理要素之间的关系等
	系统管理与维护	NIMS 联动中心:概念与原则,NMS 修正过程,职责(标准与认证,培训与演习支持,出版管理); 技术支持:概念与原则,事故管理的科学与技术支持等
附录	资源输入系统	对资源的使用类型、种类、类别等相关信息进行归纳与总结,便于输入系统与标识
	事故指挥系统	多个表格组成:组织结构,操作内容,计划部门,后勤部门,财务/行政部门,建立现场指挥部门,设备与位置,规划过程,ICS 表格的示例,ICS 的主要职位概述
	目标能力列表	一般能力,预防能力,保护能力,任务执行能力,响应能力,恢复能力等
	事故管理联邦整合	国家响应计划,基础计划,应急援助功能,保障功能,事件附录,总结等
	关键术语,定义,缩写等	

表 2-4 《美国国家响应计划》的主要内容

主要章节		主要内容	
基本计划	概述	目的，范围和适用性，事故管理活动，职权，关键概念	描述了计划执行的组织架构与程序，提出了国内事故管理的国家层级的应对方法，用以整合联邦、州、地方、民族、部落、私营部门和非政府组织的应急行动与资源
	规划	介绍规划的重要性，涉及的相关问题	
	角色与职责	州、地方和部落政府；联邦政府；非政府与志愿者组织；私营部门；涉及的公民	
	运营概念	一般性说明；联邦事故管理活动的总体协调；其他计划的并行执行；组织架构；主要的 NRP 组织成分；紧急事件应急与支持队；地方当局的防御支持；联邦执法援助；对重大的灾难性事件进行先发制人的应急；美国殖民地和自由联合州；外部事务	
	事故管理行动	行动；在 HSAS 威胁条件下的 NRP 运行	
	执行中计划的管理与维护	协调；计划维护；NIMS 综合中心；NRP 和国家准备；NRP 支持文档以及为其他联邦紧急事件计划制订的标准	
附录		关键术语词汇；缩略词表；职权和参考；国家/国际跨机构计划纲要；在《斯塔福法》最初的联邦介入概要；在非《斯塔福法》下联邦支持概要	提供了更为详细的支持信息，包括述语、定义、缩写词和一个国家跨机构计划的纲要
紧急事件支持功能附件		涉及部门：运输；通信；公共设施与工程；消防；紧急事件管理；住房供给与人力服务；资源支持；公共健康与医疗服务；城市搜救；石油和有害物质应急；农业和自然资源；能源；公共安全与保卫；长期社区重建和减灾；外部事务	概述了应急协调员、主要机构和支持机构的职责，便于在发生重大突发事件期间，协调州、部落和其他联邦机构、组织的资源与计划
保障功能		涉及内容：财政管理；国际协调；后勤管理；私营部门协调；公共事务；科学与技术；部落关系；志愿者与捐赠品管理；工作人员的安全与健康	为确保 NRP 的有效执行提供了指南，描述了功能性的流程和行政性要求
事故附件		涉及内容：生物事故，灾难性事故，网络空间事故，食品和农业事故，原子核放射性事故，石油和有害物质事故，恐怖主义事故执法和调查	涉及需要专门应用 NRP 的意外事故或灾害状况

《美国国家响应计划》的特点在于：第一，把国家响应扩大到覆盖了上至联邦层级下至地方各级政府在内的所有政府机构，将州、地方政府之间的应急管理合作全部纳入国家应急体系。并按照一些新的法律条款与总统令将联邦机构的协调角色集为一体，填补了以往应急相关计划中的管理缝隙。第二，与《美国国家事故管理系统》形成配套文件，通过对联邦协调架构、应急能力和资源的重新配置，形成统一并覆盖所有应急职能和灾种的国家事故管理方法与国家响应计划。第三，经过 4 个月的过渡期后，将得到全面实施，先前存在的一些专项计划，比如国家初级应急计划、联邦响应计划、美国政府国内恐怖主义运行概念计划以及联邦放射性紧急事件应急计划都将被取而代之；尽管一些现存的计划仍然有效，但必须进行

必要的修正,使其与《国家响应计划》保持协调。第四,国土安全部要对《国家响应计划》为期一年的实施情况评估,经过这种初步的检验,就开始为期四年的实施过程,条件成熟后,会进一步加速其实施。

按照《美国国家响应计划》国土安全部每四年负责召集并协调相关单位对其进行全面回顾与修订完善,同时,根据实际情况也会提高更新频率。事实上,在《美国国家响应计划》刚刚颁布的一年之后,2005年卡特里娜飓风暴露了美国政府在应对重大突发事件的机制方面存在严重缺陷,为此,布什总统签署了《后卡特里娜时期应急管理改革法》,规定在紧急状态下FEMA直接对总统负责,代表总统协调灾难救助事宜,这包括协调州和地方政府、27个联邦政府机构、美国红十字会和其他志愿者组织的应急响应和灾后恢复重建活动。随后,在经历了卡特里娜、威尔玛、丽塔等飓风之后,美国政府对《美国国家响应计划》进行了修订,推出了2006年版本,这反映出美国对应急响应过程的持续改进与更新。

(3) NRF:美国国家应急管理机制体系的完善

尽管经历了重修,《美国国家响应计划》在实施过程中仍然暴露了问题与缺陷:第一,具体内容并不符合国家层面应对突发事件的需求;第二,本身官僚主义严重、内容相互重复;第三,并没有明确突出国家层级应对突发事件需要重点关注的内容,并且需要对各参与方的角色与责任更加明确;第四,计划及其支持性文件没能建构出一个能够为应急管理人员读懂的操作性计划。

为了解决这些问题,美国引入了"框架"这一概念,希望:第一,从结构性与实用性两方面完善应急机制;第二,突出应急管理是社会各个层面共同分担的责任,并对各方面的角色与责任进一步明确;第三,按照《美国国家准备指南》(National Preparedness Guideline)中列出的灾害情景进一步提出策略性与操作性方案。为达到以上目标,2008年1月22日,美国国土安全部在改进《美国国家响应计划》的基础上发布了《美国国家应对框架》(National Response Framework,NRP)(见表2-5)。同年12月,《美国国家事故管理系统》也经历了相应修订完善。

表2-5 《美国国家应对框架》的主要内容

	主要章节	主 要 内 容
	综述	框架结构;适用范围;响应规程;更广泛意义上国土安全战略的角色
	角色与责任	重点突出:地方、州和联邦层级,以及私营部门与NGO组织应当成为应急管理主体(who)
核心文件	响应行动	重点阐述:作为一个整体,国家应当做什么(What)来应对行动
	响应组织	重点阐述:作为一个国家行为,应如何组织(How)来实施应对行动
	规划:有效应对的关键要素	突出规划的重要性,并总结出国家规划体系的构成要素
	辅助性资源	总结了网络"NRF资源中心"的内容与发展计划。这是专门为配合"应对框架"设立的官方网站,随时为"框架"执行人员提供最新信息和支撑工具

续表

主要章节		主要内容
附录	紧急援助功能附录	描述最常见的应急管理功能领域中联邦政府的资源和能力,包括15项:交通运输、通信、公共建筑与工程、消防、突发事件管理、群众救助后勤管理和资源保障、公共卫生和医疗服务、搜索救援、救生协助、石油和有害物质应急处理、农业和自然资源、能源、公共安全与治安、社区长期恢复重建、对外事务等
	保障功能	描述各类突发事件共同需要的基本保障功能,包括财务管理、志愿者、捐赠活动、民营企业协调等
	特定突发事件分类	应对八类突发事件时特有的问题,包括:生物恐怖攻击、核或放射性攻击、网络恐怖攻击、大规模人员疏散等
	合作伙伴指南	描述在应对突发事件时,各级政府、民营企业的合作伙伴的主要作用与行动

2.2.2 美国应急预案建设

1. 国家应急预案

美国国家应急预案适用于国内所有灾害和紧急事件,主要由基本预案、附录、紧急事件支持功能附件和支持附件组成,其中基本预案主要说明预案设想、任务和职责、行动理念及预案维护和管理;附录主要包括术语、定义、缩略词和机构等;紧急事件支持功能附件主要是说明国家突发重大事件期间,联邦机构在协调资源和系统支持各州、地方和其他联邦政府机构或者其他权力部门和实体时的任务、政策、组织构成及职责;支持附件主要说明职能程序和行政要求。

2. 应急预案编制指南

美国联邦应急管理局和其他管理部门制定了各种有关政府应急预案和企业应急预案编制的指导性文件,其中包括《综合应急预案编制指南》由联邦应急管理局制定,以指导各州和地方的应急管理机构编制他们的应急预案;《商业及工业应急管理指南》由联邦应急管理局制定,以指导工业和商业企业制定综合性的应急管理方案;《危险化学品事故应急预案编制指南》由16个联邦机构联合制定,以指导各州和地方政府按《紧急事故应急计划和社区知情权法案》的要求制订应急预案。

3. 应急预案评审指南

美国联邦应急管理局和其他管理部门制定了各种有关政府应急预案和企业应急预案编制的指导性文件,其中包括《综合应急预案编制指南》,可作为企业应急预案评审的依据;《危险化学品事故应急预案评审准则》由16个联邦机构联合制定,以指导各州和地方政府评审应急预案。

2.2.3 应急管理体制

1. 应急管理机构

美国政府应急管理体制由三个层次组成:联邦政府层、国土安全部及派出机构(10个区域代表处);州政府都设有应急管理办公室;地方政府也设有应急管理机构。美国最高应急管理机构是国土安全部,该部是在"9·11"事件后由联邦政府22个机构合并组建,工作人员达17万人。其中联邦应急管理局(FEMA)成为国土安全部四个主要分支机构之一。美国联邦应急管理局成立于1979年4月,主要任务是领导全国做好防灾、减灾、备灾、救灾和灾后恢复工作,提供应急管理的指导与支持;建立以风险管理为基础的应急管理体系,降低人民的生命和财产损失,确保国家重要基础设施免遭破坏。2003年3月,该局随同其他22个联邦机构一起并入2002年成立的国土安全部,FEMA虽然是国土安全部四个主要分支机构之一,但仍是一个可直接向总统报告,专门负责重特大灾害应急的联邦政府机构,由美国总统任命局长。

该局现有正式工2 500人,后备人员5 000人。由于美国幅员辽阔,美国联邦应急管理局除设在华盛顿特区的总部外,还将全国划分为10个应急区,每个区都设立了办事处。办事处工作人员直接与责任区内各州合作,协助制订防灾和减灾计划,并在重特大灾害发生时向各州提供支持。一旦发生重特大灾害,绝大部分联邦救援经费来自该局负责管理的"总统灾害救助基金"。

经过多年的改进和加强,美国已基本建立起一个比较完善的应急管理组织体系,形成了联邦、州、县、市、社区五个层次的管理与响应机构,比较全面地覆盖了美国本土和各个领域。

作为联邦制国家,美国各州政府具有独立的立法权与相应的行政权,一般都设有专门机构负责本州应急管理事务,具体做法不尽相同。以加州为例,加州通过实施标准应急管理系统,在全加州构建出五个级别的应急组织层次,分别为州、地区、县、地方和现场。

其中:州一级负责应急管理事务的机构为州应急服务办公室,主任及副主任由州长任命。州应急服务办公室又将全加州58个县划分为三个行政地区。为了通过互助系统共享资源,又将全加州划分出六个互助区,将员工分派到不同行政区办公,以便协调全州六个互助区的应急管理工作;县一级机构主要是作为该县所有地方政府应急信息的节点单位和互助提供单位;地方一级主要是指由市政府负责管理和协调该辖区内的所有应急响应和灾后恢复活动;现场一级主要是指由一些应急响应组织对本辖区事发现场应急资源和响应活动的指挥控制。事实上,加州地区一级的应急仍然是由州政府机构来负责,而县一级的应急需要依托该辖区内实力较强的地方政府,如旧金山县依托旧金山市,洛杉矶县依托洛杉矶市。

2. 应急指挥中心

美国应急指挥中心(EOC),其主要功能包括收集、汇总和分析数据;进行决策以保护生命和财产;维护辖区或所属组织的连续性(正常秩序);传递决策信息到所有的相关部门和个人。不但政府建设应急指挥中心,许多私人机构、企业也建设自己的应急指挥中心。指挥中心要求具有高可靠性、异地备份、设备冗余、网络信道冗余和自动切换、信息流必须畅通和高效。

美国联邦、地区、州、县、市一般都把应急指挥中心理解为应急设施,平时由综合性应急管理机构负责管理和维护,不配备专职人员,不负责处理普通公众的报警、求助电话,仅作为灾害应急过程中地方政府官员协商、协调应急救援活动的场所。

美国各级政府的应急管理部门中,大多建有应急运行中心及备用中心,以便发生灾难时相应部门的人员进行指挥和协调活动。中心一般配有语音通信系统、网络信息系统、指挥调度系统、移动指挥装备、综合信息显示系统、视频会商系统、地理信息系统、安全管理系统等,并考虑安全认证、容积备份和技术支持等问题。运行中心主要作为应急基础设施存在,由政府一级的应急管理部门负责维护和保养,经费主要来自上级政府和本级政府,中心除作为应急设施外,同时还作为演习和训练的场所,以加州应急服务办公室为例,该办公室管理的运行中心建成后,共指挥过六次重大事故应急救援,每年举行一次重大应急救援演习和若干次小应急救援演习,并为应急指挥人员提供训练和培训。洛杉矶市应急准备局的应急运行中心作用也与此类似。

3. 救援队伍建设

美国救援队伍建设采取职业化和志愿相结合的方式,在救援队伍的选拔和认可上实施全国一致的培训和考核标准。

(1) 突发事件管理小组。联邦应急管理局建立了四级培训考核制度,要参加突发事件管理小组,须逐级通过培训并经考核合格。按能力高低,突发事件管理小组共分五类,能力最强的为第一类,能全面执行事故指挥系统的所有职能。全美共有第一类小组16支,第二类小组36支。

(2) 消防、医疗、警察和海岸警卫队等专职应急救援队伍。

(3) 社区应急救援队。联邦应急管理局采纳洛杉矶市消防局的做法,自1994年起就在全国积极推动社区应急救援队建设。目前,全美已有几百个社区建有社区应急救援队,成员主要来自各社区组织和企事业单位,接受过基础应急救援技能训练,参与本地区的应急救援活动。

2.2.4 应急管理机制

机制建设上,联邦应急事务管理总署、商务部、国防部等27个部门及机构在1992年签署了《联邦紧急反应计划》,综合了各联邦机构预防、应对突发紧急事件的措施,通过全国突发事件管理系统,为各州和地方政府应对恐怖袭击、灾难事故和其他突发事件提供指导。

1. 美国应急管理机制的基本状况

美国以应急区域的各个地方政府为节点,形成扁平化应急网络,各应急节点的运行均以事故指挥系统、多机构协调系统和公共信息系统为基础。以灾害规模、应急资源需求和事态控制能力作为请求上级政府响应的依据。

(1) 上级政府或周边地区提供的增援到达该辖区后,接受该辖区地方政府的领导和指挥。

(2) 联邦和州政府应急管理机构只是该网络节点之一,主要为地方政府的应急工作提供支持和补充。

(3) 联邦、州政府应急官员到达现场后,并不取代地方政府的指挥权,而是根据地方政府的要求,协调相应资源,支持其开展应急救援活动。

(4) 跨区域应急时,联邦或州政府负责组织相关部门和地区拟定应急救援活动的总体目标、应急行动计划与优先次序,向各地区提供增援,但不取代地方政府的指挥权。

2. 美国应急管理机制的基本特点

当前美国应急管理机制的基本特点是统一管理、属地为主、分级响应、标准运行。

(1)"统一管理"是指自然灾害、技术事故、恐怖袭击等各类重大突发事件发生后,一律由各级政府的应急管理部门统一调度指挥,而平时与应急准备相关的工作,如培训、宣传、演习和物资与技术保障等,也归口到政府的应急管理部门负责。

(2)"属地为主"的基本原则是,无论事件的规模有多大,涉及范围有多广,应急响应的指挥任务都由事发地的政府来承担,联邦与上一级政府的任务是援助和协调,一般不负责指挥。联邦应急管理机构很少介入地方的指挥系统,在"9·11"事件和"卡特里娜"飓风这样性质严重、影响广泛的重大事件应急救援活动中,也主要由纽约市政府和奥兰多市政府作为指挥核心。

(3)"分级响应"强调的是应急响应的规模和强度,而不是指挥权的转移。在同一级政府的应急响应中,可以采用不同的响应级别,确定响应级别的原则一是事件的严重程度,二是公众的关注程度,如奥运会、奥斯卡金像奖颁奖会。虽然难以确定是否发生重大破坏性事件,但由于公众关注度高,仍然要始终保持最高的预警和响应级别。

(4)"标准运行"主要是指,从应急准备一直到应急恢复的过程中,要遵循标准化的运行程序,包括物资、调度、信息共享、通信联络、术语代码、文件格式乃至救援人员服装标志等,都要采用所有人都能识别和接受的标准,以减少失误,提高效率。

2.2.5 应急管理法制

法制建设上,除了《美国全国紧急状态法》(1976)这个总体法案外,还有地震、洪灾、建筑物安全等相关问题的专项法案。"9·11"之后,又有了《使用军事力量授权法》、《航空运输安全法》、《美国国土安全法》(2002)、《"卡特里娜"飓风后应急管理改革法》(2006)等相关法律,形成了一个体系。

美国在重大事故应急方面,已经形成了以联邦法、联邦条例、行政命令、规程和标准为主体的法律体系。一般来说,联邦法规定任务的运作原则、行政命令定义和授权任务范围,联邦条例提供行政上的实施细则。

美国制定的联邦法包括《国土安全法》、《斯坦福灾难救济与紧急援助法》、《公共卫生安全与生物恐怖主义应急准备法》和《综合环境应急、赔偿和责任法案》等。

制定的行政命令包括12148、12656、12580号行政命令及国土安全第5号总统令和国土安全第 8 号总统令。

此外,美国已制定《美国国家突发事件管理系统》,要求所有联邦部门与机构采用,并依此开展事故管理和应急预防、准备、响应与恢复计划及活动。同时,联邦政府也依此对各州、地方和部门各项应急管理活动进行支持。

2.2.6 应急保障系统

1. 资源保障

联邦政府利用《国家应急预案》应急支持职能附件的方式,明确了联邦政府机构和红十字会的资源保障任务、政策、组织构成和职责,每一项职能附件规定相应的联邦政府协调机构、牵头机构和支持机构。

协调机构负责事前策划,与牵头机构、支持机构保持联系,并定期组织召开本职能相关机构的协调会。牵头机构作为职能的执行主体,负责提供人力,并尽可能获取足够使用的应急资源。支持机构应牵头机构要求,提供人力、装备、技术和信息方面的支持。

职能附件根据突发事件的具体情况,有选择地启动。启动后,协调机构、牵头机构和支持机构派出的应急人员或小组按承担的应急支持职能,分别编入事故指挥系统的组织框架中。

2. 应急信息系统

美国联邦应急管理局通过实施"e-FEMA"战略,建立了应急信息系统层次结构模型,不仅使各类应急信息系统的信息资源能得到及时更新,还能促进不同系统之间的信息资源共享,为应急决策过程提供技术支持。目前,在美国得到广泛应用的信息系统包括以下三个系统:

(1)联邦应急管理信息系统。这是一个决策支持系统,综合考虑了应急管理的所有阶段(预防、准备、响应、恢复四个阶段),主要用来管理应急管理过程中的计划、协调、响应和演习事务。

(2)网络应急管理系统(Web EOC)。该系统主要用于城市开展事故管理、应急指挥调度及文档管理。

(3)灾害损失评估系统(HAZUS)。该系统主要用于预测地震、洪水和飓风可能造成的损失以及应采取的应急措施,以便在备灾和防灾过程中,通过加强对建筑物的管理来保障在灾难发生时减少人员伤亡和财产损失。

3. 应急财务经费

美国已有较为完善的突发事件应急资金管理制度。近三年来,美国联邦应急管理局每年应急资金预算约为 32 亿美元,其中包括联邦每年 23 亿美元的灾害应急基金。

联邦应急管理局的财政预算,不仅用于日常应急响应和培训、演习活动,还用于防灾、减灾和灾后恢复活动,但不包括特别重大事件发生后总统和国会特批的资金。

联邦应急管理局通过资助方式推动其应急管理计划,包括防灾社区建设计划和综合应急预案编制计划。

联邦应急管理局各项资金的使用有严格的审计制度,地方政府动用其资金用于防灾、救灾和灾后恢复活动时,必须保存资金使用记录,并通过该局的审计。

2.2.7 案例:卡特里娜飓风

1. 经过

2005年8月23日,巴哈马东南地区形成热带低气压,次日升级为热带风暴卡特里娜。25日,卡特里娜登陆佛罗里达。27日,卡特里娜强度升至三级,路易斯安娜州进入紧急状态,自动获得联邦政府紧急援助。28日,卡特里娜强度升至五级,路易斯安娜州为主灾区。29日,主灾区范围扩大到阿拉巴马和密西西比州。31日,卡特里娜降级为热带低气压,救援工作全面展开。

2. 损失

卡特里娜飓风整体造成的经济损失可能高达2 000亿美元。截至2005年9月26日,37家保险公司宣布了税前损失的估算数目。总体预估的损失值为143亿～155亿美元,公布的预估损失值相当于原来估算的中等规模保险财产损失350亿美元的43%。已公布的税前损失预估值的保险公司中:最高为25.5亿美元,最低为200万美元,已公布的保险公司保险财产损失值占美国财产/意外伤害保险业2005年第二季度行业盈余的最高46.1%,最低占0.2%,中间值为5.1%。

卡特里娜飓风给美国财产/意外伤害保险业影响较大,但由于财务能力良好,美国财产/意外伤害保险业顺利渡过了这次危机。除2001年受"9·11"事件影响发生亏损外,美国财产/意外伤害保险行业自1991年至2005年一直保持盈利状态。2004年实现创纪录的387.22亿美元的税后净收入,2005年预估税后净收入为325亿美元。1975年至2005年,美国财产/意外伤害保险业的理赔准备金累计达4 018亿美元。

3. 原因

卡特里娜飓风造成巨大损失的原因在于洪水风暴防御设施有限,国家防洪保险计划针对没有完全落到实处,对灾害控制不力。洪水控制和风暴防范措施有严重局限,很多在易受灾地区的住户和企业并不了解该地区的防灾设施。这些局限第一表现在防洪堤高度设计不够,可能造成洪水漫堤;第二设计、施工和保养中的各种问题使防灾设施在面临大型暴风和洪水灾害时无法发挥有效作用。

从新奥尔良模式的经验来看,联邦政府想通过财政保障来减轻易受灾害地区的损失。联邦政策有目的地推动了灾害地区的发展,使该地区城市得到充分发展,但却增加了灾害造成巨大损失的潜在可能。在促进新奥尔良易遭受灾害地区发展的同时,联邦政策也在无意中直接为卡特里娜飓风造成巨大破坏创造了条件。第一,新奥尔良东部的加速发展,由于海拔较低,以及在修建防洪堤和新的排水工程中遇到的困难,企业和城市更改了用于在老城区改善排水、抽水能力及修建防洪堤的资源分配。卡特里娜飓风以及其带给新奥尔良的洪水灾害就是这种政策本身注定要造成的后果,而不是政策执行中出现偏差导致的偶然事件。第二,新奥尔良地方政府在决策中并没有很好地考虑到自然灾害的发生。由于新奥尔良地方政府在庞恰特雷恩湖及附近的防灾项目中出资额不断提高,大大超过预期,奥尔良教区防洪堤管理委员会动员了一些工程公司来负担防范100年,而不是200年一遇飓风灾害的设施。而防洪堤区也不愿意在城区排水通道口兴建飓风防洪闸。这导致了卡塔里娜飓风中水渠沿岸建筑被破坏。

4. 应急救援

9月1日,美国参议院通过紧急援助拨款,布什总统签署国会通过的105亿美元援助拨款,宣布动用国家石油战略储备。7日,布什向国会申请第二次飓风救灾拨款518亿美元,以资助全面展开的联邦政府援助工作。8日,美国联邦政府继续提供新的财务援助,对每一户受飓风影响重新安置的家庭提供2 000美元的现金帮助,对向灾民提供安置服务的州提供财务援助。15日,布什总统在路易斯安娜州发表全国演讲,称国会已对灾区拨出超过600亿美元的援助,这一援助数额史无前例。24日,美国国会通过《2005年卡特里娜飓风税务紧急援助法案》,通过税收优惠手段对受灾地区居民的个人所得税征收及退赔、退休基金的提前支取、商业贷款的豁免及延迟等提供全面财务援助。同时,美国联邦政府援助机构对媒体报道和采访实行有限管制,如不能随意拍照遇难者尸体等。

63%以上的美国家庭为飓风救灾工作提供了捐助。在某些环境中,人们趋向于关注数额巨大的捐助,但有趣的是,在美国中等程度的捐助额度仅为26~99美元。虽然看起来很少,但汇总在一起,总额超过了42.5亿美元。而且,据估计有110万志愿者投入到了救灾工作中。

据华盛顿公民责任与道德组织的统计,150多个国家和外国救援团体承诺在卡特里娜飓风发生后为美国提供4.54亿美元的援助。

5. 启示

(1) 成立全国性的权威、专业的紧急准备和应对机构。包括全国统一的通信、资讯交换平台、预警系统以及组织协调和资源配置指挥中心。这一系统有极高的权威性,应该处于每年365天、每天24小时的常态运作之中。

(2) 建立国家级灾害及紧急事件储备金。

(3) 建立区域灾害和紧急事件储备金。根据中国广泛的地理地貌的分布,按自然灾害的区域特点,建立中央政府、地方政府合作形式的区域灾害和紧急事件储备金。

(4) 积极发挥商业保险的专业优势。在区域自然灾害的准备和应对系统中,积极引入保险公司的参与。由于保险公司和财产拥有人都有着共同的利益,都希望灾害救援系统最高效率地工作,因此保险公司在灾害发生后减轻损失的过程中,扮演非常关键和重要的角色,各级政府必须认识到保险公司在减轻灾害损失和加速恢复经济生活过程中发挥的重要作用。

(5) 建立类似美国的国家洪水保险项目。利用国家资本优势,弥补商业保险不能承保的风险。

（6）财产保险业应对风险控制模型和中国地域上大规模的自然灾害准备和应对进行全面再研究，包括进行新的风险控制和决策的研究。

2.3 日本应急管理的发展历程及发展趋势

日本是个岛国，经常受到地震、火山喷发、台风、海啸的侵袭，同时，日本资源贫乏，长期依赖海外市场，国际社会的任何变化都会引起日本社会的激烈动荡。由于长期处于各种危机的冲击下，日本是世界上最具有危机意识的国家之一。对于日本来说，危机管理是公共安全管理的重要内容，具有相当发达的防灾减灾体系。从20世纪90年代中期开始，日本政府注重国家危机管理，明显地从简单的防灾管理转向综合性的危机管理，建立了一套从中央到地方的完美的突发事件应急管理体系。下面就着重介绍日本防灾减灾"一案三制"的应急管理体系。

2.3.1 日本应急管理发展历程

受地理位置和自然环境的影响，日本是地震等自然灾害频发的国家，同时由于城市化程度高、人口密集等因素的影响，交通、化学和火灾事故也时有发生，因此日本是一个灾害意识很强的国家，2011年地震和核泄漏等重大危机事件的有效处理体现了日本良好的应急救援能力。

日本完善高效的综合应急管理体制经历了一个逐步发展的过程。20世纪50年代，日本制定了《灾害救助法》等灾害管理法律，建立了以单项灾种管理为主的应急管理体制；60年代初，日本开始重视防灾救灾的综合管理，制订了《灾害对策基本法》，把地震、火山等突发事件综合起来应对，实行全面预防、应急救援和恢复重建全过程的规划和管理，建立了中央政府、地方政府、社会组织和公众参与的综合应急管理体制；到90年代，特别是1995年阪神大地震后，日本开始出现应对重大危机能力不足的问题，从而促进日本政府进行应急管理体制改革，如成立"内阁危机管理总监"等。经过多年努力，日本建立了以综合防灾减灾为主要特征的应急管理体制。

2.3.2 预案编制体系

日本的预案编制，不存在中央与地方统一管理体系。中央政府、地方政府以及部门、企事业单位根据法律和防灾规划，编制应急预案，如表2-6所示。下面列举神户市防灾应急预案。神户市防灾应对预案是神户市地区防灾规划的预案，为实施灾害对策的主管部门提供具体行动指针和行动内容，见表2-7。

表2-6 东京都各部门的灾害活动预案、指南等

部门	时间	预案/指南名称	主要内容
知事本部	2002年4月	灾害时期职员的行动指南	规定灾害时期职员的行动纲领
	2002年4月	灾害时期的报导指南	规定灾害时期都的报导机制
总务局	1999年12月	总务局震灾时期首次出动应对指南	规定灾害时期职员的行动纲领
	2003年3月	东京都震灾恢复手册	规定各恢复领域的具体措施、恢复整体面貌和过程
职员互助工会	1997年12月	震灾对策手册	规定灾害时期职员的行动纲领
收入局	1999年3月	收入局灾害时期召集手册	规定灾害时期职员的行动纲领
文化生活局	1999年3月	灾害对策手册	规定灾害时期职员的行动纲领
	1999年3月	灾害时期东京都支援市民活动的手册	为了有效地支援灾害时期的市民活动,规定职员的行动纲领、区市町村和支援者团体等的协作
	2001年3月	东京都防灾(语言)志愿者手册	为东京都防灾(语言)志愿者的指南
	2002年9月	外国人灾害信息中心运行指南	规定在住外国人部(外国人灾害信息中心)启动时的职员行动纲领
	2003年3月	东京都生活文化局志愿部的灾害发生时的应对指南	规定在启动志愿者部时的志愿行动纲领
都市规划局	2002年4月	东京都判断受灾建筑物应急危险程度的业务手册	规定指导和协助危险程度判断员的内容
	2002年4月	受灾宅地危险程度判断士的危险程度判定手册	为危险程度判断士进行判断而准备的手册
福利局	2001年4月	福利局灾害对策指南	规定在灾害时期的职员行动纲领
	2001年12月	福利局职员灾害时初次出动应对心得	规定在灾害时期的职员行动纲领
	2000年3月	避难所管理运行指针(面向区市町村)	规定为了使区市町村在灾害时期顺利地进行避难所的管理和运行的参考指南
	1997年3月	社会福利设施的地震防灾手册	规定社会福利设施的地震防灾对策的活动方针
	2000年1月	关于在灾害时期需要救护的市民的防灾行动手册的指针	规定在灾害时期需要救护的市民从平时到恢复的一系列防灾活动的指南
	2000年1月	为促进在灾害时期需要救护的市民的灾害对策方针(面向区市町村)	规定为了使区市町村在灾害时期系统地对需要救护的市民实施灾害对策,顺利地开展业务的参考指南

续表

部门	时间	预案/指南名称	主要内容
健康局	1998年8月	卫生局灾害活动手册	规定在灾害时期的职员行动纲领
	2002年4月	健康危机管理手册	规定为确立联络体系的程序等
	1998年5月	灾害时期的保健所活动手册	规定保健所在大规模灾害时期的标准活动纲领
	1996年3月	灾害时期的医疗救援活动手册	规定在灾害时期关于医疗救援活动的医疗救援班及后方医疗设施的标准活动指南
	1996年3月	灾害时期的医疗救援活动手册(面向区市町村)	规定在灾害时期关于医疗救援活动的区市町村保健卫生更难部的标准活动指南
	1996年9月	灾害时期的医疗活动和首先救援方案	规定在灾时出现大量病伤者的情况下需要有选择地优先安排医疗的标准活动纲领
	1997年3月	灾害时期的牙科医疗救援活动手册	规定在灾害时期关于牙科医疗救援班的活动等的标准纲领
	2001年2月	灾害时期的药剂师班活动手册	规定药剂师班的标准纲领
	1997年5月	灾害时期的避难所等的卫生管理手册	规定为了确保在避难所或自宅的市民得到适当的保健卫生服务而都和区市町村应该采取的活动纲领
	1996年8月	医院的防灾训练手册	规定医院的标准的训练事项
	2004年3月	NBC恐怖灾害应对处置预案	规定NBC应急处置的各局统一行动和协调的程序
略			

表2-7 神户防灾应对预案

应急应对内容	预案内容	责任者
灾害对策总指挥部设置	1. 灾害对策总指挥部设置和运行预案	危机管理室
	2. 区指挥部设置和运行预案	滩区
	3. 确保政府包公大楼功能(安全)预案	财政局
	4. 确保区政府办公楼安全预案(区政府)	西区
	5. 职员支援预案	财政局
信息收集传达	6. 灾害对策总指挥部信息收集和传递预案	危机管理室
	7. 宣传告示预案	市民参画推进局
	8. 听证活动预案	市民参画推进局

续表

应急应对内容	预案内容	责任者
灭火・救援・急救	9. 灾时初期响应小组活动预案	危机管理室
	10. 震灾初期响应预案	消防局
	11. 救援活动预案	保健福祉局
	12. 医药品调集预案	保健福祉局
区域协作	13. 进行区域灾害支援预案	危机管理室
	14. 接受区域灾害支援预案	危机管理室
	15. 接受海外支援预案（物的支援）	市长室
	16. 接受海外支援预案（人的支援）	市长室
避难	17. 避难诱导预案	消防局
	18. 避难所的开设和运行预案	危机管理室等
	19. 应急供水预案	水道局
	20. 粮食与物资供给预案	产业振兴局
	21. 确保食品卫生对策预案	保健福祉局
灾时需要救助的人的保护	22. 对需要救护者的支援预案	保健福祉局
	23. 外国人应对预案	市长室
确保交通	24. 道路灾害应急应对预案	建设局
	25. 市营地铁和巴士运行预案	交通局
失踪者搜索、遗体埋葬火葬	26. 失踪者搜索、遗体埋葬火葬行预案	保健福祉局
废弃物处理	27. 灾害废弃物处理预案	环境局
	28. 粪便处理预案	环境局
生命线恢复重建	29. 生命线恢复重建预案（上水篇）	水道局
	30. 生命线恢复重建预案（下水篇）	建设局
灾区生活安定	31. 物价的调查和监视等预案	市民参画推进局
	32. 接受和分配捐款预案	会计室、保健福祉局
	33. 受灾证明发放预案	市民参画推进局
	34. 应急临时住宅预案	都市计划总局
	35. 发放和借贷预案	保健福祉局
	36. 环境卫生对策预案	保健福祉局
	37. 灾时空地管理预案	财政局

续表

应急应对内容	预案内容	责任者
志愿者活动支持	38. 支持志愿者活动预案	保健福祉局
其他	39. 台风水灾应对预案	危机管理室等
	40. 事故灾害应对预案	危机管理室等

资料：神户市政府

东京都各部门一共制定了各类规划、手册、预案 50 多个。为了预先准备好震后恢复对策，东京都在 1997 年制定了《城市恢复指南》和《生活恢复指南》。2003 年 3 月，为了更明确地显示市民在灾后应该采取的行动指南、选择和判断标准，把这两个指南合在一起，再分成两部分，一部分是面向市民的"恢复程序篇"，另一部分是面向行政职员的"恢复措施篇"。

2.3.3 法制

日本的灾害对策体制是在通过建立与防灾减灾相关的法律制度的基础上逐渐形成的。由于防灾制度体系的建立需要政策的持续性和财政预算的保障，所以日本政府从认识到防灾的重要性开始，就首先通过立法来确保灾害对策事业的实施。与此同时，政府又通过对防灾对策的实施过程中出现的问题进行重新认识，在不断总结经验和教训的基础上，对原有法律制度中不能有效实施防灾减灾的法律条文和内容进行必要的修改，并根据灾害对策实施过程中的需要，及时地制定新的法律和法规，以确保防灾减灾事业的进行。

1. 防灾法律制度的形成

近代日本防灾方面最早的法律是颁布于 1880 年的《备灾储备法》。该法主要是为了确保在遇到灾害或饥荒的时候，能有足够的粮食和物资供给而通过立法来进行粮食和物资的储备。同年，作为专门研究和探讨地震预测预防等地震灾害对策的学术机构——日本地震学会成立。该学会的成立为现代日本的地震预测、防震减灾、灾后重建等方面的研究起到了非常大的作用。日本地震学会的成立标志着近代日本防灾规划体制建立的开始。从此以后，日本政府以各种自然灾害为契机，相继颁布了河流法、防砂法、森林法、灾害救助法、消防法。

为了有效的进行灾害预防，同时在灾害发生时，政府能够有效地组织和指挥各部门进行救灾抢险和灾后重建，日本国会于 1961 年颁布了《灾害对策基本法》。《灾害对策基本法》将各种分散和局限的特定灾害法进行了统一，使其更具广泛性和权威性。有了这部灾害对策基本法的指导，日本更加完善了防灾减灾的法律法规，并针对各种灾害以及防灾的不同阶段（灾害预防、紧急应对、灾后重建）制定了各自相应的法律、法规。比如，在灾害预防方面就有针对地震灾害的大规模地震对策特别措施法、地震财政特别法、地震防灾对策特别措施法和建筑物抗震改造促进相关法等；针对火山灾害的有活火山对策特别措施法；针对风水灾害的有防洪法等。在灾害应急方面制定了适用于各种灾害的灾害救助法,以及自卫队法、警察法、消防法等。在灾后重建方面颁布了巨大灾害法、住宅金融公库法、雇用保险法、劳动者灾害补偿法、灾害复兴特别法、灾民生活重建支援法、灾害慰问金的支给相关法等。如此,日本建立了一个完善的防灾减灾法律法规体系,为日本的防灾事业奠定了坚实的基础。日本灾害相关法律制度以及相应的防灾规划体制建立过程如表2-8所示。

表2-8　日本灾害对策相关法规及防灾规划体系

年份	灾害对策的相关法制	防灾规划相关体制
1880年	备荒储备法(1899年废止)	日本地震学会成立
1884年		内务省测量司全国天气预报开始
1896年	通过河流法(1964年全面改正)	
1897年	防砂法;森林法	
1899年	灾害准备基金特别会计法	
1908年	水灾预防组合法	
1911年	治水费资金特别会计法	
1925年		东京大学地震研究所
1941年		海啸警报组织成立
1947年	灾害救助法(10月)消防组织法(12月)	
1948年	消防法(7月)	建设省成立;震灾预防调查会成立
1949年	防洪法(6月)	
1950年	农林水产业设施灾害旧事业国库补助的暂行措施相关法(5月)	
1951年	公共土木设施灾害复旧事业费国库负担法(3月)	
1952年	气象业务法(6月)	国家消防本部成立
1955年	自然灾害融资法(8月)	
1956年	海岸法	气象厅成立
1958年	滑坡等防止法(3月)	
1960年	治山治水紧急措施法(3月)	自治省消防厅成立 远距离海啸警报系统启动
1961年	灾害对策基本法(11月)	防灾日(9月1日)设立
1962年	大雪地带对策特别措施法(4月) 对应特大灾害的特别财政援助等相关法(9月)	设立了中央防灾会议

续表

年份	灾害对策的相关法制	防灾规划相关体制
1963 年		防灾基本规划制定 国立防灾科学技术中心（现为防灾科学技术研究所）成立
1964 年	河流法修正（7 月）	测地学审议会成立
1966 年	地震保险相关法	
1969 年	陡坡崩塌灾害防止的相关法（12 月）	
1972 年	防灾需要的集团迁移的促进事业相关的国家财政上的特别措施的相关法（12 月）	
1973 年	活火山周边地区避难设施建设的相关法 灾害慰问金的支给等相关法（9 月）	火山喷发预报规划建议
1974 年		火山喷发预报规划建议
1975 年		
1976 年		地震预报推进本部设立
1978 年	大规模地震对策特别措施法（6 月，地震防灾基本规划）	
1980 年	地震防灾对策强化地区关于地震对策紧急实施事业的国家财政上的有关特别措施相关法	
1984 年		国土厅设立防灾局
1985 年		国际紧急援助队成立
1987 年	国际紧急援助队派遣的相关法律（9 月）	
1989 年		国际减灾 10 年（IDNDR）推进本部设立
1992 年		制定了南关东地区直下型地震对策大纲
1995 年	阪神大地震复兴的基本方针及组织的相关法律（6 月） 灾害对策基本法的一部分的修正（6 月） 地震防灾特别措施法（6 月） 灾害对策基本法及大规模地震对策特别措施法的一部分修正（11 月） 建筑物的抗震修改促进的相关法律	防灾基本规划的修正（7 月） 地震调查研究推进本部设立
1996 年	特定非常灾害受害者权利利益保护的特别措施相关法	
1997 年	密集市街地防灾街区整备促进的相关法律（5 月）	
1998 年	受灾者生活再建支援法（12 月）	

续表

年份	灾害对策的相关法制	防灾规划相关体制
1999年	核灾害对策特别措施法(12月)	地震防灾基本规划修改(7月)
2000年	泥石流灾害警戒区域等泥石流灾害防止对策推进的相关法律(5月)	国际防灾联络会议的设置 防灾基本规划修正(5月、12月)
2001年		内阁设立防灾部门
2002年	东海、南海地震灾害管理促进特别措施法	
2003年	特定都市河川浸水损害对策法	
2004年	日本和千岛海沟型地震灾害管理促进特别措施法	
2005年	特定城市河流泛滥对策法	

由表 2-8 可见，日本非常重视防灾方面的法律和法规制度的建立，从而加大了灾害对策实施的力度，各种有关灾害对策的实施首先通过立法予以确保。灾害对策的相关法制中最重要的是 1961 年颁布实施的《灾害对策基本法》，《灾害对策基本法》包含了与防灾减灾相关的各种法律制度，协调了各部门各系统的关系，成为日本制定防灾规划和防灾政策的依据和准则。

2. 日本的《灾害对策基本法》

(1)《灾害对策基本法》的立法背景与目的

1959 年 9 月 26 日晚，强烈的台风袭击日本伊势湾地区，在名古屋及其邻近区造成近 5 000 多人死亡和失踪，直接损失超过 7 000 亿日元，给日本政府和人民带来了深重的灾难。痛定思痛，日本全国上下要求制定应对灾害管理基本法律的呼声极为高涨，于是在各界的努力下，1961 年正式出台了《灾害管理宪法》，即在当今日本灾害管理体系中仍然起着基础性作用的《灾害对策基本法》。尽管这一法律几经修改，但"依法防灾、科学防灾"的基本思想不但没有改变，而且在每一次修改中得到进一步的提升。

(2)《灾害对策基本法》的内容框架

《灾害对策基本法》的颁布在日本灾害管理体系建设史上具有里程碑式的意义，这部法律共 10 章 117 条，主体内容包括以下几大部分：

① 总则：阐述本法立法的目的，解释本法的专用名词以及中央到地方的灾害管理机构的设置和防灾计划。

② 灾害管理组织：规定中央防灾委员会、地方防灾委员会、非常灾害对策本部、紧急灾害对策本部的设置及其任务，并对灾害发生时工作人员的派遣及应承担的义务提出明确要求。

③ 防灾计划：明确规定中央防灾基本计划、防灾业务计划及都道府县地区防灾基本计划、地方防灾业务计划的制订、修改和公布的程序。

④ 灾害预防：明确规定各级政府有关灾害预防的组织、演练、物资储备以及相应的责任义务。

⑤ 灾害应急对策：明确规定各级政府实施灾害应急对策的内容，包括信息的收集和报告，警报和避难指示的发出与指示避难事项，消防、水防及其他应急措施，受害者的救难、救助及其他保护事项，受灾儿童、学生的应急教育事项，设施及设备的应急复原事项，清洁、打扫、防疫及保健卫生事项，防止犯罪、交通管制及受灾地社会秩序维护事项，确保紧急输送有关事项，与灾害防治或者防止扩大措施有关事项等。

⑥ 灾后恢复与重建：明确规定各级政府的责任以及重建工作所需费用的支出和筹措。

⑦ 财政金融措施：规定各级政府的责任以及重建费用的负担、补助的范围以及金融机构融资的措施。

⑧ 国家进入紧急状态：规定各级政府认可、宣布以及撤销国家进入紧急状态的程序。

⑨ 杂则：关于表彰灾害管理有功人员的规定。

⑩ 罚则：规定违法的种类及处罚办法。

（3）《灾害对策基本法》的立法重点

作为指导日本应对和处置各类灾害的根本大法，《灾害对策基本法》的重点主要包括以下几个方面：

① 明确防灾的责任。在规定国家、地方自治团体、指定公共机关以及指定地方公共机关在防灾中的职责的同时，将灾害对策区分为灾害预防、灾害应急对策及灾害复原几个阶段，并明确前述机关在各阶段的责任。

② 推进综合性防灾行政。为了改变长期沿袭的纵向独立成体系的防灾组织体系，专门设置"中央防灾委员会"作为综合协调机关，统一指挥和统筹各项防灾事宜。与此同时，为了在灾害发生时快速且有效做出应对，专门以法制化的形式明确设置《灾害对策基本部》（类似我国的"总指挥部"），统领紧急状态下的组织、指挥和协调的职能。

③ 推进计划性的防灾行政。为了预防灾害以及在灾害发生时防止灾害扩大，有必要预先拟订应对处理灾害的计划，以谋求各相关机关紧密联络与调整，在灾害发生时进行更有效的处置。因此，该法规定了需要拟订的各类防灾计划。

④ 对于重大灾害的财政援助。该法对于防灾费用负担等财政金融措施有较为明确的规定，以"责任者负担"为基本原则，同时规定在重大灾害发生时，为减轻受灾地方自治团体等经费负担，应采取特别财政援助等措施，为受灾方提供财政支持。

⑤ 应对灾害紧急事态的措施。该法明确在发生显著异常灾害而将会给国家经济及社会公共福祉产生重大影响时，各级政府应该采取的有效措施以及相应的行政体制。

（4）《灾害对策基本法》的完善

《灾害对策基本法》自1961年问世直到1995年阪神大地震出现之前，虽屡经修改，但基本没有进行过大的调整。在经历阪神大地震这一伤亡惨重的大灾难后，日本政府强烈地感受到《灾害对策基本法》在应对诸如此类大型灾难时存在的缺陷，于是先后进行了两次大的修正：第一次修正的重点是对在灾害扩大时，都道府县等地区的交通管制相关措施，以及车辆移动及确保紧急车辆通行的措施等做出了明确的规定；第二次修正的内容比较多，包括几个方面：一是灾害紧急状态的认定不再作为紧急灾害对策本部的设置要件，这就进一步提高了对策本部设置的灵活性；二是强化灾害对策本部部长的权限，指定行政机关首长可行使指挥权；三是灾害发生时，为迅速建立紧急救灾体系，非常灾害对策本部不经由内阁会议批准即可设置，目的是为了进一步提高对重大灾害事件反应的灵敏度；四是灾害现场应急指挥所设置的法制化，主要是对指挥所的具体设置做出了明确规范；五是赋予救灾自卫队派遣的必要权限，目的是为了提高救灾自卫队的响应速度和指挥能力。

在灾害管理实践中不断完善的《灾害对策基本法》为日本各级政府科学、有效地应对各种灾害事件提供了强有力的法律保障，对提高日本整体灾害管理的能力和水平有着不可低估的作用。

2.3.4 日本应急管理体制

在过去的十多年里，日本从上到下对灾害管理体制进行了大刀阔斧式的改革，取得了卓有成效的进展，构建起了反应快速、行动高效、处置有力和协调统一的新型灾害管理体系，为全面提升抗灾能力提供了强有力的保障。

1. 日本的防灾规划体制

中央防灾会议体制是依据灾害对策基本法建立的。中央防灾会议则是执行灾害对策基本法规定的防灾减灾规划实施的最高权力机构。日本的防灾规划等各种灾害对策都是由中央防灾会议制定并负责推行的。

按照日本《灾害对策基本法》的要求，中央政府必须制定国家的防灾基本规划，各公共事业机关团体必须制定与业务有关的防灾业务规划，地方政府必须制定本行政范围内的地区防灾规划。

具体来说，由中央防灾会议根据灾害对策基本法的要求，制定出适合日本整个国家的防灾基本规划；各指定行政机关以及指定公共机关，根据中央防灾会议制定的防灾基本规划中的具体要求和内容，制定出与本机关业务内容相关的防灾业务规划；而各级地方政府防灾会议（都道府县防灾会议以及次级政府市街防灾会议）同样根据中央防灾会议制定的防灾基本规划，制定出适合本地区的防灾规划。图2-4表示了日本的防灾规划体系。

日本的防灾规划体制是通过由中央防灾会议制定的综合长期的防灾基本规划，积极推进防灾业务规划和地区防灾规划的制定和实施。各相关部门除了制定相应的防灾规划外，有责任积极推进相关地区防灾规划和防灾业务规划中规划项目的实施。从而达到建立一个由国家、地方政府、相关行政机关和公共团体构成的完整的防灾规划体系。具体来讲就是要建立一个充分完善的灾害预防体系、迅速且周到的灾害应急对策体系、妥当又快速的灾后重建体系。

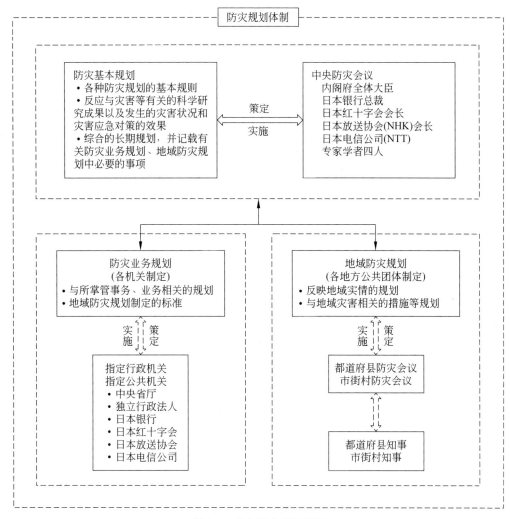

图 2-4 日本防灾规划体制

(1) 灾害预防规划

在灾害预防方面,将从基础设施的强化、灾害急救等方面所需的应急设施和体制的建立、防灾训练和防灾知识的普及、灾害发生机理研究、预测预防等基础研究等方面进行综合规划和建设。

灾害预防方面主要包括:

① 不断强化主要交通、通信机能、国土保全事业以及城市开发事业中防灾性能的形成,以及各种构造设施、生命线工程安全性的确保等;

② 事故灾害的预防方面,充实各种安全对策;

③ 灾害发生时的灾害应急对策以及其后能迅速圆满地实施灾后修复、复兴所需的各种

设施、设备资材等,食物和饮用水等的储备,防灾训练的实施等;

④ 为了促进国民的防灾活动,有关防灾思想、防灾知识的普及,防灾训练的实施以及与此有关的自主防灾组织等的建立和强化、志愿者活动环境的创立、企事业防灾的促进等;

⑤ 推进各种灾害预测研究,包括工程学、社会学等与防灾有关学科的研究,同时加强各种灾害基础数据的观测研究。

(2) 灾害应急规划

在灾害应急对策方面,将就灾害发生时的灾害警报的传达、灾情的迅速把握和输送、高效率的应急体制的确立、次生灾害的防止、灾民的救助和紧急抢救、避难场所的开设和运营,以及生活保障的确立等方面所作的详细规划。具体包括如下几方面:

① 有关灾害发生预兆的把握、及时警报的传达、居民的避难引导以及防患于未然的各种活动;

② 大规模事故发生时迅速的情报联络;灾害一旦发生后灾情的尽早把握、与灾害有关的情报的迅速收集和传送以及因此所需要的通信手段的确保;

③ 确立灾害应急对策的活动体制以及机关间相互连接的各种援助体制;

④ 次生灾害的防止、消防灭火等活动,对受灾人员的迅速及时的医疗救助和急救,以及急救所需要的交通管理等;

⑤ 灾民的避难引导和指挥以及避难场所的运营、临时住宅的提供等;

⑥ 灾民们生活所需要的食物、饮用水等生活必需品的调剂和供应;

⑦ 灾民们健康状况的把握以及所需的救护所的开设、临时厕所的设置和生活垃圾的处理等;

⑧ 违法犯罪活动的防止、社会秩序的维持以及物价的安定和物资的安定供给等政策实施;

⑨ 确保灾民生活的生命线工程、交通设施设备等的应急修复等;

⑩ 灾害谣言流传的防止等以确保社会的安定;

⑪ 次生灾害等危险性的确认以及指导居民避难和应急对策的实施等;

⑫ 志愿者、捐款和救济金以及从海外来的支援等的受理等。

(3) 灾后重建和复兴规划

在灾后重建、复兴方面,将就灾区的重建、复兴等基本方针的及早决定、被害设施的迅速修复、灾害垃圾的处理、灾后重建资金的确保、灾后中小企业的复兴等制定灾后修复规划。具体包括:

① 灾后重建、复兴规划的及早决定以及修复事业计划的推进等;

② 受灾设施的迅速修复;

③ 防止再次受灾的新型都市环境的建立;

④ 灾害垃圾(如地震废墟)等的迅速处理;

⑤ 对灾民的援助金、住宅、雇用等的确保以及灾后生活重建的支持等;

⑥ 受灾中小企业的复兴以及灾区经济复兴的支持等。

所有以上这些内容,将通过中央防灾会议制定的防灾基本规划,由国家、公共机关、地方公共团体以及个人相互协助,推进灾害基本事项的实施。

2. 日本的灾害管理体制框架

按照《灾害对策基本法》的规定,日本的灾害管理行政的主体为中央政府、都道府政府、市町村政府、指定公共机关、指定地方公共机关、指定全国性的公共事业以及指定地方公共事业。

(1) 灾害组织机构分工:

根据《灾害对策基本法》,"国家"作为"守护国民的生命及财产免于灾害"这一使命的最高承担者,在组织及功能上有着特别的要求,所担负的具体的应急事务包括拟订及实施灾害应对基本计划、灾害应对业务计划及其他灾害应对关系计划;综合调整地方自治团体与公共机关灾害应对事务的推进;使灾害对策经费的负担合理化;监督地方自治团体进行地区防灾计划的拟订与实施。"都道府县"这一层次的地方自治团体则担负拟订并实施该地区灾害应对计划的职责,而"市町村"作为最接近地方居民的基础自治团体,更有实施防灾活动、保护居民免于灾害的基本职能。

《灾害对策基本法》同时规定,地方上的公共团体、防灾重要设施的管理者以及居民皆有共同达成防灾任务与参加自主性防灾活动的义务。国家与地方自治团体作为行政施政的主体,负有灾害应对的重大责任,有必要谋求灾害应对相关政策、计划决定及实施的联络与调整。因此,国家及地方自治团体在施政时必须把灾害应对作为一项基本的职责。为了使整体的灾害应对行动既能具有明确的分工,又能进行多元化的合作,《灾害对策基本法》对灾害应对行动的各项业务以及相应的执行机关作了较为明确的分工。

(2) 重要机构的职能

日本的应急管理体制是以内阁首相为最高指挥官,由内阁官房(负责各省厅间的协调,相当于办公厅)来负责总体协调、联络,通过安全保障会议、阁僚会议、中央防灾会议等决策机构制定应急对策,由警察厅、防卫厅、海上保安厅、消防厅等各省厅、部门根据具体情况予以配合的组织体系。在这一体系中,根据突发事件种类不同,启动的应急管理部门也不尽相同。

① 首相:日本首相在应急管理中权力最大,在紧急事态下可以越过内阁下令出动自卫队、限定国民权利、确定私有财产的补偿等,这样就保证了在发生突发公共事件时首相可以迅速地制定出自上而下的对策,指挥政府应对危机。日本政府在首相官邸地下一层建立了"危机管理中心",指挥应对包括战争在内的所有突发事件。

② 内阁官房:是首相的辅佐机构,在应急管理中的主要职能是尽早获取情报并迅速向有关部门通报;召集各省厅建立相应的应对机制;对各省厅制定的应急政策进行综合调整;实施适时的宣传措施以消除国民的不安。由内阁官房负责应急管理,主要目的是在发生紧急事态时,内阁能够采取必要措施,做出第一判断。

③ 安全保障会议：主要承担日本国家安全危机管理的职责。安全保障会议由首相召集并任议长，成员包括总务大臣、外务大臣、财务大臣、经济企划厅长官、国土交通大臣、内阁官房长官、国家公安委员会委员长、防卫厅长官等。

④ 阁僚会议及内阁会议：当发生事关国民生命财产的重大事件时，首相可以根据情况召集阁僚会议及内阁会议，进行商讨并做出决定。它是实际处理突发事件的日常机构。为应对各种突发性公共事件，在内阁成立有多种对策本部，以推进政策或各种应对措施的实施。

⑤ 中央防灾会议：它在自然灾害的应急管理中发挥着突出的作用，它将灾害对策职能由原来的国土安全厅转到内阁直属机关，以便更灵活地采取对策，处理危机。首相任中央防灾会议主席，委员包括防灾大臣及其他全体大臣、指定的公共机关首长（四名）、学者（四名）。中央防灾会议的主要职能是制订并实施紧急措施计划；根据首相及防灾大臣的要求，审议防灾政策、公布灾害紧急公告等；就有关防灾的重要事宜向首相及防灾大臣汇报。

⑥ 紧急召集对策小组：在发生大规模自然灾害时，为防止指挥人员不到岗、出现混乱局面，还设立了紧急召集对策小组，组长由内阁官房副长官（事务）担任，主要任务是协调各部门的救援行动。

⑦ 多种对策本部：为应对各种灾难和灾难中出现的问题，在内阁成立了多种对策本部，以推进政策或各种应对措施的实施，如就业对策本部等。发生突发公共事件时，一般都要根据内阁会议决议成立对策本部，如果是比较重大的问题或事态，还要由首相亲任本部长。成立对策本部时，要在首相官邸危机管理中心成立对策本部的事务局，负责各部门的联络、协调、指挥等具体工作。

日本地方政府也设有专门的应急管理机构，都道府县的知事是应急管理的最高负责人，一旦发生突发公共事件，可立即成立应急对策本部，统一指挥本地区的社会团体、警察、消防队进行应对。

由上可见，日本的应急处理有完善而细致周到的协调机制，其突出的特点是，根据突发事件种类不同，启动相应的应急机构和运作机制，可以说，日本已建立起组织完备、责任明确、运行有序、精干高效的应急管理体系。

2.3.5 日本应急管理机制

1. 日本政府应对突发自然灾害的应急管理机制的主要内容

在长期探索自然灾害规律的过程中，日本积累了丰富的经验，形成了一套较为科学、规范和高效的应急管理机制。

按照工作流程，日本应对突发自然灾害的应急管理机制可以从事前、事中、事后三个阶段来考察体制的运转机理。

（1）预防阶段

采取自上而下的方式逐级负责防灾计划及其实施，包括由中央防灾委员会制定的"防灾基本计划",规定防灾的大政方针以及各地方、行政部门应该做出的反应,这些计划每年都会根据灾情进行调整修订;由相关行政和公共部门制订的"防灾业务计划",由都道府县和市町村一级制订的"地区防灾计划",由防灾委员会协调会制订的"指定地区防灾计划"等,则规定了相关部门和地方具体的防灾责任以及在灾害发生之后应该采取的具体行动。

(2) 应对阶段

各级灾害对策本部是灾害应对指挥部门,按照灾害的严重程度自下而上设立,主要以市町村为单位,都道府县负责协助、调整与中央一级机关的防灾业务。按照各个防灾计划,各业务部门采取紧急情况的应对措施配合防灾工作,逐级上报灾情。当灾情极其严重时,日本政府会在内阁中成立"非常灾害对策本部"作为指挥和决策部门,甚至成立由首相担任本部长的"紧急灾害对策本部",调动社会各界资源共同应对灾害。

(3) 恢复和重建阶段

在对灾害及其处理情况进行评估时,地方上报信息给中央,与中央进行协商以分摊各自的负担。中央迅速安排灾害拨款、重建等事宜。在重建过程中,日本政府更多考虑如何恢复灾区基础设施、提高民众抵抗灾害的能力。灾害处理是第二年防灾计划制订的重要依据。

2. 日本政府应对突发自然灾害的应急管理机制的主要特点

(1) 日本政府重视对突发自然灾害的预防

对灾害有足够的准备能增强对灾害的应对能力,降低灾害可能带来的损失。日本应急管理的重心在于如何通过制度化的举措为灾害提前做好准备。在体制上,防灾委员会在日本政府中占有重要地位。中央防灾委员会为内阁直属机关,由首相任主席,对于灾害管理具有领导权,同时注重增强防灾委员会与其他行政机关之间的协调能力建设。日本政府还针对突发自然灾害的性质及特点完善了灾害应急教育体系,市民可以从学校和社会中得到应急的基本知识和技能培训。并且建立有覆盖全社会的防灾无线网络、预警机制、城市紧急避难所等,对突发自然灾害预防的重视已经细化成了各个部门具体的应对措施。

(2) 应急管理体系条块结合

从纵向来看,日本应急管理机制是自上而下三级负责,从横向来看,日本都道府县和市町村之间联系紧密。在阪神大地震之后,为了能保证应急物资供应,42个都道府县和2 000多个市町村签订了72小时相互援助协议,跨区域的医疗运输队伍和紧急消防队、都道府县之间的应急救援小组等形成了地方共同抗灾的联动机制。

(3) 日本政府注重倡导在灾害发生时的自救与互救,突出社会参与

为了吸纳更多的人参与防灾救灾的事业,日本政府十分重视第三部门和群众组织的作用,鼓励市民和企事业单位与行政机构通力合作,提高全社会的抗灾能力。如日本各地社区成立有"灾害管理志愿者组织",同时,鼓励自发性的群众防灾团体,并为他们提供活动场所和教习条件。截止到2005年底,日本2 418个市町村中有1 988个市町村成立了115 814个自主防灾组织。其中,有13 012个妇女防火俱乐部组织,成员约200万人,有5 632个少年消防俱乐部,约43万人,有14 461个幼年消防俱乐部,约126万人。

(4) 日本政府重视基层的灾害应对能力建设

日本灾害应急的主体是市町村一级，市町村是群众生活的主要场所，健全市町村的防灾设备能够最直接地帮助群众应对突发自然灾害。日本政府赋予市町村长在灾害应对时非常广泛的权限，同时建设有覆盖全国的防灾无线网络、各社区的防灾组织并开展防灾训练、设置紧急避难所等。

2.3.6 案例：东日本大地震

2011年3月11日14时46分发生日本里氏9.0级大地震（日本称"东日本大震灾"）。下面是根据2011年4月17日(17:00)紧急灾害对策本部的报告和内阁府《防灾白皮书》进行总结。

1. 概况

（1）地震的概要（气象厅）

① 发生时间：2011年3月11日（周五）14时46分

② 震源和规模（推定）：三陆海域（北纬38.1度、东经142.9度，牡鹿半岛的东南方向130千米附近）；震源深度约24千米，震级为9.0级。

③ 各地的震度（震度6级弱震以上）：

震度6弱：岩手县沿岸南部、内陆北部、内陆南部、福岛县会津、群马县南部、琦玉县南部、千叶县西北部；震度6强：宫城县南部、中部、福岛县中心街道、海滨街道、茨城县北部、南部、枥木县北部、南部；震度7：宫城县北部

④ 海啸：发生时间3月11日14时49分，发布海啸警报（大海啸），其中海啸的各观测点检测到的最大波高如表2-9所示。

表2-9 海啸的各观测地（检潮所）所检测到的海啸最大波

地点	时间	最大波高度	地点	时间	最大波高度
襟裳町庶野	15:44	3.5米	石卷市鲇川	15:25	7.6米以上
宫古	15:26	8.5米以上	相马	15:51	9.3米以上
大船渡	15:18	8.0米以上	大洗	16:52	4.2米
釜山	15:21	4.1米以上			

（2）政府的主要应对（初级响应）

3月11日　14:50　设置官邸对策室，招集紧急集合小组；

　　　　　15:00　紧急集合小组协议开始；

　　　　　15:14　紧急灾害对策本部的设置（本部长内阁总理大臣）；

　　　　　15:37　第一次紧急灾害对策本部的召开，制定与灾害应急对策相关的基本方针。

到 4 月 11 日为止共计召开 15 次。

(3) 受害情况

① 人的情况

9.0 级海沟型地震引发的海啸造成 15 270 人死亡,8 499 人失踪(5 月 30 日),造成了 12 个都道县出现人员死亡(或失踪),其中海啸浪高比较高的宫城县(9 122 人死亡、5 196 人失踪)、岩手县(4 501 人死亡、2 888 人失踪),以及福岛县(1 583 人死亡,411 人失踪)(5 月 30 日)有很多人员死亡。①

根据警察厅发布的资料(4 月 11 日),90% 以上的人是因溺水死亡。此外,60 岁以上的人约占死亡的 65%,要明显高于地域的人口构成比例。

② 建筑物的情况

全部毁坏的住宅约 10 万栋,部分毁坏的约 6 万栋(5 月 26 日)(表 2-10)。

③ 损失金额

据内阁府(经济财政分析负责人)的分析,灾区直接损失的资产(社会资本·住宅·民间企业设施)金额约为 16 兆~25 兆日元,是阪神·淡路大地震的直接损失金额 9.6 兆日元的 1.6 倍。此数据是针对灾区全体的 175 兆日元总资产,参考阪神·淡路大地震时的损害率及受灾情况,利用设定的损坏率分析得出来的,并包括核电站的受害情况和传闻受害的情况。

④ 海啸导致的浸水情况

2011 年东北地方太平洋地震导致海啸的发生以及沿岸附近的地基下沉。由于海啸和地基下沉的双重影响,全国的浸水面积达到了 561 平方千米(青森县 24 平方千米、岩手县 58 平方千米、宫城县 327 平方千米、福岛县 112 平方千米、茨城县 23 平方千米以及千叶县 17 平方千米)。截止到 2011 年 3 月 29 日,农业相关方面推测因水土流失(洪水侵蚀)的耕地一共有 23 600 公顷,宫城县 15 000 公顷、福岛县 6 000 公顷、岩手县 2 000 公顷。受害情况如表 2-11 所示。

表 2-10 建筑物破坏的情况(截止到 5 月 26 日) 单位:平方米

都道府县名	全部毁坏	部分毁坏	一部分破损
北海道			5
青森县	281	1 019	77
岩手县	17 107	2 661	1 605
宫城县	68 776	24 319	31 295
秋田县			4

---

① 内阁府《防灾白皮书》2011 年版。

续表

都道府县名	全部毁坏	部分毁坏	一部分破损
山形县		1	37
福岛县	14 083	16 791	51 707
茨城县	1 632	9 161	115 705
枥木县	241	1 733	48 772
群马县		1	15 434
埼玉县	7	41	13 863
千叶县	728	2 733	21 065
东京都	9	113	2 954
神奈川县		11	67
新潟县	26	64	604
长野县	33	169	464
静冈县			523
合计	102 923	58 817	304 181

注：此表的人员伤亡情况包括茨城县海域地震(3月11日)、宫城县海域地震(4月7日)、福岛县海滨街地震(4月11日)以及福岛县中街地震所造成的损坏。

表 2-11 耕地的受害情况

县名	耕地面积/公顷（2010 年）	流失·洪水侵蚀的耕地的推测		推测面积中各田地的详细情况	
		面积/公顷	受害的面积率/%	田地面积/公顷	旱地面积/公顷
青森县	156 800	79	0.1	76	3
岩手县	153 900	1 838	1.2	1 172	666
宫城县	136 300	15 002	11.0	12 685	2 317
福岛县	149 900	5 923	4.0	5 588	335
茨城县	175 200	531	0.3	525	6
千叶县	128 800	227	0.2	105	122
合计	900 900	23 600	2.6	20 151	3 449

注：耕地面积是指 2010 年的耕地面积。

（4）对灾民的支援情况

① 避难者：136 470 名。

②临时住宅等的情况:应急临时住宅的施工数中 8 550 户已经开始施工(36 户完成),2 266 户预计施工;国家公务员宿舍、公营住宅等的提供数为 5 525 户,可能入住的数 51 046 户。

③灾民的救助活动情况:救出总数 26 669 名。

(5) 主要的紧急物资的支援情况(已经到达的累计数)(截止到 4 月 17 日 00:00)如表 2-12 所示。

表 2-12 紧急物资支援情况

类型	物资	总量	类型	物资	总量
食物	面包/吨	8 992 705	生活用品	卫生纸/个	379 695
	方便面/吨	2 430 016		尿布/个	359 714
	饭团等/吨	3 257 952		一般药品/箱	229 284
	精米/吨	6 363 372		口罩/个	4 380 442
	其他(罐头)/吨	6 636 372	燃料等/升		15 341 000
	饮用水/瓶	7 254 717			

(6) 派遣部队的情况

①警察厅派出 3 500 名紧急援助队员,截止到 4 月 17 日 00:00 共派遣约 21 700 名队员。

②消防厅派出 162 队紧急消防援助队,共 579 名队员,截止到 4 月 17 日 00:00 实际被派遣紧急消防援助队 7 000 队,约 27 000 名队员。

③海上保安厅派出 54 艘巡视船艇、19 架飞机、16 名特殊救难队,截止到 4 月 17 日 00:00 应对力量有巡视船艇等 1 983 艘、飞机 713 架、特殊救难队等 790 名。

④防卫省派遣规模大约 106 350 名,截止到 4 月 17 日 00:00 派遣的最大规模约为 107 000 名,其中陆地自卫队约 70 000 名,海上自卫队约 143 000 名,空军自卫队约 21 600 名,原子能灾害部队约 450 名。

⑤厚生劳动省派遣 155 队医师,136 队保健师。

(7) 海外支援的接受情况

①在日美军派出航母/舰船约 20 艘,飞机约 160 架,人员约 20 000 名以上。

②外国的支援共有 136 个国家/地域以及 39 个国际机构表示支援,接受 24 个国家·地域·机构的救助队,接受 44 个国家·地域·机构的援助物资和 66 个国家、地域、机构的捐款。

2. 政府的主要应对

2011 年 3 月 11 日(周五)14 时 46 分发生地震,震后 48 小时内,日本政府的主要应对行动如表 2-13 所示。

表 2-13　震后日本政府主要应对行动

日期	时间	内　容	指　示
3月11日	14:50	官邸对策室的设置、紧急集合小组的招集,首相指示	受害情况的确认;居民的安全确保、早期的避难对策;生命线的确保、交通网的恢复;努力地向居民提供确切的情报
	15:00	紧急集合小组开始协商	
	15:08	紧急集合小组协商的项目	在收集情报的同时,本着以救助生命为第一原则,全力指导居民进行避难以及救助灾民;根据受害的情况,派遣紧急消防救援队、警察广域救援队、自卫队的灾害救助队、海上保安厅的救援救助部队、灾害医疗救护队(DMAT)等,开展对灾害地区进行救援,希望这样能够很好地对灾民进行救援救助以及顺利地实施灾害应急对策;在灾害应急对策实施时要与地方自治体进行密切的合作;为了使灾区的居民以及国民和地方自治体、相关机构能够进行准确的判断进而采取行动,要为他们提供确切的情报;为了使政府整体能够推进灾害应急对策的进行,要加快紧急灾害对策本部的设置工作
	15:14—15:27	紧急灾害本部的设置	自卫队进行最大程度的行动
	15:37—15:56	第一次紧急灾害对策本部会议,确定与紧急应急对策相关的基本方针	本日14时46分以东北地域为中心,从北海道到关东地区的广泛区域发生了地震,因为地震和海啸等现在已经产生了很严重的损害,而且今后的余震有可能使受害情况进一步扩大。因此,政府希望根据以下基本方针,与地方自治体进行密切地合作,救援、救助灾民以及提高灾害应急行动的综合力量,同时努力快速恢复国民生活和经济。 (1) 为了使灾害应急活动顺利地进行,相关省厅要迅速地收集情报,掌握灾害情况。 (2) 以救助生命为第一任务,根据以下措施全力开展对灾民的救援救助活动以及灭火等灾害应急活动。 ① 全国最大限度地向灾区派遣自卫队灾害救援队、警察广域救援队、紧急消防救援队、海上保安厅的救援救助部队以及灾害医疗救护队(DMAT)。 ② 为了确保采取的必要人员和物资等运输,要全力确保高速公路和干线道路等通行道路的畅通。 ③ 为了确切地推进救援·救助活动等的应急对策的实施,必要时可以发出航空情报等,因此相关机构和团体要进行协助,确保灾区和周边地区的上空区域的安全。 (3) 为了恢复灾区居民的生活等,要全力恢复电、煤气、水、通信等生命线以及铁道等交通工具。 (4) 为了确保紧急应对的必要医疗物资、食物、饮用水以及生活必需品、紧急输送道路·生命线等,全国的官民要形成统一的广泛领域的应急体制。为了使灾区的居民以及国民和地方自治体、相关机构能够进行准确的判断进而采取行动,要为他们提供确切的情报

续表

日期	时间	内容	指示
3月11日	16:00—16:22	第二次紧急灾害对策本部会议	
	16:25	官房长官指示	(1) 全省厅的政务三首脑全员到自省厅。 (2) 在地方的政务三首脑立即返回东京;东北地方的政务三首脑要掌握实地的情况以及进行联络
	16:54	首相召开记者会	
	16:57—17:12	官房长官会见记者	
	17:39—17:44	官房长官会见记者	
	18:20	防灾担当大臣指示	相关机构呼吁沿岸的车辆驾驶人等收听车内的广播
	18:42	向宫城县派遣政府调查团	
	19:23—19:38	第三次紧急灾害对策本部会议	
	19:45—19:56	官房长官会见记者	
	20:10	官房长官指示	为了帮助回家有困难的人员,相关省厅要尽全力采取对策并最大限度地活用车站附近的公共设施
	21:05	政府调查团抵达宫城县	
	21:52	官房长官会见记者	
	22:00	防灾担当大臣指示	(1) 希望各机构认真地思考明天应展开怎样的救助。例如,山边和海边,海边应该是更加困难,是否用船进行救助。必须进行紧急救助的地方是哪里等,希望将这些问题进行充分的考虑。 (2) 希望明天早上从第一件事情就能做好确切的应对
3月12日	00:15—00:35	官房长官会见记者	
	03:12—03:32	官房长官会见记者	
	06:00	在宫城县设置紧急灾害实地对策本部	
	08:30	第4次紧急灾害对策本部会议的召开	
	08:53	向岩手县派遣政府调查团	
	09:18	向福岛县派遣政府调查团	
	11:36	第5次紧急灾害对策本部会议的召开	

续表

日期	时间	内　容	指　示
3月12日	15:00	5大臣会合（国家公安委员会委员长、国土交通大臣、总务大臣、防卫大臣、防灾担当大臣）	
	17:47—18:20	官房长官会见记者	
	20:32—20:41	首相声明	
	20:41—21:08	官房长官会见记者	
	21:40	第6次紧急灾害对策本部会议的召开，首相指示	为了有力地推进救助生命行动的实施： (1) 积极地投入自卫队参加对孤立人员的救助活动等，进而达到强化广泛领域的救援态势。 (2) 希望加强对失去公所机能的自治体进行支援。 (3) 内阁会议把"东北地方海域地震引起的灾害"指定为全国的严重灾害
3月13日	08:09—08:30	官房长官会见记者	
	08:30	紧急召集小组的再次召集，协议结果	本事件在指挥部队时要按照以下的优先顺序开展活动： (1) 生存者的搜索以及救出：在房屋倒塌多的地域重点地投入陆地部队，救出生存者。核实震度分布和房屋倒塌及泥沙坍塌的情况等，灵活地派遣空军部队。 (2) 孤立者对策：对于孤立者要灵活运用空军部队，对于医疗的必要物品要搬运给医疗机构，对于水、食物、防寒用具等不足的地域，要输送适当的物资。 (3) 未搜索地区的推测以及搜索：对于海啸和火灾等造成严重灾害但还未进行搜索的地域，要灵活地运用空军部队，同时快速去除搜索的障碍，然后实施搜索。 (4) 遗体收容：对于因海啸和火灾等灾害死亡的人员的遗体进行快速的收容
	09:32	第7次紧急灾害对策本部会议的召开	
	11:02—11:20	官房长官会见记者	
	15:27—15:55	官房长官会见记者	
	16:51—17:12	官房长官会见记者	
	19:49—19:58	首相大臣声明	
	19:58—20:14	官房长官会见记者	
	20:14—20:19	经济产业大臣会见记者	
	20:19—20:22	节电启发担当大臣会见记者	

续表

日期	时间	内容	指示
3月13日	21:01	第8次紧急灾害对策本部会议的召开	
	21:38	电力供需对策本部会议的召开	
	22:30	防灾担当大臣指示	尽管海啸警报等已经解除,但在海域附近活动的人员要警惕余震带来的海啸,经常听广播,确保避难线路等,总之要特别地注意

3. 救助活动

截止到2011年4月17日7:00,参与救助的总人数达26 669名,具体见表2-14。

表2-14 地震救助人员总数(截止到4月17日7:00) 单位:名

日期	警察厅	消防厅	海上保安厅	防卫省
3月11日	32	3	18	
3月12日	397	641	229	
3月13日	1 631	3 728	28	
3月14日	448	238	19	19 274
3月15日	1 183	2	24	
3月16日	27	—	24	
3月17日	29	—	1	
3月18日—4月17日	3	2	17	
合计	3 750 (其中1 302名与消防人员共同救助)	4 614 (其中1 302名与警察人员共同救助)	360	19 274

注:由于各机构等是一同进行救助活动,所以有的数字会出现重复。

4. 主要紧急物资的支援情况

主要紧急物资的支援情况如表2-15所示。

5. 灾民生活重建

(1) 灾民生活重建支援金的支付

当住宅受到一定程度的损害如全部损毁时,以《灾民生活重建支援法》为基础,根据住宅的受损情况,从4月下旬向居住该住宅的受灾家庭支付基础支援金(最高额100万日元)以及根据住宅重建法的增加支援金(最高额200万日元)。另外,在运用灾民生活重建支援制度时,要改善因沙土液化等导致地基受灾的相关措施。

表 2-15　地震主要紧急物资的支援情况（内阁府：4月17日00：00）

区分		筹集项目	已到达		运输中·准备运输中
			数量	与前日同一时刻比较	
食物/饮用水	食品	面包/吨	8 992 705	+40 000	348 000
		方便面/吨	2 420 016	+90 000	120 000
		饭团·饼·包装米饭/吨	3 257 952	+27 500	110 000
		精米/吨	3 332 236	+0	0
		其他（罐头）等/吨	6 363 372	+102 200	891 493
	食物合计/吨		6 363 372	+102 200	891 493
	饮用水/瓶		7 254 717	+0	624 816
生活用品	卫生纸/个		379 695	+0	0
	尿布/个		359 714	+0	0
	一般的药品/箱		229 284	+0	3 698
	口罩/个		4 380 442	+0	
	燃料等/升		15 341 000	+0	0

（2）灾害抚恤金的支付等

对于因次灾害死亡或者重度残疾的人员，发放灾害抚恤金或者灾害残疾慰问金，同时为灾民提供灾害援助资金的特例贷款（下调利率（原则上是无利息的）、延长偿还期限等）。此外，向受灾家庭提供无利息的生活福利资金（紧急小额度资金）的贷款。

（3）雇佣对策及生计支援

① 灾民等的雇佣对策

职业安定所设置震灾特别咨询窗口，介绍其他地区的职业，到避难所进行咨询工作，确保企业的招聘或者联合招聘等，以此强化对灾民就业支援的力度。

由于受灾雇佣者不得不选择停业停产，无法支付工资。即使实际上没有离职，也要对此采取能够支付失业津贴的雇佣保险的特殊措施。

由于此次灾害对经济的影响，雇主不得不缩小事业的范围以及临时停业以此来维持雇佣关系。在这种情况下，该企业成为"雇佣调整助成金"被支付的单位。在东京以外的灾害救助法实施提取的雇主采取特例措施。

为了促进灾民等的就业和创业，设置"促进灾民等就业支援和创业会议"，总结紧急综合对策。

② 为中小企业等提供的对策

经济产业省等在地震之后，请金融机关变更以往债务还款等的条件，采取弹性的应对措施。与此同时,信用保证协会实施灾害相关保证,日本政策金融公库和工商联合中央金库等实施长期低息的灾害恢复贷款,以此从金融方面支援中小企业重新营业。另外,灵活运用 2011 年追加预算,降低利率和延长贷款的期限,提高上限额度,扩大利差补助等。

为了恢复工厂等的设施,要在资金和人才方面提供支援。与地方公共团体合作,在灾区建设临时店铺和临时工厂等。除此之外,为受灾的商店街在设施修补以及清除障碍物等方面提供资金援助。

广泛分发中小企业支援对策的宣传资料,让大家了解支援对策,同时灵活运用"中小企业咨询专家电话",对中小企业的再次营业提供支援。

③ 农林业的对策

农林水产省为使农山渔村能够接收灾民,向受灾地区提供各种信息。特别是对希望经营荒废耕地的人员提供务农方面的支援。另外,为了受灾农民能够作为灾害恢复事业的作业员被雇佣,要对他们进行指导。

在农作物耕作有困难的区域,要对重新开始务农以及共同进行恢复作业的农业人员提供支援。此外,金融方面也为重新开始务农的农业人员提供援助,在灾害恢复相关资金方面,提供无担保和无保证人、在一定期限没有利息的贷款。同时通过提高贷款额度,延长偿还期限和措施的实施期限等,试图充实农业金融的内容。为了使受灾食品制造业和贩卖业的人士能够自力更生,采取长期和低利息的融资措施,同时继续对支援对策进行讨论。

关于临时应急住宅等的恢复材料,为了能够稳定供应今后重建所需的资材,要对早期能够运转的胶合板厂等的恢复、建立等进行支援,同时强化森林林业再生的措施。

④ 水产业的对策

广泛区域的水产业受到了毁灭性的打击,要以尽早恢复经营为目标,能够继续经营的渔业人员要自主进行营业。渔业协同联合采取回收处理瓦砾等措施,提供渔船、渔网等渔具。

另外,渔船保险金及渔业互助保险金的支付,归入到特别会计中。受灾地区的渔船保险合作社的保险金及渔业互助合作社的共济金作为辅助资金。

金融方面在渔业恢复方面的支援,提供无利息的渔业现代化资金和日本政策金融公库资金等贷款,同时构建无担保、无保证人的融资制度以及采取充实保证制度的措施。

另外,各省厅根据灾民的立场出发,采取周到、全面性的措施,如表 2-16 所示。

表 2-16 各省厅采取的应对措施

时间	省厅	措施
3月11日、12日	财务省事务联络	简化紧急物资的输入手续等;简化无偿提供给灾民的救援物资的输入手续
3月12日以及4月2日	厚生劳动省联络	不能够提供被保险证时的措施等;即使灾民不能够提供医疗保险和看护保险的被保险证时,也能够在保健医疗机关就诊以及享受看护保险服务

续表

时间	省厅	措施
3月13日	总务省通知	居民基本身份登记事务的措施
3月15日	国税厅·财务省告示	受理不能够提供从灾区的迁出证明的居民的迁入申请
3月15日	国税厅·财务省告示	国税·关税的申告·缴纳期限的延长;对于在青森县、岩手县、宫城县、福岛县以及茨城县有纳税土地的纳税人,从3月11日以后所有关于国税的申告·缴纳等的期限延长到国税厅公布的日期。此外,关于这些县的受灾者,根据关税的相关法律延长申请等的期限以及减轻证明书交付的手续费等
3月15日	法务省通知	外国人登记事务的措施:避难地的市町村等为在灾区登记的外国人提供身份、居住相关的证明书等
3月18日	法务省通知	与停止发行印章证明书相关的措施等
3月25日	警察厅、金融厅、总务省、法务省财务省、厚生劳动省、农林水产省、经济产业省以及国土交通省的命令	登记所发行的印章卡以及登记所提供的印章丢失,登记所不能提供印章证明书时的特例等本人身份确认方法的特例措施;丢失确认本人身份资料的灾民开设账户等时的暂定措施

2.4 地震应急管理的发展历程及发展趋势

在国外,"地震应急"的概念出现在20世纪六七十年代。1961年,日本颁布的《灾害对策基本法》,提出了"灾害应急对策"的概念,1978年颁布的《大地震对策特别措施法》又提出了"地震应急对策"的概念。在美国,1979年成立了美国联邦紧急事务管理局(FEMA),之后制订了《美国联邦对灾害事件的反应计划》,提出了"灾害紧急救援"和"紧急反应"的概念。

在我国,"地震应急"的概念,最初出现在1986年出版的《地震对策》一书。但是,"地震应急"概念的正式确立是在1991年,当时,国务院制定下发了《国内破坏性地震应急反应预案》,该预案勾画出"地震应急"的总体内容。

我国"地震应急"工作的形成、提出和发展经历了以下几个阶段。

2.4.1 从地震中学习

从1966年到1976年,我国处于地震活动第四个活跃期,其间,先后发生了邢台、通海、海城、龙陵、唐山等大地震。面对突如其来连续发生的大地震,有关各级政府,在国务院的领导和关怀下,领导人民展开了大规模的抢险救灾工作。在抢险救灾工作中,人们根据在战争中学习战争的思想,在大震中学习应急,不断创造、积累应急抢险救灾经验。这些经验,有的在本次地震中就得到应用,有的在后来的地震中得到应用,对于现今我国地震应急的理论和实践具有重要的意义。其中的邢台、海城、唐山三个地震的经验具有特别重要的作用。

1966年邢台6.8级和7.2级地震是发生在人口密集的平原地区的地震,也是新中国成立后第一次遇到且没有预料和防御的严重破坏性地震。地震发生后,中共中央、国务院十分重视,周恩来总理直接指挥和部署抗震救灾工作,亲赴灾区,慰问群众,做出一系列开创我国防震减灾工作的重要指示。在缺乏经验的情况下,开创了以军队为主力军的抢险救援、灾区群众自救互救、地震监测预报、农村型的医疗防疫等地震应急抢险救灾工作方法和经验。

1975年海城7.3级地震,是发生在中小城市密集、工矿业发达地区的地震,也是世界上第一次地震预报取得实效的地震。地震前,地震工作者根据邢台地震总结的"宏观异常起落"和"小震闹、大震到"等的预测经验,进行了成功的临震预报,据此采取了人员疏散、生命线设施纺护、次生灾害预防等应急防震措施,开创了城市密集、工矿业发达地区的临震应急的方法和经验。

1976年唐山7.8级地震,是发生在京津唐城市群地区多个城市遭受破坏和影响的地震,也是近代大城市遭受毁灭性袭击的一次地震。地震发生后,在中共中央、国务院的关怀和直接领导下,动员全国的力量,展开规模空前的紧急抢险救灾工作。开创了一个城市毁灭性灾害、多个城市遭受破坏和影响全方位应急抢险救灾的工作方法和经验,包括大规模抢险救灾的组织指挥、队伍的调动集结展开、专业对口支援、人员抢救、医疗救护与防疫、生命线保障、灾民生活安置等。

从邢台地震到唐山地震就是在大地震中学习如何应急。这个阶段,我国大陆地震频度高,强度大的地震活跃时期。这个时期的地震应急,以破坏性地震后的紧急救援为主。这一方面是因破坏性地震频发,另一方面,这时期正逢我国文化大革命,社会本身处于动荡中,城镇经济活动处于停滞或半停滞状态,因此有感地震对社会经济生活的影响不显突出。这一时期的紧急救援,绝大多数处于被动状态,这主要是因为除1975年辽宁海域7.3级地震,1976年四川松潘7.2级地震,震前作出了较明确的短临预报外,绝大多数破坏性地震前,没能作出短临预报,当地政府和有关部门对紧急救援缺乏必要的准备。

2.4.2 从地震中反思

从1976年河北唐山地震到1988年云南澜沧—耿马地震的12年间,我国地震活动处在相对平静阶段,在这些年里,人们能够静下心来对上一个地震活跃期工作进行总结,认真反思,全面研究探索减轻地震灾害的对策。对上一个地震活跃期工作进行总结,经历召开"大震对策学术讨论会""地震对策国际学术讨论会"等重要过程。

1983年在兰州召开的"大震对策学术讨论会"上,大会发言及提交的报告,涉及的内容有预报、次生灾害、群众性预防、救灾、医疗、通信、重建家园等八项对策,除重建家园对策外,都与地震应急有关。而天津市地震局的代表着重介绍了1976年唐山地震前后的地震应急准备以及震后应急处置情况,包括预报、防震、抗震和救灾等方面的实际应急对策。

1984年,国家地震局组织有关专家开始编写《地震对策》。该书1986年出版,按照震前、震中、震后三个时序阶段,从预测预报、抗震、救灾、减轻地震灾害战略战术、地震社会学等几个方面总结研究,提出我国今后的地震对策。该书把"震后救灾阶段"划分为"震后早期阶段"和"震后恢复重建阶段",明确"震后早期阶段"为自大地震振动停息至震后一个月时间,并提出震后一个星期时间为"震后应急阶段"。当时的"震后早期阶段""震后应急阶段"即属于现在所说的"地震应急"一词的内容。在该书的"地震对策各论"中,地震应急对策占有相当篇幅,"地震对策实例"占有大部分。因此,可以说《地震对策》也是地震应急方面的一部著作。

1988年5月10日,由我国国务院有关部门、总参、总后、北京市政府、中国人保公司共15个部门、单位联合发起的"地震对策国际学术讨论会"在北京召开。会后,编辑出版了"地震对策国际学术讨论会论文集"。在震前准备、震后救灾、医疗卫生以及其他综合性或者专门方面的论文中,不少文章或者内容的讨论涉及地震应急的各个方面,如团体、个人的避震及应急反应对策、震前准备等。这次会议使得我国的灾害科学技术工作者和政府管理人员进一步注意和认识到了"现在世界上一些多地震国家加强了对震前的防震准备和震后的应急反应(包括救灾)的研究与行动","这是国际地震对策研究的新潮流"。

从唐山地震到澜沧—耿马地震是总结反思研究地震应急对策的阶段。这个时期我国大陆地震活动水平虽然相对较低,但每年仍有多次破坏性地震发生,破坏性地震的紧急救援仍是地震应急的主要任务。总体上来说,紧急救援仍处于无准备的被动状态,地震速报的时间也没有明显缩短。有所不同的是1978年党的十一届三中全会后,我国开始进入以经济建设为中心,改革开放的新时期。地震对社会经济生活的影响显著增大,突出的表现为前面提及的四种现象,尤其前三种现象往往对社会稳定造成不同程度乃至严重的影响。例如,1980年7月下旬至8月上旬所谓福建泉州即将发生8级以上大地震的谣传(郭增建、陈鑫连主编,1986),导致闽南地区尤其泉州民众普遍忐忑不安,经济活动处于停滞、半停滞状态;1984年南黄海6.1级地震,上海市和江浙沿海地区虽然没有破坏,但普通强有感,许多人惊逃户外,有些人一度露居室外;1986年11月中下旬山西运城地区夏县有感的小震群引发了所谓当地可能发生9级地震的谣传(陈章立,2007)。尽管当时夏县冬雨连绵,天气严寒,民众仍普遍露居室外,抢购生活用品,不少外逃"避震"。谣传迅速蔓延至整个运城地区,并波及临汾地区和太原市,对山西省的社会经济生活造成了严重的干扰,引起了从省到中央领导的高度关注。

2.4.3 地震应急管理法制化

1988年11月6日云南澜沧—耿马发生7.6、7.2级强烈地震,造成严重的灾害。灾区位于高山峡谷地区,居民点分散,多远离县城,交通不便。强震发生后,虽然来自云南各地的医疗队等救灾队伍奉命迅速抵达澜沧,救灾物资也迅速抵澜沧。但面对高山峡谷,山间公路狭窄,且多数居民点远离公路的现状,震后前两三天救援进展缓慢,不仅救灾物资难以及时分发给灾民,而且进村缓慢,有些物资仍滞留在县城。

震后赶赴灾区的时任国家地震局局长方樟顺等人总结这次地震救灾的经验教训时,认为为了紧急救援更加快速、有序、高效,应制定破坏性地震应急预案,并常备不懈。国务院领导采纳了国家地震局的这一建议。1989年3月下旬,国家地震局会同建设部、民政部联合发文,要求7个重点地震监视区涉及的10省(自治区、直辖市)采取地震对策措施。希望组织制定以地震预报、抗震防灾、震时应急和震后救灾为主要内容,相互密切配合的地震防灾对策方案。1990年11月初,国务院批转下发国家计委、国家地震局《关于加强破坏性地震减灾工作意见的通知》,进一步部署震害防御工作。通知中的"震时抢险和救灾"内容实际上勾画出了一份政府应急预案"粗线条"。之后,全国地震重点监视防御区所在的许多省级、地级乃至县级人民政府,认真执行国务院通知,积极制定本地区的"抗震防灾对策方案",并且在地震应急的实践中发挥了良好的作用。

1991年,在国务院指导和有关省级政府协助下,国家地震局总结了各地经验,立足于全国普遍需求,不失时机地编制了《国内破坏性地震应急反应预案》,国务院审议并通过该预案。至此,"地震应急"的概念被正式确立,地震应急工作作为防震减灾工作的重要环节被予以重视。随后,各级地方人民政府和有关部门、单位遵照国务院要求,以《国内破坏性地震应急反应预案》为依据和指导,相继修订或者制定地震应急反应预案,极大地推动了我国地震应急工作的发展。

伴随"抗震防灾对策方案""地震应急反应预案"的制定,各地还积极组织地震应急演习演练,如1990年7月28日国家地震局配合甘肃省政府和张掖行署在甘肃张掖共同组织大震模拟演习;1991年7月28日国家地震局和新疆维吾尔自治区政府在省会城市乌鲁木齐市共同组织、由乌鲁木齐市政府和自治区地震局共同实施的防震减灾模拟演习。

1989年10月18日和19日山西大同—河北阳原之间发生了中强地震震群,最大地震为5.9级地震,造成了较严重的灾害。世界银行主动提出愿意为大同—阳原灾区恢复重建提供长期、无息贷款。这是以美国为首的西方国家经由其操控的有关国际机构对我国进行的第一个贷款项目。

1995年2月国务院发布《破坏性地震应急条例》,同年4月1日施行。1997年12月29日,国家发布《中华人民共和国防震减灾法》,1998年3月1日施行。在法律上明确防震减灾工作包括地震监测预报、地震灾害预防、地震应急及震后救灾与重建。在这部法律中,地震应急被列为防震减灾四个重要环节之一。肯定了地震应急在防震减灾中的地位与作用,对破坏性地震应急的工作内容作了规定,强调了地震应急预案的制定,明确了国务院各有关部门和地方各级政府在地震应急工作中的职责。《中华人民共和国防震减灾法》的实施为把被动的地震应急变为有准备的、快速、有序、高效的地震应急提供了法律保障。

《破坏性地震应急条例》和《中华人民共和国防震减灾法》的颁布和施行,使地震应急工作有法可依,逐步走上了法治化道路,更加健康发展。20世纪90年代后期,全国各地认真实施《破坏性地震应急条例》和《中华人民共和国防震减灾法》,全面推进地震应急工作,普遍开展制定应急预案、建立应急领导和办事机构、设置指挥场所、建立应急队伍、组织应急演练等工作,取得了成效。

因此以云南澜沧—耿马地震作为标志,我国地震活动进入相对活跃阶段。紧迫的地震形势,积极地推动了地震应急准备工作,推动地震应急工作的法制化。

2.4.4 应急管理工作深入开展

21世纪,我国将全面建设小康社会,经济将持续快速发展。随着经济的发展,城市化进程将加快,建(构)筑物高度集中,人口越来越密集,生命线工程和基础设施越来越复杂,人们对安全的要求也逐步增高,因此,与时俱进,全面加强地震应急工作,推进地震应急工作上水平,满足社会对于减轻震灾和减轻地震对社会生活影响的客观需求,是21世纪地震应急工作的指导思想和出发点。

根据上述思想,进入21世纪以来,国家推出一系列重要举措,全面加强地震应急工作。

2000年2月,依照《防震减灾法》和《国家破坏性地震应急预案》有关"国内发生造成特大损失的严重破坏性地震后,国务院立即成立抗震救灾指挥部"的规定和现今需要,国务院成立了国务院抗震救灾指挥机构,明确了启动条件和程序、人员组成和职责,并建立国务院防震减灾工作联席会议制度,以加强平时地震应急工作的统一领导和指挥调度。

2000年5月,国务院在河北唐山市召开"全国防震减灾工作会议",明确我国防震减灾工作的指导思想,把"切实建立健全地震监测预报、地震灾害预防和地震紧急救援三大体系"作为当前和今后一段时间的主要任务。地震紧急救援被列为三大体系之一重点部署,要求加强地震速报工作,为政府正确决策提供依据;建立一支地震应急救援队伍,尽快改变救援技术落后的现状;建立地震应急救援物资储备系统和储备管理制度。

2000年9月,国务院决定,按照"一队多用、专兼结合、军民结合、平战结合"原则,组建一支反应迅速、机动性高、突击力强的"国家地震灾害应急救援队",配备先进装备,开展救援训练,一旦发生重大灾情,这支队伍就高效率地投入抢险救援工作。还提出,有条件的重点监视防御区也要根据情况建立本区的同类队伍。救援队于2001年4月27日正式成立,国务院领导亲自为救援队授旗。10多年来,该救援队不仅多次赶赴国外灾难性地震灾区,协助当地抢险救灾,得到国际社会高度的赞赏,而且在国内许多大震的抢险救灾中发挥了重要的作用。近10年来,多数省(区、市)又组建了省级地震灾害紧急救援队。为提高队伍的技能,中国地震局在北京建立了地震应急救援培训基地。所有这些救援队在汶川等大地震的抢险救灾中都发挥了重要的作用,尤其是在城镇、工矿企业的高难度抢险救灾中发挥了一般救灾队伍难以替代的作用。

总之,中国地震局和各级地方政府认真贯彻国务院有关指示,深入开展地震应急工作,取得重要进展。

加强国务院抗震救灾指挥部建设,提高地震应急反应和指挥能力。落实国务院抗震救灾指挥部和防震减灾工作联席会议机构的职能职责,编制《国务院抗震救灾指挥部办公室工作预案》,明确了组织、人员、行动方案和保障措施。根据"提供信息、出好主意、传达命令"的要求,规划设计和建设国务院抗震救灾指挥部技术系统工程。该系统是国务院抗震救灾指挥的主要工具;在国内发生严重破坏性地震时,国家有关领导人将在此处对抗震救灾工作进行全面协调和指挥,以最高的效率组织各部门开展抗震救灾工作。

制定《中国地震局系统地震应急预案》,全面规范本系统地震应急工作。该预案进一步明确了地震应急的含义和内容,把破坏性地震应急区分为一般破坏性地震应急、严重破坏性地震应急、造成特大损失的破坏性地震应急三类,把有感地震应急、震情应急、临震应急、平息地震谣言、应急戒备都纳入地震应急范围,拓展了地震应急的内含和范围,全面规范地震系统的地震应急工作。

开展地震应急演练,培养地震应急意识和能力。2001年1月17日,中国地震局组织了国务院抗震救灾指挥部技术系统功能演示。演示模拟福州市郊区发生一次强烈地震,从地震速报、灾害速报、现场工作、紧急会商、福建省指挥中心工作等场景的传递及地震影响场确定、发震地区背景、灾害预测、辅助决策建议等的演示,检测地震应急技术系统的功能。2002年4月24日中国地震局进行了首都圈地震系统应急演练。本次演练模拟在河北省三河市相继发生4.5级和6.5级地震,根据有关地震应急预案,北京市、天津市、河北省地震局成立指挥部并迅速派出了现场工作队伍,中国地震局成立了前后方指挥部(总指挥部和地震现场指挥部)统筹协调、指挥整个演练过程,演示和演练取得了很好的效果。

加强地震现场工作管理,做好地震系统现场工作准备。制定《地震现场工作规定(试行)》,对各类地震现场工作的应急规模、现场监测预报、灾情评估、科学考察、现场的社会工作等作出了规定。印发《关于加强地震现场工作队伍建设的通知》,要求有关单位抓紧组建或充实地震现场工作队伍,保证地震现场工作的组织到位、人员到位、责任到位、措施到位。给15个省、自治区、直辖市地震局配备了地震现场动态图像传输系统,增强重点省份的地震现场技术能力。组织了地震现场工作培训班,对各省的现场业务骨干进行了地震灾害损失评估、科学考察、现场调查、地震现场动态图像传输系统的培训。

21世纪以来,全国各省(自治区、直辖市)积极开展应急指挥中心建设、地震灾害紧急救援队建设,以及地震应急演练等地震应急工作。一些地区本着"立足现有,着眼发展,多种手段并用,少花钱多办事"的原则,在当地的有关应急指挥中心内,形成了既适合当地条件又尽力提高科技含量并有发展余地的地震应急指挥与决策系统。地震应急演练不断在各地出现,地震应急工作逐步前进。

2.4.5 地震应急管理工作新挑战

2008年5月12日14点28分,四川省汶川地区发生8.0级强烈地震。从震情上看,这是新中国成立以来破坏性最强、涉及范围最大的一次地震。地震发生后,党中央、国务院高度重视,胡锦涛总书记在第一时间做出重要批示,温家宝总理迅速赶往灾区指导救灾工作。在党中央和国务院的统一领导下,全国人民万众一心、同舟共济,抗震救灾工作有力、有序、有效,恢复重建工作全面展开。

汶川地震具有以下特点:

(1) 地震烈度极高。汶川地震是一场特别重大的自然灾害,震级高达里氏 8.0 级,最大烈度高达 11 度。而且,余震不断,大小余震数千次。

(2) 影响范围极广。汶川地震涉及范围非常广,全国仅黑龙江、吉林和新疆三个省区没有震感,灾区涉及四川、甘肃、陕西、重庆等地。遭受地震破坏特别严重的地区面积超过 10 万平方公里。其中,四川省的北川、什邡、绵竹、汶川等地受灾最为严重。

(3) 破坏性极强。汶川地震导致人民生命、健康与财产遭受严重损失,社会生产、生活秩序打乱,表现出极强的破坏性。汶川地震造成 69 227 名同胞遇难、17 923 名同胞失踪,需要紧急转移安置受灾群众 1 510 万人,房屋大量倒塌损坏,基础设施大面积损毁,工农业生产遭受重大损失,生态环境遭到严重的破坏,直接经济损失 8 451 亿多元。

(4) 救援难度极大。汶川地震发生后,水、电、道路、通信等现代社会赖以正常运行的关键基础设施毁损严重。地震造成通往汶川等重灾区的交通中断,应急救援队伍和物资无法在第一时间被运抵灾区。而且,灾后恰逢阴雨天气,余震不断,滑坡、泥石流等地质灾害不断发生,抢通道路的任务非常艰巨,甚至一些道路被打通后,又因为山体滑坡等原因而再次中断。

除此之外,此次地震的发生地是羌族、藏族、回族等少数民族的聚居区,发生时间距离北京 2008 年奥运会又不足 90 天。因此,确保汶川地震救援的有效和成功,对于我国维护社会稳定、民族团结与国际形象都具有不可低估的作用。

汶川地震发生后,国家启动了地震灾害应对的一级响应,成立了以温家宝总理为总指挥的抗震救灾总指挥部。在汶川地震救援中,我国政府响应迅速,处置得当,效率极高,赢得了国际社会的高度评价和广泛赞誉,也为我国处置特大突发事件积累了宝贵的经验。

(1) 各级政府有序有效展开救援工作

党的"十六大"以来,我国加强了以"一案三制"为核心内容的应急体系建设。在此次汶川地震中,各级政府有序有效地开展了救援工作。温家宝总理亲任抗震救灾总指挥部总指挥,并设立有关部门、军队、武警部队和地方党委、政府主要负责人参加的 9 个抗震救灾工作组,实施靠前指挥、不间断指挥、全天候指挥。地震发生后仅 1 小时 12 分,国家减灾委、民政部紧急启动国家应急救灾二级响应,并于当日 22 时 15 分将响应升为一级。5 月 12 日晚,国务院多个部门分头成立应急机构。13 日上午,就有 9 个部门召开了救灾紧急会议。各部门各司其职又相互协调,使救灾工作得以有效、有序顺利进行。

(2) 以人为本,保护人民群众的生命财产安全

此次救灾,始终把救人放在第一位,这是救灾的一大亮点,真正贯彻了《突发事件应对法》立法精神。

此次汶川大地震,造成大量房屋倒塌,数百万灾民亟须救助。地震发生后,各级政府启动紧急预案,依法抗灾救援,各类救援物资以最快速度运往灾区,发放到灾民手中,使他们得到了较快速的救援。

(3) 及时给予灾区人民"心理干预"

为了抚慰幸存者的心灵,官方的、民间的心理咨询师、心理专家们纷纷急赴前线,在关键时期给经受地震灾害、承受失去亲人痛苦的人们以心灵抚慰。

2008年10月8日,在全国抗震救灾总结表彰大会上,时任国家主席胡锦涛在大会上总结了汶川地震抗震救灾的三个历史之最,称其是中国历史上救援速度最快、动员范围最广、投入力量最大的抗震救灾斗争,最大限度地挽救了受灾群众生命,最大限度地减少了灾害造成的损失。他还提出要弘扬"万众一心、众志成城、不畏艰险、百折不挠、以人为本、尊重科学"的伟大抗震救灾精神。

汶川地震灾后,各级地方政府和职能部门注重加强地震应急管理的建设,投入了巨大的人力、物力和财力,整体工作取得了较大进步。最直接的表现就是2013年4月20日的芦山地震发生后,无论是四川省政府还是县乡基层政府的应对处置工作都展现出响应快速、救援处置高效有序的良好状况。但是一些长期问题并没有解决,这些问题在芦山地震中暴露出来。

(1) 道路交通及次生灾害

芦山地震发生后,雅安地处于山区,地形条件复杂,地震及其次生地质灾害的发生会导致城市交通生命线的不畅并阻碍应急救援工作的展开。如图2-5所示。

图2-5　芦山县周围主交通示意图

我们以道路通行率为标准,将道路损毁程度划分为四个等级,标准如表2-17所示。

表2-17　芦山7.0级地震地理信息发布平台

通行率	[0.3,0.5]	(0.50,0.60]	(0.60,0.90]	(0.90,1.0]
道路损毁状态	基本不通行	基本通行	通行	完全通行
级别	1	2	3	4

照此标准,将芦山地震道路的损毁情况统计,其结果见表 2-18。

表 2-18 芦山地震不同级别道路损毁情况表　　　　　　　　（单位：m）

路名	不同级别道路损毁长度			
	1	2	3	4
G108	0	20 245	20 429	9 191
G318	267	25 125	31 572	46 523
S210	24 217	8 457	36 730	95 990
S305	0	0	2 910	7 884
X073	18 077	536	5 674	2 520
X171	0	6 380	7 675	5 075
成渝环线高速公路	0	17 390	9 373	5 313
京昆高速公路	0	22 049	8 715	3 751
芦邛路	22 803	4 088	10 803	7 457
两永线	367	1 964	12 601	13 364
雅碧路	1 479	1 907	4 920	1 610
雅上路	7 646	0	4 672	962
雅赵路	0	18 128	10 865	18 544

根据上表,统计出各级别道路的损毁长度,如表 2-19 所示。

表 2-19 芦山地震道路损毁情况汇总表　　　　　　　　（单位：m）

道路级别	道路损毁长度			
	1	2	3	4
高速公路	267	64 549	50 170	55 931
一级公路	620	26 412	25 658	10 309
二级公路	24 231	11 611	45 234	104 177
三级公路	493	28 989	21 846	15 998
四级公路	143 023	210 057	326 435	292 708

从表 2-20 可以看出,芦山地震中四级公路,也就是乡镇道路受损最严重。其中芦山县境内道路受损及造成经济损失如表 2-20 所示。

表 2-20　芦山县受损道路情况表

道路级别	类型	受损长度/千米	经济损失/万元
国道	毁坏其他等级公路	0.4	1 200
省道	毁坏其他等级公路	27.4	7 000
省道	受损桥梁	0.45	5 000
省道	受损涵洞	0.23	3 000
省道	受损隧道	0.3	2 000
县道及以下	毁坏公路	380	570 000
县道及以下	损坏公路	182	182 000
县道及以下	受损桥梁	3.77	80 000
县道及以下	受损涵洞	2.07	3 580
客货运站	受损等级站(2个)	6	1 350

从以上看出芦山道路交通受损严重。芦山交通总体现状是干线公路布局不完善,仅有国省道38公里,且路线多为"沿溪线"和"顺坡线",属于"随弯就弯,原路加宽"建设,弯多、坡陡,线形差;路基、路面结构薄弱,路面破损状况严重;挡防工程、安保工程设施不完善;地质、水文灾害破坏大,春夏季常因降雨出现塌方、泥石流等灾害,冬季常因积雪结冰而造成通行困难,阻车情况时有发生。此外,由于资金、管理体制、养护水平等原因,使得现状公路路面出现破损,通行条件较差,公路抗灾能力较差。

(2) 应急指挥和救援救助

从芦山地震应急来看,芦山地震和汶川地震的不同点见表2-21。

表 2-21　芦山地震与汶川应急救援对比表

类别	汶川地震	芦山地震
信息采集与处理	遥感飞机很晚开始工作	遥感飞机第一时间收集灾区图像
应急指挥	高级别的领导	专业人员指挥操作
交通	交通调度正常	非应急所需车辆占用道路资源
公众定位	参与者	旁观者
救险救援	6小时,解放军和武警官兵到达灾区开展救援工作	3小时内第一支应急救援部队到达震中
应急响应	一级响应8小时后发生。5月12日15时40分,国家减灾委,民政部紧急启动国家应急救灾二级响应,并于12日22时15分把响应等级提升为一级响应	一级响应迅速启动。中国地震局于8时03分发布地震速报信息,应急工作人员1小时内全部到岗,8时20分成都军区成立抗震指挥部,9时整,中国国家减灾委和民政部启动国家三级救灾响应

续表

类　　别	汶 川 地 震	芦 山 地 震
新闻发布会时间	26.5 小时	3.5 个小时
供电时间	96 小时	27 小时
应急救援通道	5月15日21时30分,马尔康—理县—汶川线,这条汶川县城仅有的生命线全线打通	4月20日16时13分,318国道巨石成功被爆破,救援生命线被打通,21日19时30分,省道210线打通,芦宝线基本恢复畅通
信息网络传播	18 分钟	53 秒
医疗救援	6 小时,医疗队进北川	3 小时医疗队到雅安
救援物资	40 小时,救灾物资专列抵达成都东站	8 小时,四川省红十字会调集第一批救灾物资抵达灾区

但是,两次地震依然有一些相似的情况发生:

(1) 大型应急设备。汶川地震中出现的唐家山堰塞湖危情,是利用俄罗斯提供的大型直升机运输挖掘设备运到山上,挖出引流渠,将堰塞湖中留滞湖水逐步泄流。芦山地震中我们依然没有能力制造这样大型的直升机,一旦出现大规模的堰塞湖、泥石流,只能继续寻求国际援助。

(2) 通信系统。通信系统依然出现通信不畅的状况。所幸的是芦山震级小于汶川地震,对通信系统的破坏是是摧毁性的,恢复起来也相对较容易。

(3) 物资发放。汶川地震后曾经出现过的哄抢帐篷的现象在芦山地震中又一次出现。而在汶川地震后来形成的分发帐篷特有的"先抢后分"的秩序,也就是组织者通过与抢到帐篷的人充分交流,使得这些帐篷获得了最大限度的使用,改变了帐篷资源分配不合理的状态。而这种疯抢帐篷的事件在芦山地震中再度出现,说明我们没有及时吸取汶川地震时的教训。同时救援物资分配不均的现象仍然存在。"4·20"地震后,芦山县城集中了大量救灾物资和志愿者,同样受灾严重的天全县距芦山县不过35公里,却成了被遗忘的角落。还有一些乡镇的受灾群众断水断粮,不得已在路边举着"缺水、缺粮"的牌子。

因此,通过以上分析可以看出,我国的地震应急管理还有更大的挑战。

2.4.6　地震应急管理工作新发展

1. 防震减灾工作三大体系

地震监测预报、震灾预防和地震应急救援是新时期防震减灾工作的三大体系。

(1) 地震监测预报

地震监测预报是防震减灾工作的基础和首要环节。对地震信息和地震前兆信息进行连续或定期的监视与监测(包括对地震前兆信息的观测、储存、处理、传递以及对地震孕育、发生的跟踪)称为地震监测。对破坏性地震发生的时间、地点、震级和地震影响的预测及预报称为地震预报。地震预报按照时间的长短可分为长期预报、中期预报、短期预报和临震预报四种。根据《地震预报管理条例》的规定,地震预报由省级以上人民政府发布,在已发布中期预报的地区,如发现明显临震异常,情况紧急时,当地市、县人民政府可以发布48小时内的地震临震警报,并同时向上级政府报告。现阶段我国地震预报的水平是:长期预报基本正确,中期预报有一定的可信度,短临预报至今仍是科学难题,其准确率仅为20%。

(2) 震灾预防

震灾预防是减轻地震灾害损失的重要措施。震灾预防包括建设工程抗震设防要求管理和地震安全性评价、震害预测、工程抗震和社会防灾四个方面的工作。

① 抗震设防要求和地震安全性评价。地震安全性评价是指工程建设场地未来50年地震活动水平及其震害的评价。其目的是为工程抗震确定合理的设防标准,实现震时安全、建设投资合理的目标,具体包括地震危险性分析、地震动参数复核、地震小区划等内容。

我国是发展中国家,财力有限,不可能无限制地提高设防标准。设防标准越高,投资增加幅度越大。因此,合理地确定地震基本烈度,在工程和城市(小区)建设前,要做好场地的地震安全性评价工作,避开活动断层或易发生地震的危险地带,并确定科学合理的抗震设防要求,既要使其满足抗震和安全的需要,又不浪费资金,在提高社会和经济效益、确保建设工程的地震安全等方面是极为重要的。

② 震害预测。震害预测是根据当地未来破坏性地震的烈度和社会经济情况、人员密集程度和建筑物抗震性能等因素,对辖区可能造成的地震灾害(包括地震影响程度、人员伤亡、经济损失、各种建筑物的易损性等)做出预测,它是城市和地区抗震设防的依据,也是重点监视防御区震灾预防和抗震救灾工作的基础,可以为制订防灾计划、布置救援措施等提供重要的科学依据。

③ 工程抗震。工程抗震是指根据地震安全性评价及其确定的抗震设防要求和抗震设计规范,搞好重要工程的抗震设防与施工,抓好工程质量;在地震高烈度区,改造或加固危旧房屋,制定城镇和乡村防震规划等。唐山地震损失惨重的重要原因就是该区的工业与民用建筑、构筑物绝大多数没有进行抗震设防。

④ 社会防灾。社会防灾主要包括建立防震减灾体系,制订减灾计划及地震应急预案,制定地震防灾行政法规,进行地震灾害保险,开展地震防灾宣传、训练与演习等内容。其目的是动员全社会的力量,提高社会公众的防震减灾意识,制定出符合当地实际的地震防灾预案,教育社会公众震时采取科学有效的应急措施和自救互救行动,增强识别地震谣传的能力等。

(3) 地震应急救援

地震应急救援包括震前应急预防、震后快速反应及虚假地震事件的处理等。

震前应急预防主要指短临预报发布后正确实施各项防震措施,包括启动地震应急预案,实施应急计划并检查执行情况；生命线工程及次生灾害源的应急处理；社会治安、地震新闻管制以及抗震救灾准备情况的检查落实等。

震后快速反应，是指地震突发后的应急处理。主要包括地震速报、震后趋势判断和震灾快速评估；抗震救灾指挥机构实施抢险救灾具体方案；组织人员的抢救、次生灾害的处理、生命线工程抢险恢复、灾民紧急安置以及争取救助等。

2. 防震减灾工作"3＋1"体系

2000年5月在河北省唐山市召开的全国防震减灾工作会议上，时任国务院总理温家宝首次提出现阶段我国防震减灾三大工作体系是"地震监测预报、地震灾害预防、地震紧急救援"。2006年4月15日，中国地震局陈建民局长一行莅临广西壮族自治区地震局检查防震减灾工作时，首次提出了防震减灾地工作"3＋1"体系建设，即在加强和完善三大体系建设的同时，要推进地震科技创新体系建设。

"3＋1"体系涵盖了防震减灾工作的方方面面，是纲是领。做好"3＋1"体系建设，意味着防震减灾工作承担的历史责任更加重大。防震减灾事业发展要更好地服务于国家建设大局，防震减灾工作的重点是：①全面提升地震监测能力。按照《地震监测管理条例》的要求，建设好各级、各类现代化地震监测台网，对我国大陆及台湾地区、近海海域及周边地区地震事件进行有效监测。②努力提高地震预报和政府应急管理决策水平。落实地震重点监视防御区和重点危险区的震情跟踪措施。坚持专业地震队伍和群测群防相结合、科学家预测和政府应急管理风险决策相结合，努力实现有减灾实效的地震预报。制定规范的信息发布办法，逐步向社会发布地震重点监视防御区和重点危险区判定信息，使群众了解自己所在地区的地震危险程度，采取相应的防御对策措施。震灾发生后，要及时、快速地发布灾情和救灾工作等方面的信息。③切实加强群测群防工作。根据社会主义市场经济条件下的新情况，研究制定加强群测群防工作的政策措施。积极推进"三网一员"建设，即推进地震宏观测报网、地震灾情速报网和地震知识宣传网建设，在地震多发区的乡（镇）设置防震减灾助理员，形成"横向到边、纵向到底"的群测群防网络体系。因地制宜地开展地下水、气体、动植物、气象气候等地震宏观异常观察，充分发挥群测群防在地震短临预报、灾情信息报告和普及地震知识中的重要作用。④大力开展防震减灾宣传教育。制订防震减灾宣传教育计划，建立和完善宣传网络，组织开展防震减灾知识进校园、进社区、进乡村活动。⑤高度重视城市建设的地震安全。把抗震设防要求作为项目可行性论证、工程设计和施工审批的必备内容，加强建设工程抗震设防管理与监督。⑥逐步实施农村民居地震安全工程。我国超过80％的5级以上地震发生在农村地区。因此，必须高度重视并尽快改变农村民居基本不设防的状况，提高农民的居住安全水平。⑦进一步做好地震应急工作。重视地震应急预案的制定和修订，加强地震应急工作检查，加强应急培训，适时组织地震应急演习，检验反应能力，使地震应急预案更加科学、实用，增强综合防御能力。要明确应急工作程序、层级管理职责和协调联动机制，做到临震不乱，决策科学，行动迅速，处置有力。⑧完善地震救援救助体系。因地制宜组建专业地震救援队伍。充分依靠解放军、武警公安消防部队、民兵、预备役部队，组织动员社会公众,发展救援志愿者队伍,壮大地震灾害救助力量。国家级地震救援队,积极参与国际性地震救援工作。

科技创新体系支撑防震减灾三大工作体系,防震减灾三大工作体系的不断完善为科技创新提供了平台。两者相辅相成,密不可分。

首先,地震监测预报体系建设依赖地震监测技术的现代化,依赖信息传输和处理技术的现代化,依赖地震预报技术的创新。经过几十年的努力,我国地震监测预报体系建设取得很大进展。通过地震监测技术的现代化,以及采用信息传输和处理技术,初步形成了一个具有一定规模的国家、省、市三级管理的,专业与群测、微观与宏观、固定与流动相结合的,同时用于地震监测预报与科学研究的,多方法、多手段的地震观测网络系统;通过技术创新,形成了长、中、短、临相结合,多路探索,综合分析的经验性地震预报方法,提出了多种强震孕育演化理论模型。实践证明,地震监测技术的现代化和地震预报技术水平的提高有力地推进了地震监测预报体系建设,同时,地震监测预报体系建设也为地震科技创新提供了平台。

其次,震灾预防体系建设依赖地震区划技术的发展,地震安全性评价技术的现代化,依赖抗震设防标准的制定和抗震技术的创新。震害防御工作是一项技术性很强的工作,离不开科技支撑。"十五"期间,我国地震标准化工作取得了突破性进展。发布实施了10项地震国家标准和20项地震行业标准,涉及防震减灾三大工作体系各个领域。以《中国地震动参数区划图》《工程场地地震安全性评价技术规范》《地震台站观测环境技术要求》为代表的一系列地震标准,为规范防震减灾相关工作发挥了重要的作用。在地震台站建设、仪器设备技术要求、数据信息编码格式等方面制定的技术标准,为"十五"重点项目的实施提供了有力支撑,降低了管理成本和技术系统建设过程中的协调沟通难度,使管理工作和技术过程更加合理、规范、科学、经济。在地震现场工作方面制定的技术标准,规范了破坏性地震发生后的灾害调查工作,使灾害调查工作更加科学、合理,调查结果更具权威性。然而,我们也应该看到,我国与发达国家相比,在地震灾害防御能力方面存在较大的差距,主要体现在抗震技术的开发与应用相对滞后。因此,只有通过抗震技术的创新,才能缩短与发达国家的差距。

最后,应急救援体系涉及地震应急指挥技术和搜救技术的创新。地震应急指挥技术和搜救技术是应急救援体系最重要的内容。地震应急指挥技术和搜救技术科技含量高,需要不断地创新。地震应急救援工作在国家公共安全方面发挥了重要作用,彰显了防震减灾工作的地位。目前,我国正在以"及时、有序、高效"为目标,建设全社会共同参与的地震应急救援体系。要达到这一目标,就需要有很高的地震应急指挥技术和搜救技术,需要技术创新。

习题

1. 我国应急管理发展历程中重大事件有哪些?
2. 我国应急管理发展初期较为典型的模式包括哪几种?
3. 简要描述我国应急管理的发展趋势。
4. 美国和日本的应急管理体系有什么差别?
5. 对比分析我国防震减灾工作的"三大体系"和"3+1体系"。

第 2 部分

应急管理体系

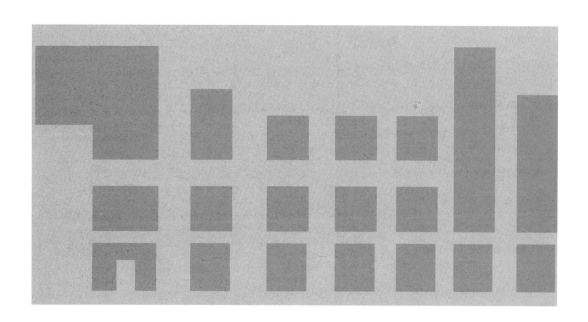

中国突发事件应急管理工作是围绕"一案三制"建设展开的。所谓"一案",是指应急预案;所谓"三制",是指应急管理的体制、机制和法制。

第3章 应急预案

学习目标:

(1) 掌握应急预案管理的范围;应急预案管理的基本原则;应急预案的基本内容和核心要素。

(2) 理解应急预案体系的构成;应急预案的编制过程。

(3) 了解应急预案的发展历程;应急预案的批准、备案与发布;应急预案的更新与修订。

(4) 应急预案的宣传、培训和演练。

本章知识脉络图

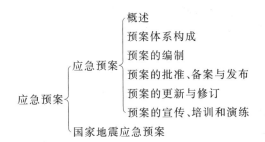

古人云:祸之作,非作于作之日,概有其由起。尽管突发事件发生具有不确定性,但是人们在总结以往经验的基础之上,可以在一定程度上分析出突发事件诱因或前兆,因此在突发事件还没有爆发的情况下,通过对以往类似或相关的事件总结分析,制定出应对措施,形成应对方案,这样才能在应对突发事件的过程中有备无患,未雨绸缪。

3.1 概述

3.1.1 应急预案与预案管理

应急预案是应急管理工作中的一个核心内容,在国外通常称为应急计划(EOP),它规定了在紧急情况发生之前、发生过程中以及刚刚结束之后,谁要做什么,何时做,需要哪些资源以及相应的授权等。如美国《综合应急计划编制指南》将应急计划定义为"辖区的应急计划是一个文件,它指定了组织和个人的有关责任,在紧急情况超越了某个机构(例如,消防部门)的能力或常规职责时,在预定的时间和地点采取特定的行动;说明了各自权限以及机构之间的关系,说明了如何协调所有的行动;描述了紧急情况和灾难发生时如何保护生命和财产安全;明确了辖区内或根据与其他辖区的协议在应急响应和恢复行动中可以利用的人员、设备、设施、物资及其他资源;明确了应急响应和恢复行动过程中实施减灾的步骤;作为公共文件,应急计划还援引了它的法律依据,说明了它的目标和前提条件。"

我国目前对应急预案还没有权威的定义,与《中华人民共和国突发事件应对法》的立法目的保持一致,应急预案可以定义为"为控制、减轻和消除突发事件引起的严重社会危害,规范各类紧急应对活动而预先制定的方案"。按照预案的研究内容也可定义为针对可能的重大事故(件)或灾害,为保证迅速、有序、有效地开展应急与救援行动,降低事故损失而预先制定的有关计划或者方案。它是在辨识和评估潜在重大危险、事故类型、发生的可能性及发生过程、事故后果及影响严重程度的基础上,对应急机构职责、人员、技术、装备、设施、物质、救援行动及其指挥与协调等方面预先做出的具体安排。应急预案明确了在突发事件发生之前、发生过程中以及刚刚结束之后,谁负责做什么,何时做,怎么做,以及相应的策略和资源准备等。

预案管理是指通过对信息的分析,预测事物的发展趋势,识别可能带来的威胁,并对这些情况制定相应的预备性处置方案,一旦预测的情况发生,就可以按照预定的方案行动。同时,根据具体的事态发展及时调整行动方案,以控制事态的发展,将可能发生的损失率至最低,维护整体利益和长远利益。每一个事先拟定的行动方案就是一个预案。具体地讲,预案管理的主要内容有预案的编制、预案的演练、预案的选择、预案的评估、实施过程中预案的动态调整、预案的修订等。

预案面对的是突发事件,这类事件有发生的可能,但不知何时会发生,而一旦发生会造成较严重的后果。预案管理的目的是通过事前的准备,使应急管理的预见和分析能力,预测事情的发展趋势,模拟事件的各种可能变化,制定消除其不利影响的方案,在人、财、物等方面做好准备,一旦事件向不利方向发展,按预定的方案行动,可以控制事态的发展。预案管理的基础是信息评估,通过对信息的收集和分析,发现隐患,同时评估应对突发事件的资源状况。

3.1.2 应急预案发展历程

我国将制定突发事件应急预案提上重要日程,始于2003年抗击"非典"。

2003年7月28日,党中央、国务院召开抗击"非典"工作总结大会。会上,胡锦涛同志提出:"要大力增强应对风险和突发事件的能力,经常性地做好应对风险和突发事件的思想准备、预案准备、机制准备和工作准备。"温家宝同志指出:"除了健全公共卫生应急机制外,还要加快其他方面突发公共事件应急机制建设,提高处理危机事件能力。"

2003年10月,十六届三中全会通过的《中共中央关于完善社会主义市场经济体制若干问题的决定》明确要求,"建立健全各种预警和应急机制,提高政府应对突发事件和风险的能力"。国务院办公厅于2003年12月成立了国务院办公厅应急预案工作小组。国务院将应急预案的编制工作列为国务院2004年工作重点之一。

2005年1月,国务院常务会议原则通过《国家突发公共事件总体应急预案》和25件专项预案、80件部门预案,共计106件。

2006年1月,国务院发布《国家突发公共事件总体应急预案》,国务院各有关部门也已编制了各种国家专项预案和部门预案;各省、自治区、直辖市的省级突发公共事件总体应急预案也均编制完成。

目前,我国已初步建立了完整的突发公共事件预案体系。除了国家突发公共事件总体应急预案外,在国家专项应急预案方面,已发布了国家自然灾害救助应急预案、国家防汛抗旱应急预案、国家地震应急预案、国家突发地质灾害应急预案等专项应急预案;在部门应急预案方面,已经发布了人感染高致病性禽流感应急预案等国务院部门应急预案;各省、直辖市、自治区和绝大部分市、县、区也分别制定了本地区的突发公共事件总体应急预案及相应的专项应急预案和部门应急预案。

3.1.3 应急预案管理范围

应急预案管理是应急管理工作的重要内容和基础性工作,做好应急预案管理、确保应急预案的科学性、实用性和有效性是开展应急救援工作的重要保障。因此,应急预案管理的目标就是确保应急预案在突发事件预测预警、应急处置和紧急恢复的实际应用中能充分发挥效力,为实现这个目标,应急预案管理的范围应包括以下几个环节:

(1) 应急预案的编制;
(2) 应急预案的批准、备案与发布;
(3) 应急预案的更新与修订;
(4) 应急预案的宣传、培训和演练。

3.1.4 应急预案管理基本原则

世界上各国在建立完整、统一、高效的应急救援体系上各有特色,美国的"联邦应急方案"强调各个州的独立性,充分发挥部门专长。日本的应急救援体系以"政府集中指挥"为其特色,建立了以内阁首相为危机管理最高指挥官的危机管理体系,负责全国的危机管理,然后根据不同的危机类别,启动首相指挥下的不同危机管理部门。俄罗斯则以"相关机构完善"为其特色,该国的"俄联邦民防、紧急情况与消除自然灾害后果部"负责在发生紧急情况下向受害者提供紧急求助。各国的应急预案管理机制也是根据本国应急救援体系的固有特色而建立的,因此我国的应急预案管理机制也要结合国家的应急预案体系的特征来建立。

我国的突发事件应急预案体系由国家总体应急预案、国家专项应急预案、国务院各部门制定的部门应急预案和各级人民政府制定的地方应急预案组成。按突发公共事件的发生过程、性质和机理可划分为自然灾害、事故灾难、公共卫生事件和社会安全事件。在应急预案管理上,要强调党中央、国务院的统一领导,通过健全集中、坚强有力的指挥机构,发挥我国的政治优势和组织优势,形成强大的社会动员体系;要坚持分级管理、分级响应、条块结合、属地管理为主的方针,要建立、健全以各级政府党委为主,有关部门和相关地区协调的配合领导责任制,把各级管理主体的责任落到实处。因此应急预案管理的基本原则可以总结为:统一规划、分类指导、归口管理、分级实施。

1. 统一规划

统一规划原则主要体现在建设应急预案体系的要求、应急预案制定和修订程序、对应急预案的总体要求、应急预案培训制度和应急演练制度等。

2. 分类指导

分类指导原则主要体现在将应急预案体系划分为四个层次,并分别提出不同层次不同类型应急预案的基本管理要求,包括针对不同类型应急预案制定不同的编制指南或框架,提出不同的修订、演练频次要求。

3. 归口管理

归口管理原则主要体现在应急预案实行制定主体负责制,明确应急预案协调和监督职责由各级人民政府负责,各级人民政府应急管理办事机构承担应急预案管理的日常工作。

4. 分级实施

分级实施原则主要体系按照应急预案体系层次,不同层级的应急预案仅制定主体和管理主体不同,管理要求上也有所差异。

3.2 应急预案体系构成

应急预案体系建设的基本原则是"横向到边,纵向到底"。"横向到边"指的是应急预案体系按突发事件性质应覆盖可能发生的主要重大突发事件种类,"纵向到底"指的是应急预案体系按行政区域范围应从国家层面一直延伸到地方政府和企事业单位。不同类型的预案其侧重点和表现形式不尽相同。例如,消防预案和防涝预案的内容就不尽相同。因此,有必要先对预案进行科学的分类。

3.2.1 按突发事件性质划分

1. 突发事件的种类

按照突发事件的发生过程、性质和机理,应急预案体系可包括四大类:自然灾害、事故灾难、公共卫生事件和社会安全事件。自然灾害主要包括水旱灾害、气象灾害、地震灾害、地质灾害、海洋灾害、生物灾害和森林草原火灾等。事故灾难主要包括工矿商贸等企业的各类安全事故、交通运输事故、公共设施和设备事故、环境污染和生态破坏事件等。公共卫生事件主要包括传染病疫情、群体性不明原因疾病、食品安全和职业危害、动物疫情以及其他严重影响公众健康和生命安全的事件。社会安全事件主要包括恐怖袭击事件、经济安全事件、涉外突发事件等。

上述各类突发事件往往是相互交叉和关联的,某类突发事件可能和其他类别的事件同时发生,或引发其他次生、衍生事件,因此,规划应急预案体系时应当具体分析、统筹考虑。

2. 预案的分级响应

分级响应是依据突发事件的后果严重程度、事态的可控性和应急资源需求以及事件的性质等,确定事件的通报范围、应急中心的启动程度、应急资源需求规模、应急总指挥的职位级别等,目的是保障应急体系快速反应并高效利用有限资源。

(1) 分级划分的标准

① 事件的后果严重程度:主要指可能导致的人员伤亡或财产损失情况(包括导致的间接损失)、对环境可能造成的破坏情况以及对社会正常秩序的影响程度等;

② 事态的可控性和应急资源需求:指事件的发展趋势和可控情况,是否已超出了正常的应急处置能力;

③ 事件的性质:当事故的性质涉及社会影响或国际声誉时,应优先提高事故的响应级别。

(2) 应急响应级别

对一个地区而言,应急响应通常可划分为三个级别,其中最高一级的响应应考虑与上级应急部门的衔接。

① 一级紧急情况是指必须利用一个地区各有关部门及一切资源的紧急情况,或者需要该地区以外的机构联合起来处理各种紧急情况,通常要宣布进入紧急状态。在该级别中,作出主要决定的职责通常是紧急事务管理部门。现场指挥部可在现场作出保护生命和财产以及控制事态所必需的各种决定。解决整个紧急事件的决定,应该由紧急事务管理部门负责。

② 二级紧急情况是指需要两个或更多的政府部门响应的紧急情况。该事件的应急需要有关部门的协作,并且提供人员、设备或其他资源。该级响应需要成立现场指挥部来统一指挥现场的应急救援行动。

③ 三级紧急情况是指能被一个部门正常可利用的资源处理的紧急情况。正常可利用的资源指在该部门权力范围内通常可以利用的应急资源,包括人力和物力等。必要时,该部门可以建立一个现场指挥部,所需的后勤支持、人员或其他资源增援由本部门负责解决。

3.2.2 按应急预案功能划分

通常一个地区会存在多种的潜在突发事件类型,例如,地震、火灾、水灾、飓风、泥石流、雪崩、地表塌陷、海啸、火山爆发、暴风雪、空难、危险物质泄漏、突发大面积停电、放射性物质泄漏等,此外,举行的各种大型活动也可能会出现重大紧急情况。因此,一个地区在应急预案策划与编制时应统筹考虑,做到重点突出,反映出本地区的主要重大事故风险,合理地组织预案体系,避免预案之间相互孤立、交叉和矛盾。一般情况下,一个地区的应急预案体系包括总体预案、专项预案、现场预案和单项预案四类。

1. 总体预案

总体预案是一个地区的总预案,从总体上明确该地区的应急方针、政策、应急组织结构及相应的职责,应急行动的总体思路,应急救援活动的组织协调等。通过总体预案可以清晰地了解该地区面临的突发事件风险、应急体系及预案的文件体系,此外,总体预案是一个地区应急救援工作的基础和"底线",即使对那些没有预料到的突发事件也能起到一般的应急指导作用。

2. 专项预案

专项预案是针对某种具体的、特定类型的突发事件,例如危险物质泄漏、火灾、某一自然灾害等的应急而制定。专项预案是在总体预案的基础上充分考虑了特定突发事件的特点,对应急的形势、组织机构、应急资源及行动等进行更具体的阐述,具有较强的针对性。

3. 现场预案

现场预案是在专项预案的基础上,根据具体情况需要而编制的。它是以现场、设施或活动为具体目标所制定和实施的应急预案,所针对特定的具体场所通常是突发事件风险较大的场所或重要防护区域等。例如,根据危险化学品事故专项预案编制的某重大危险源的应急预案,根据防洪专项预案编制的某洪区的防洪预案等。现场应急预案的特点是针对某一具体现场的特殊危险及周边环境情况,在详细分析的基础上,对应急救援中的各个方面做出具体、周密而细致的安排,因而现场预案具有更强的针对性和对现场具体救援活动的指导性。

4. 单项预案

单项预案是针对大型公众聚集活动(如经济、文化、体育、民俗、娱乐、集会等活动)和高风险的建设施工活动(如城市人口高密度区建筑物的定向爆破、水库大坝合拢、城市生命线施工维护等活动)而制定的临时性应急行动方案。随着这些活动的结束,预案的有效性也随之终结。预案内容主要是针对活动中可能出现的紧急情况,预先对相关应急机构的职责、任务和预防性措施做出的安排。

一个地区的应急预案体系划分为总体预案、专项预案、现场预案和单项预案,反映了一个地区各种预案的整体性,总体预案是应急工作的基础,体现了应急救援工作的共性,即使对某些未能预料的重大突发事故,也能起到基本的应急指导作用,而通过编制专项预案、现场预案和单项预案使应急和救援措施更具体化,更具有针对性,实现了共性与个性的结合。

3.2.3 按行政区域划分

我国应急预案体系按行政区域可包括国家级、省级、市地级、县区级和企业级五个层次的应急预案。

1. 国家级应急预案

(1) 预案的制定

对突发事件的后果超过省、直辖市、自治区边界的应急能力以及列为国家级事故隐患、重大危险源的设施或场所,应制定国家级应急预案。

目前,我国国家级应急预案已建立起了较为完善的框架,包括突发公共事件总体应急预案、专项应急预案和部门应急预案。

① 总体应急预案。突发公共事件总体应急预案是整个预案体系的总纲,它是由国务院制定的综合性应急预案和指导性文件,是政府和相关部门实施应急救援行动的计划和指导性文件。

② 专项应急预案。突发公共事件专项应急预案是国务院有关部门(单位)牵头、针对特定的某一类或几类特别重大突发公共事件而制定的涉及多个部门(单位)的应急预案。目前,我国已经发布国家突发公共事件专项应急预案21件,见表3-1。

在这些专项应急预案中,分别针对各种类型突发事件的特点对应急救援时的组织体系和相关机构的职责、预警预防机制、应急响应机制、应急处理和后期处置、应急保障制定了详细的行动程序。

③ 部门应急预案。突发公共事件部门应急预案是国务院有关部门(单位)根据总体应急预案、专项应急预案和各自的职责分工制定的应急预案,目前我国已经发布的部门应急预案已超过80件。国务院部门应急预案的主要内容有8个方面:

表 3-1 国家突发公共事件专项应急预案汇总表

序号	事故类别	专项应急预案名称	牵头部门
1	自然灾害	国家自然灾害救助应急预案	民政部
2		国家防汛抗旱应急预案	水利部
3		国家地震应急预案	地震局
4		国家突发地质灾害应急预案	国土资源部
5		国家处置重、特大森林火灾应急预案	林业局
6	事故灾难	国家安全生产事故灾难应急预案	安监总局
7		国家处置铁路行车事故应急预案	铁道部
8		国家处置民用航空飞行事故应急预案	民航总局
9		国家海上搜救应急预案	交通部
10		国家处置城市地铁事故应急预案	建设部
11		国家处置大面积停电事件应急预案	电监会
12		国家核应急预案	国防科工委
13		国家突发环境事件应急预案	环保总局
14		国家通信保障应急预案	信息产业部
15	公共卫生	国家突发公共卫生事件应急预案	卫生部
16		国家突发公共事件医疗卫生救援应急预案	卫生部
17		国家突发重大动物疫情应急预案	农业部
18		国家重大食品安全事故应急预案	食品药品监管局
19	社会安全	国家粮食应急预案	粮食局
20		国家金融突发事件应急预案	银监会
21		国家涉外突发事件应急预案	外交部

Ⅰ．适用范围和响应分级标准，包括预案编制的工作原则。

Ⅱ．应急组织机构和职责，包括现场应急指挥机构和专家组的建立和主要职责。

Ⅲ．事故监测与预警，包括重大危险源管理和预警的建立。

Ⅳ．信息报告处理，包括信息报告程序、处理原则和新闻发布。

Ⅴ．应急处理，包括先期处置、分级负责、指挥与协调、现场救助和应急结束。

Ⅵ．应急保障措施，包括人力资源、财力保障、医疗卫生、交通运输、通讯与信息、公共设施、社会治安、技术和各种应急物资的储备与调用等。

Ⅶ．恢复与重建，包括及时由非常态转为常态、善后处置、调查评估和恢复工作。

Ⅷ. 应急预案监督与管理，包括预案演练、培训教育及其预案更新。

(2) 国家级应急预案的管理

① 国务院及国务院应急管理办公室：

Ⅰ. 负责国家总体应急预案的制定、批准、宣传、演练和修订；

Ⅱ. 确定国家专项应急预案种类、牵头制定机关和参加部门，负责组织和批准专项应急预案的制定、宣传、演练和修订；

Ⅲ. 指导、协调和监督部门应急预案和省级应急预案管理工作；

Ⅳ. 负责部门应急预案、省级总体应急预案和专项应急预案的备案工作。

② 国务院及地方人民政府有关部门：

Ⅰ. 依据同级总体应急预案和专项应急预案中所承担的应急职责，制定、批准、宣传、演练和修订部门应急预案；

Ⅱ. 参与总体应急预案的制定修订工作；

Ⅲ. 牵头或参与有关专项应急预案的制定修订工作；

Ⅳ. 指导、协调和监督本部门领域有关单位的应急预案编制和管理。

2. 省级应急预案

(1) 省级应急预案的制定：对突发事件的后果超过城市或地区边界或应急能力以及列为省级事故隐患、重大危险源的设施或场所，应制定省级应急预案，用协调全省范围内的应急资源和力量，或提供突发事件发生的城市或地区所没有的特殊技术和设备。

(2) 预案的管理：地方人民政府及应急管理办事机构

① 负责地方总体应急预案的制定、批准、宣传、演练和修订；

② 确定地方专项应急预案种类、牵头制定机关和参加部门，负责组织和批准专项应急预案的制定、宣传、演练和修订；

③ 指导、协调和监督地方部门应急预案和下一级人民政府应急预案管理工作；

④ 负责地方部门应急预案、下一级人民政府总体应急预案和专项应急预案的备案工作。

3. 市地级应急预案

(1) 市地级应急预案的制定：对城市或地区潜在的重大突发事件或发生在两个县或县级市管辖区边界上的需要协调市地级应急资源和力量的突发事件，应制定市地级应急预案。

(2) 预案的管理：（同省级应急预案）

4. 县区级应急预案

(1) 县区级应急预案的制定：对县区潜在的重大突发事件，应制定县区级应急预案。

(2) 县区级应急预案的管理：乡(镇)、街道基层政权组织结合本区域实际情况，制定落实上一级政府总体应急预案、专项应急预案、部门应急预案和其他类型应急预案的行动方案。

5. 企业级应急预案

企业级应急预案指企事业单位根据所处地理环境、气象和自身生产经营活动中可能发生的重大突发事件和法律法规的有关要求而制定的应急预案。

3.3 应急预案编制

3.3.1 应急预案影响因素

应急预案体系策划时应充分考虑以下因素,做到重点突出,反映本地区实际存在并可能发生的重大突发事件风险,并合理组织,避免应急预案相互孤立、交叉和矛盾。

(1) 本地区可能发生的重大突发事件以及重大危险普查的结果,包括重大危险源的数量、种类及分布情况,重大事故隐患情况等;

(2) 本地区的地质、气象、水文等不利的自然条件(如地震、洪水、台风等)对本地区重大危险源构成的严重威胁;

(3) 本地区以及国家和上级机构已制定的应急预案的情况;

(4) 本地区以往重大突发事件的发生情况;

(5) 本地区行政区域划分及工业区等功能区布置情况;

(6) 周边地区重大突发事件和重大危险源对本地区的可能影响;

(7) 国家及地方相关法律、法规的要求。

3.3.2 应急预案基本内容

不同的预案由于各自所处的层次和适用范围不同,因而在内容的详略程度和侧重点上会有所不同,但都可以采用相似的基本结构。应急预案的基本结构可用图 3-1 来表示。

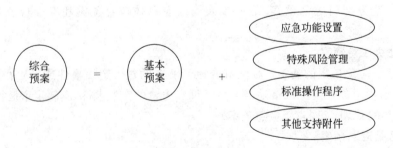

图 3-1 应急预案基本结构

1. 基本预案

基本预案也称为"领导预案",基本预案是该应急预案的总体描述。其主要内容包括最高行政领导承诺、基本方针政策、主要职责分工、任务与目标、基本应急程序等。

2. 应急功能设置

应急功能设置分预案中要明确从应急准备到应急恢复全过程的每一个应急活动中各相关部门应承担的责任和目标、每个单位的应急功能要以分类条目和单位——功能矩阵表来表示，还要以部门之间签署的协议来具体落实。如表 3-2 所示。

表 3-2 应急功能矩阵表

应急机构	应急功能													
	接警与通知	指挥与控制	警报和紧急公告	通信	事态监测与评估	警戒与管制	人群疏散	人群安置	医疗与卫生	公共关系	应急人员安全	消防和抢险	泄漏物控制	现场恢复
应急中心	R	S	R	R	S					S				
安监部门		R			S						R	R	S	S
公安部门	S	S	S	S	S	R	R	S	S	S	S	R	R	S
卫生部门	S		S		S			S	R		S			
环保部门	S		S		R			S			S		S	R
民政部门								R	S				S	
广电部门			S	S			S	S		S				S
交通部门	S						S	S			S	S		
铁路部门	S						S	S				S		
教育部门							S	S		S				
建设部门	S				S			S			S	S		S
财政部门					S			S			S	S	S	S
科技部门					S			S				S		S
气象部门			S		S									
电监部门	S		S		S			S				S		S
军队武警			S	S	S	S	S	S			S	S		
红十字会							S	S	S					

注：R——负责部门，S——支持部门

3. 特殊风险管理

特殊风险管理建立在公共安全风险评价的基础上。按照自然灾害、安全事故、突发事件和突发公共卫生事件分类,提出其中若干类不可接受风险,根据风险的特点,针对每一特殊风险中的应急活动,分别划分相关部门的主要负责、协助支持和有限介入三类具体的职责。

4. 标准操作程序

由于基本预案、应急功能设置并不说明各项应急功能的实施细节,各应急功能的主要责任部门必须组织制定相应的标准操作程序,为应急组织或个人提供履行应急预案中规定职责和任务的详细指导。应急标准操作分预案主要是针对每一个应急活动执行部门,在进行某几项或某一项具体应急活动时所规定的操作标准,这种操作标准包括操作指令检查表和对检查表的说明,一旦应急预案启动,相关人员可按照操作指令表,逐项落实行动。

5. 其他支持附件

其他支持附件主要包括应急救援的有关支持保障系统的描述及有关的附图表。

3.3.3 预案核心要素

应急预案实质上是应急管理工作的具体反映,按照应急管理涉及的范围,应急预案的内容不只是事故发生过程中的应急响应和救援措施,还应包括事故发生前的各种应急准备和事故发生后的紧急恢复以及预案的管理与更新等。

一个完善的应急预案按相应的过程可分为六个一级关键要素,包括:方针与原则、应急策划、应急准备、应急响应、现场恢复、预案管理与评审改进。六个一级要素相互之间既具有一定的独立性,又紧密联系,从应急的方针到预案的管理与评审改进,形成了一个有机联系并持续改进的系统化的体系。根据一级要素中所包括的任务和功能,应急策划、应急准备和应急响应三个一级关键要素可进一步划分成若干个二级小要素,所有这些要素即构成了城市重大事故应急预案的核心要素(见表3-3)。

1. 方针与原则

方针与原则反映了城市应急救援工作的优先方向、政策、范围和总体目标,是应急救援工作的纲领。应急的策划和准备、应急策略的制定和现场应急救援及恢复,都应当围绕应急的方针和原则开展。

2. 应急策划

应急预案的制定必须基于对所针对的潜在事故一个全面系统的认识和评价,包括发生的机理、性质、影响区域及后果,分析所需及可用的应急资源情况,并依据国家、地方相关的法律、法规要求,为应急准备提供建设性意见。因此,应急策划包括危险分析、资源分析以及法律、法规要求三个二级要素。

表 3-3 重大事故应急预案分级核心要素

序号	一级要素	二级要素
1	方针与原则	
2	应急策划	2.1 危险分析 2.2 资源分析 2.3 法律、法规要求
3	应急准备	3.1 机构与职责 3.2 应急资源 3.3 教育、训练与演习 3.4 互助协议
4	应急响应	4.1 接警与通知 4.2 指挥与控制 4.3 警报和紧急公告 4.4 通信 4.5 事态监测与评估 4.6 警戒与治安 4.7 人群疏散与安置 4.8 医疗与卫生 4.9 公共关系 4.10 应急人员安全 4.11 消防和抢险 4.12 泄漏物控制
5	现场恢复	
6	预案管理与评审改进	

（1）危险分析

危险分析包括危险识别、脆弱性分析和风险分析,其结果应能提供：

① 地理、人文（包括人口分布）、地质、气象等信息；

② 城市功能布局（包括重要保护目标）及交通情况；

③ 重大危险源分布情况及主要危险物质种类、数量及理化、消防等特性；

④ 可能的重大突发事件种类及后果影响分析；

⑤ 特定的时段（如人群高峰时间、度假季节、大型活动）；

⑥ 可能影响应急救援的不利因素。

（2）资源分析

针对危险分析所确定的主要危险,应明确应急救援所需的各种资源,分析已有的应急资源和能力包括应急力量和应急设备（施）、物资中存在的不足,为应急队伍的建设、应急资源的规划与配备、与相邻地区签订互助协议和预案编制提供指导。

（3）法律法规要求

应急救援有关法律、法规是开展应急救援工作的重要前提保障。法律、法规不仅规定了有关要求，更重要的是也明确了相应的权力。应列出国家、省、地方涉及应急各部门职责要求以及应急预案、应急准备和应急救援有关的法律、法规文件，以作为预案编制和应急救援的依据和授权。

3. 应急准备

"凡事预则立，不预则废"，应急准备的充分与否是影响应急救援效果的关键。应急准备包括各应急组织及其职责权限的明确、应急队伍的建设和人员的培训、应急物资的准备、预案的训练、演习、公众的应急知识培训、互助协议的签订等。

（1）机构与职责

为保证应急救援工作的反应迅速、协调有序，必须预先建立职责明确的应急机构组织体系，包括城市应急管理和领导机构、应急中心以及各有关机构部门等，对应急救援中承担任务的所有应急组织及有关单位明确规定其相应的职责。

（2）应急资源

应急资源的准备是应急救援工作的重要保障，应根据潜在突发重大事件的性质和后果分析，合理规划和组建专业和社会救援力量，配备应急救援中所需的应急设施、设备、物资等，并定期检查、维护与更新，保证始终处于完好状态。

（3）应急人员培训

针对潜在突发事件的性质，应对所有应急人员包括社会救助力量开展有针对性的专项培训（包括自身安全防护措施），保证应急人员具备相应的应急知识和技能，提高应急队伍的能力。

（4）演习

演习是提高和检验应急能力的重要手段，应以多种形式组织由应急各方参加的演习，使应急人员进入"实战"状态，熟悉各类应急处理和整个应急行动的程序，明确自身的职责，提高协同作战的能力，保证应急救援工作的协调性和有效迅速地开展。同时，应对演习的结果进行评估，分析应急预案存在的不足，并予以改进和完善。

（5）公众教育

公众的应急安全意识和能力是减少重大事故伤亡不可忽视的一个重要方面。作为应急准备的一项内容，平时就应注重对公众的日常教育，尤其是位于重大危险源周边的人群，使其了解潜在危险的性质和健康危害，掌握必要的自救知识，了解预先指定的主要及备用疏散路线和集合地点，了解各种警报的含义和应急救援工作的有关要求。

（6）互助协议

预先寻求与邻近的地区建立正式的互助协议，并做好相应的安排，以便在应急救援中及时得到外部救援力量和资源的援助；此外，也应与社会专业技术服务机构、物资供应企业等签署相应的互助协议。

4. 应急响应

应急响应是应急救援过程中需要明确并实施的一系列应急行动、任务或功能,包括:接警与通知,指挥与控制,警报和紧急公告,通信,事态监测与评估,警戒与治安,人群疏散与安置,医疗与卫生,公共关系,应急人员安全,消防和抢险,泄漏物控制。这些核心任务或功能尽管具有一定的独立性,但并不是孤立的,构成了应急响应的有机整体。

（1）接警与通知

准确了解事故的性质和规模等初始信息是决定启动应急救援的关键,接警作为应急响应的第一步,必须对接警和警情分析要求做出明确规定,并保证按预先确定的通报程序规定,迅速、准确地向有关应急机构、政府及上级部门发出事故通知,以采取相应的行动。

（2）指挥与控制

重大突发事件的应急救援往往涉及多个机构、部门或地区,因此,对应急行动的统一指挥和协调是应急救援有效开展的一个关键。应建立统一的应急指挥、协调和决策程序,以便对事故进行迅速的初始评估,确认紧急状态,迅速有效地进行应急响应决策,建立现场工作区域,确定重点保护区域和应急行动的优先原则,指挥和协调现场各救援队伍开展救援行动,合理高效地调配和使用应急资源等。

（3）警报和紧急公告

当突发事件对影响地区的公众可能造成威胁时,应及时启动警报系统,向公众发出警报,同时通过各种途径向公众发出紧急公告,告知突发事件的性质,对安全和健康的影响、自我保护措施、注意事项等,以保证公众能够及时做出自我防护响应。决定实施疏散时,应通过紧要公告确保公众了解疏散的有关信息如疏散时间、路线、随身携带物、交通工具及目的地等。

（4）通信

通信是应急指挥、协调和与外界联系的重要保障,在现场指挥部、应急中心、各应急救援组织、新闻媒体、医院、上级政府和外部救援机构等之间,必须建立完善的应急通信网络,在应急救援过程中应始终保持通信网络畅通,并设立备用通信系统。

（5）事态监测与评估

事态监测在应急中起着非常重要的决策支持作用。存在重大突发事件预兆时,以及应急过程中必须对事件或事故的发展势态及影响及时进行动态的监测和预警,建立对现场及场外进行监测和评估的程序,包括对大气、土壤、水和食物等样品的采集和被污染状况测定,以及对风险的全面评估,监测和分析突发事件造成的危害性质和程度,以便升高或降低应急级别及采取相应对策。在现场恢复阶段,也应当对现场和环境提供监测。

（6）警戒与治安

为保障现场应急救援工作的顺利开展,在事故现场周围建立警戒区域,实施交通管制,维护现场治安秩序是十分必要的,其目的是要防止与救援无关人员进入事故现场,保障救援队伍、物资运输和人群疏散等的交通畅通,并避免发生不必要的伤亡。

(7) 人群疏散与安置

人群疏散是减少人员伤亡扩大的关键,也是最彻底的应急响应。应当对疏散的紧急情况和决策、预防性疏散准备、疏散区域、疏散距离、疏散路线、疏散运输工具、安全庇护场所以及回迁等做出细致的规定和准备,应考虑疏散人群的数量,所需要的时间和可利用的时间,风向等环境变化,以及老弱病残等特殊人群的疏散等问题。对已实施临时疏散的人群,要做好临时生活安置,保障必要的水、电、卫生等基本条件。

(8) 医疗与卫生

对受伤人员采取及时有效的现场急救以及合理的转送医院进行治疗,是减少人员伤亡的关键。医疗机构应对本地区重大突发事件的医疗和卫生应急需求,做好有关医疗卫生器械、物资、人员和方法等准备。

(9) 公共关系

重大事件发生后,会引起新闻媒体和公众的高度关注,及时将有关信息、影响、救援工作进展等情况向媒体和公众公布,有利于澄清谣言,消除公众的恐慌、猜疑和不满情绪。应保证事件和救援信息的统一发布,明确事故应急救援过程中对媒体和公众的发言人和信息批准、发布的程序,避免信息的不一致性。同时公共关系还应处理好公众的有关咨询,接待和安抚受害者家属。

(10) 应急人员安全

现场的应急救援工作往往面临较大的危险,应对应急人员自身的安全问题进行周密的考虑,包括安全预防措施、个体防护设备、现场安全监测等,明确紧急撤离应急人员的条件和程序,保证应急人员免受事故的伤害。

(11) 消防和抢险

消防和抢险是现场应急救援工作的核心内容之一,其目的是为尽快地控制事故的发展,防止事故的蔓延和进一步扩大,从而最终控制住事故,并积极营救事故现场的受害人员。尤其是涉及危险物质的泄漏、火灾事故,其消防和抢险工作的难度和危险性十分巨大,应对消防和抢险的器材和物资、人员的培训、方法和策略以及现场指挥等做好周密的安排和准备。

(12) 泄漏物控制

危险物质的泄漏以及灭火用的水由于溶解了有毒蒸气都可能对环境造成重大影响,同时也会给现场救援工作带来更大的危险,因此必须对危险物质的泄漏物进行控制,包括对泄漏物的围堵、收容和清消,并进行妥善处置。

5. 现场恢复

现场恢复是在事故被控制住后所进行的短期恢复,从应急过程来说意味着应急救援工作的结束,进入到另一个工作阶段,即将现场恢复到一个基本稳定的状态,将必要的生活支持系统(如电力、通信、水和交通等)恢复到一个可以接受的水平,同时可以满足人们的衣食行等基本需求。大量的经验教训表明,在现场恢复的过程中往往仍存在潜在的危险,应充分考虑现场恢复过程中可能的危险,制定现场恢复的程序,防止现场恢复过程中事故的再次发生。

6. 预案管理与改进评审

应急预案是应急救援工作的指导文件,同时又具有法规权威性。应当对预案的制定、修改、更新、批准和发布做出明确的管理规定,并保证定期或在应急演习、应急救援后对应急预案进行评审,针对城市实际情况的变化以及预案中所暴露出的缺陷,不断地更新、完善和改进应急预案文件体系。

3.3.4 预案编制过程

应急预案在国外也多属于法规文件,一经发布便具有法律效应,因此,为保证其科学性、合理性和实用性,应急预案具有较严格的编制过程。归纳起来,应急预案的编制过程可分为五个步骤(见图3-2),即成立预案编制小组;风险分析和应急能力评估;编制应急预案;应急预案的评审和发布;应急预案的实施。

1. 成立预案编制小组

成立预案编制小组是将城市各有关职能部门、各类专业技术有效结合起来的最佳方法,可有效地保证应急预案的准确性和完整性,而且为城市应急各方提供一个非常重要的协作与交流机会,有利于统一应急各方的不同观点和意见。

预案编制小组的成员一般应包括:市长或其代表、应急管理部门、下属区或县的行政负责人、消防、公安、环保、卫生、市政、医院、医疗急救、卫生防疫、邮电、交通和运输管理部门、技术专家、广播、电视等新闻媒体、法律顾问、有关企业以及上级政府或应急机构代表等。预案编制小组的成员确定后,必须确定小组领导,明确编制计划,保证整个预案编制工作的组织实施。

2. 风险分析和应急能力评估

风险分析和应急能力评估是编制应急预案的关键,所有应急预案都是建立在风险评估基础上的。风险分析和应急能力评估的一般程序如图3-2所示。

(1) 风险分析

风险分析包括风险识别和风险评估。

因为调查所有的潜在危险并进行详细的分析是不可能的,所以风险识别的目的是将所辖区域中可能存在的重大危险因素识别出来,作为下一步风险评估的对象总结历史上本地区发生过的重大事故灾难,将其分门别类,每种类型分成不同级别,分析这些事故灾难的机理,明确影响这些事故灾难的因素都有哪些,为预防、预警、应对提供依据。

以《危险化学品泄露应急抢险预案》为例,危险识别应明确的内容是:

① 全区的危险化学品的种类。

② 危险化学品工厂的位置、产量、存放设施、周边环境等。

③ 运输线路的周边环境、运输时间、运输方式、运输量等。

④ 伴随危险化学品的泄漏而最有可能发生的危险,这些危险主要受到什么因素的影响,如气象条件、地理环境等。

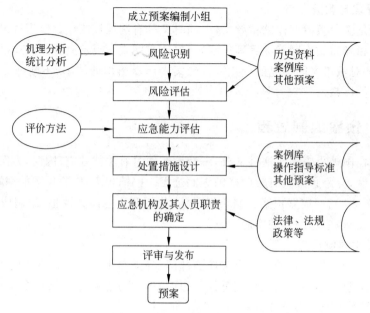

图 3-2　应急预案的编制流程

⑤ 其他。

其中前三项主要分析现状,利用现在的数据即可,第四项需要历史数据,通过对历史总结来分析其中的一般规律。

风险评估是评估事故或灾害发生时对城市造成破坏的可能性,以及可能导致的实际破坏或伤害程度,通常可能会选择对最坏的情况进行分析。

风险评估可提供下列信息:

① 发生事故的环境特点和同时发生多种紧急事故的可能性。
② 对人造成的伤害类型和相关的高危人群。
③ 对财产造成的破坏类型和后果。
④ 对环境造成的破坏类型和后果。

(2) 应急能力评估

分析本地及其周边地区应急资源分布和具备的应急能力情况。同时把这些工作基础上建立的危险源数据库、应急资源数据库和风险评估结果作为应急预案的附件,从而更好起到风险控制的作用。

风险分析和应急能力评估的程序图 3-3 所示。

3. 编制应急预案

(1) 具体措施的制定

根据前面分析的结果,针对突发事件涉及具体的应对措施,这些措施可以采用标准操

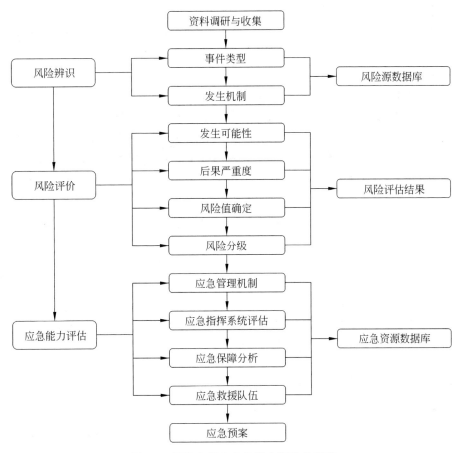

图 3-3 风险分析和应急能力评估的程序

作,也可以采用建议形式。例如,发生危险化学品在公路上泄漏事件,标准操作可以有:封闭相应路段,疏散附近居民等。整个应对过程建议使用网络计划的方法来表示。

(2) 应急机构及其人员职责的确定

预案编制过程中,人员职责的确定是一个重要的环节。启动预案时,不同的环节或方面需要不同的人员去执行和实施。明确人员职责是成功实行应急救援活动的重要保证。制定法律、法规政策是确定人员职责的有效方法。

应急预案的编制应严格按照相应的应急预案编制框架或指南进行。如美国的《综合应急预案编制指南》以及《危险物品应急计划编制指南》等各类专项应急预案编制指南对美国各级应急预案的规范化编制起到了重要的指导作用。我国近年来也在加强这方面的工作,国务院发布了《省(区、市)人民政府突发公共事件总体应急预案框架指南》、国家安全生产监督总局发布了《生产经营单位安全生产事故应急预案编制导则》等行业标准。

4. 应急预案的评审和发布

为确保应急预案的科学性、合理性以及与实际情况的符合性,应急预案应该依据相关的法律、法规和标准进行评审,并取得有关部门和机构的认可,然后发布后实施,并报上级政府有关部门和应急机构备案。

应急预案的评审包括内部评审和外部评审两类。内部评审是指编制小组成员内部实施的评审。应急预案管理部门应要求预案编制单位在预案初稿编写工作完成后,组织编写成员内部对其进行评审,保证预案语言简洁通畅、内容完整。外部评审是由本城市或外埠同级机构、上级机构、社区公众及有关政府部门实施的评审。外部评审的主要作用是确保预案被城市各阶层接受。根据评审人员的不同,又可分为专家评审、同级评审、社区评审和政府评审。

城市重大事故应急预案经过政府评审后,应由城市最高行政官员签署发布,并报送上级政府有关部门和应急机构备案。

5. 应急预案的实施

实施应急预案是应急管理工作的重要环节。应急预案经批准发布后,应组织实施应急预案,包括:开展预案的宣传、进行预案的培训,落实和检查各个有关部门的职责、程序和资源准备,组织预案的训练、演习,并定期评审和更新预案,使应急预案有机地融入到公共安全保障日常工作之中,将应急预案所规定的要求落到实处。

3.3.5 应急预案文件体系

应急预案要形成完整的文件体系,才能使其作用得到充分发挥,成为应急行动的有效工具。一般建议应急预案采用包含总预案、工作程序和说明书、记录的四级文件体系。

1. 一级文件

一级文件,即总预案,也可称为基本方案。它是对应急的一个总的管理和策划,其中包括应急救援方针、应急救援目标、应急组织机构和各级应急人员的责任及权利,包括对应急准备、现场应急指挥、事后恢复及应急演练、训练等原则的叙述。

2. 二级文件

二级文件,是对总预案中涉及的相关活动具体的工作程序。它是针对某一具体内容、措施和行动的指导文件。规定每一个具体的应急行动的具体措施、方法和责任。每一个应急程序都包括行动的目的和范围、指南、流程表及其具体方法的描述,包括每个活动程序的检查表。

3. 三级文件

三级文件,也叫说明书,是对程序中特定的行动细节、责任及任务的说明。

4. 四级文件

四级文件,是对应急行动的记录。包括制定预案的一切记录,如培训记录、文件记录、资源配置的记录、设备设施相关记录、应急设备检修记录、应急演练和相关记录等。

由上面的分析可以看出,这个四级文件体系由记录到预案、层层推进,组成了一个完善的应急预案文件体系。这种结构使得预案编制工作更加程序化,同时也大大促进预案的管理。从管理上来说,可以将四类预案文件分别进行分类管理,既保持了预案文件的完整性,又因其清晰的条理性便于查阅和调用,保证应急预案能得到有效利用。

3.4 应急预案批准、备案与发布

编制完成的应急预案应获得应急预案制定机关或单位的批准并公布。我国企事业单位应急预案、重大活动应急预案的批准、备案和公布等事项有一定的相关法律、行政法规等进行规范,各级人民政府及有关部门制定的应急预案审核、审议、批准、备案和公布等事项应按照以下要求。

3.4.1 应急预案批准

1. 总体应急预案

按照《突发事件应对法》和《国务院突发公共事件总体应急预案》,国务院总体应急预案应经国务院常务会议审议,县级以上地方各级人民政府总体应急预案应报同级人民政府常务会议通过。

2. 专项应急预案

专项应急预案由同级人民政府组织制定,按照《国务院突发公共事件总体应急预案》的要求,同级人民政府通常会指定牵头部门制定,然后经同级人民政府批准。

3. 部门应急预案

部门应急预案由制定部门行政办公会议审议,审议前征求过专家和相关部门意见。

3.4.2 应急预案备案

1. 备案

国家总体应急预案、专项应急预案分别由国务院制定和组织制定,对国务院应急管理办公室来说,不存在备案问题,但国家部门应急预案应报送国务院应急管理办公室备案。地方总体应急预案、专项应急预案有报上一级人民政府备案的要求,地方有关部门应急预案有报上一级行政主管部门的要求。

2. 应急预案密级

总体应急预案、专项应急预案和部门应急预案可能涉及国家秘密,有关内容可能涉及公共安全保障措施等内容也需要一定程度的保密,应按照《中华人民共和国国家秘密法》中的有关国家秘密和密级的规定,确定应急预案内容的密级。

3.4.3 应急预案发布

应急预案经批准后,应急预案制定机关或单位应建立发放清单,将应急预案发放给各有关部门和单位;面向社会公布应急预案时,对于涉密的应急预案,应遵循保密要求,必要时可公布应急预案简本。

3.5 应急预案更新与修订

3.5.1 应急预案动态更新

应急预案的实施过程实际也是应急预案不断完善的过程。在应急预案的实施过程中,应急预案可能会暴露出存在的缺陷和问题,此外,随着社会、经济和环境的变化(见图3-4),应急预案中包含的各种信息可能会发生变化,因此,必须对应急预案进行动态更新,才能保证应急预案的有效性。应急预案的动态更新包括应急预案的适时修改和定期修订。

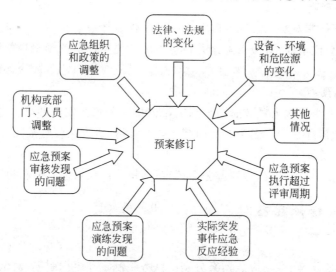

图 3-4 应急预案需要动态更新的主要情形

3.5.2 应急预案修订

应急预案的管理中应对应急预案的定期评审和修订时机做出规定,其目的是系统地重新评估和确认应急预案经历较长时间后的现时适应性。发达国家在这方面的做法值得我们借鉴,一般在相关的法律、法规中对预案评审有明确的时间规定。在我国,一些发布的法规、条例也对应急预案评审时机做了说明,如《使用有毒物质作业场所劳动保护条例》对高毒物品作业场所的应急预案评审时机做了规定,《国家核应急计划》规定国家核应急计划一般3～5年要进行复审,《国家核电厂应急计划与准备原则——场外应急计划与程序》也规定应急计划至少两年要进行一次评审。

总体上,应急预案评审的时机通常应遵循下述原则:
（1）遵循国家相关的法律法规的规定定期评审；
（2）培训演练和应急救援过程中发现重大问题；
（3）国家相关的法律法规、标准发生重大变化；
（4）应急预案相关的机构和人员发生重大职能调整；
（5）潜在的重大突发事件发生重大变化；
（6）应急预案的多次修改需要进行重新修订；
（7）其他应急修订的情形。

一般情况下,我国总体应急预案、专项应急预案和部门应急预案定期修订周期不应大于五年；乡（镇）、街道等基层政权组织的应急行动方案的定期修订周期应不大于两年；企事业应急预案定期修订周期应遵守有关法律、行政法规规定,没有规定的,定期修订周期不大于三年。

应急预案的修订程序见图 3-5。在对应急预案进行全面系统的评估后,其修订过程应按照制定程序重新审核、审议、批准、备案和发布。

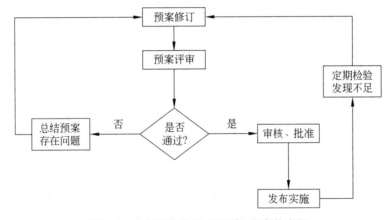

图 3-5　应急预案修订、再评审、发布的流程

3.6　应急预案宣传、培训和演练

3.6.1　应急预案宣传和培训

应急预案宣传教育和培训工作是保证应急预案贯彻实施的重要手段,提高突发事件防

范能力的重要途径。通过应急预案的宣传教育和培训工作,使应急预案相关的职能部门及其人员提高危机意识和责任意识,明确应急工作程序,提高应急处理和协调能力。同时,也通过宣传培训提高公众的安全意识和基本的应急处理技能。此外,通过应急预案的宣传培训还能发现预案的缺陷和不足,并在实践中加以补充和改进。

各级人民政府和相关部门应把应急预案纳入应急知识宣传普及和培训活动中,尤其应把涉及群众生命安全保障部分作为重点,免费向社会提供简洁、易于理解的应急预案的宣传材料。同时地方各级应急管理部门和企事业单位要探索各种形式的应急预案宣传培训活动,使各类应急人员掌握、熟悉应急预案中与其承担职责和任务相关的内容,提高应急人员的技能。

1. 应急预案培训的过程

应急预案的培训流程如图 3-6 所示。应急预案的培训一般分为三个阶段:制定应急预案培训计划、应急预案培训的实施、应急预案培训效果评价和改进。

图 3-6　应急预案的培训流程

制订应急培训计划首先要进行需求分析,即针对不同的培训对象确定其培训的必要性和应急工作的任务,以明确培训目标和受训后受训人员的培训效果。不同的培训对象,应急预案培训的课程也要做相应的调整。应针对不同类别人员的需要和不同岗位的工作要求制定分类齐全的培训课程。培训方式有很多选择,比如培训班、讲座、模拟、自学、小组受训等,但授课式培训是最主要的方式。应急预案培训计划的步骤如图 3-7 所示。

应急预案培训的实施应该按照培训计划、认真组织、精心安排,充分利用各种方式开展高效的培训。

应急预案培训结束后,要进行考核,考核方式可以选考试、口头提问、实际操作等,以便对应急预案培训进行评价。通过考核情况和与考核人员的交流,对培训中的问题进行深入总结然后不断改进,提高培训的工作质量,达到应急预案培训的目的。

2. 应急预案培训的范围

应急培训的范围有四个方面:专业应急救援队伍的培训、政府应急主管部门的培训、企事业全员培训和社区居民培训。

(1) 专业应急救援队伍应急培训是这四个培训里专业性最强的,其重点是熟悉相关应急预案事故发生的特点,熟练掌握危险源辨识和突发事件应急救援的技能,提高在不同情况下实施救援和协同处置的能力。应急管理人员可以参加专业应急救援队伍的培训,帮助应

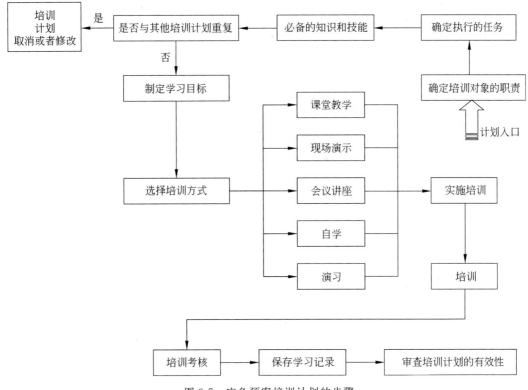

图 3-7 应急预案培训计划的步骤

急救援人员了解他们在应急预案中规定的协同响应工作的作用。

(2) 政府应急主管部门的培训重点是应急工作指导思想和应急预案中与政府有关的应急行动的关键内容,让他们更好地理解自身在突发公共事件中所负的职责。

(3) 企事业全员培训是由企事业单位根据本单位的应急预案中的危险分析结果和应急需求,对员工进行有针对性、分层次的应急预案培训,确保员工明白自己的应急职责,并掌握必要的应急技能。

(4) 社区民众培训的重点是对可能发生的突发事件采取的响应行动和遵守应急指挥人员的命令。

以上四种培训中,专业应急救援队伍的培训和政府应急主管部门的培训对提高应对突发公共事件的能力是非常关键的,因此,这两类培训应该为参与培训的人员建立培训档案,记录他们的学习情况和考核结果,并根据学习和考核的情况给他们制订下一步的培训计划,为他们在应急救援中发挥更大的实战能力提供智力支持。

3. 应急预案培训的基本内容

根据上面对应急预案培训范围的分析可见培训的对象有很多类,因此培训内容也有所不同。对于基本的应急培训,只要求培训者了解和掌握识别危险的方法,如何采取必要的应急措施,如何启动报警系统,如何安全疏散人群等基本要求。如果根据参与培训人员的水平,可以把应急预案培训分为五个等级,每个级别通过培训后要达到的要求可在表 3-4 中列出。

表 3-4　应急预案培训的分级和培训要求

应急培训人员水平分类	培 训 要 求
初级意识水平	1. 能确认危险源 2. 了解所涉及的突发事件的潜在后果 3. 了解自身的作用和责任 4. 能确认必要的应急资源 5. 能协助人群疏散工作 6. 了解突发事件安全区域的划分 7. 了解基本的突发事件控制技术
初级操作水平	1. 掌握危险程度的分级 2. 掌握基本的危险和风险评价技术 3. 学会正确使用个人防护用品 4. 了解危险源的基本术语和特性 5. 掌握危险控制的基本操作 6. 掌握基本的危险源清除程序
突发事件专业水平	1. 保证事故现场人员的安全,防止伤亡事故发生 2. 根据应急预案执行应急行动计划 3. 识别、确认和证实危险源 4. 了解应急救援岗位的功能和作用 5. 了解个人防护用品的选择和使用 6. 掌握危险识别和风险评价技术 7. 了解先进的危险源控制技术 8. 执行事故现场清除程序
突发事件专家水平	1. 接受突发事件应急救援的所有专业培训 2. 理解并参与应急救援系统各岗位职责的分配 3. 掌握风险评价技术 4. 掌握危险源的有效控制操作 5. 参加一般清楚程序的制定与执行 6. 参加特别清楚程序的制定与执行 7. 参加应急行动结束程序的执行
应急指挥水平	1. 协调和指导所有的应急行动 2. 负责执行一个综合性的应急救援预案 3. 对现场内外应急资源的合理调用 4. 提供管理和技术监督,协调后勤支持 5. 协调信息发布和政府官员参与的应急工作 6. 负责向国家、省市、当地政府部门递交突发事件报告 7. 负责提供突发事件和应急工作的总结

表 3-4 中针对的是一般的应急预案培训,对于一些特殊危害的突发事件,如接触危险化学品、受限空间的营救、病原体感染、沸腾液体扩展蒸汽爆炸引起的突发公共事件,则需要由专业机构开展具有针对性和专业性的应急预案培训。

3.6.2 应急预案演练

应急预案的演练是应急准备的一个重要环节。国外的应急管理体系中也非常强调应急预案的演练,在美国,地方应急预案委员会(LEPC)每年都要对各项应急预案的演练进行详细审查和评估;在英国,其卫生安全署(HSE)也对应急预案的演练进行严格监督;而在澳大利亚,应急管理署(FEMA)充分调动各个州的积极性和自主性,对应急预案的演练给予规范化的指导。在我国,应急预案的演练制度正在完善,应急预案的演练程序也在不断规范化,作为应急预案管理的主要组成部分。

1. 演练目的与基本要求

应急预案演练的目的是为了检验应急预案的可行性和应急反应的准备情况;发现应急预案中存在的问题,完善应急工作机制,提高应急反应能力;锻炼演练队伍,提高应急队伍的作战能力,熟练操作技能;提高危机意识和责任意识,加强防范突发事件的综合能力。开展应急预案演练应当满足以下基本要求。

(1) 应急演练必须遵守相关法律、法规、标准和应急预案规定。

(2) 领导重视,科学计划。各级人民政府和相关的应急管理职能部门的领导应该高度重视应急预案的演练,给予资金、人员等相应支持,并在必要时参与演练;此外,监督和指导相关部门对演练活动做到周全安排和精心策划。

(3) 结合实际、突出重点。应急预案制定单位要负责制定应急演练的规划,确保在可能发生的事件中所有相关的单位都参与演练,确保应急预案中所有突发事件预防与应急准备、监测和预警、应急处置预救援、事后恢复与重建活动相关的安排得到检验,同时结合实际情况,对一些薄弱环节进行重点演练,以提高应急行动的整体效能。

(4) 周密组织、统一指挥。应急预案的演练应严格按照应急预案的规定组织,并在统一指挥下实施。

(5) 由浅入深、分布实施。应急预案演练应遵循由下而上、先分后合、分布实施的原则。

突发公共事件是小概率事件,因此应急预案似乎从来没有实施过,这就必须通过演练来评估应急救援,因为应急预案演练都是尽可能地模拟突发事件的情况,因此,通过演练能测试应急预案中各项响应和应急管理系统能保证所有要素都能全面地应对任何应急情况。通过演练能达到以下一些目标:

(1) 在突发事件发生前暴露应急预案和程序的缺点;

(2) 辨识出缺乏的资源(人力、设备和物资);

(3) 改善各种应急反应人员、部门和结构之间的协调水平;

(4) 提高应急管理能力,获得社会认可;

(5) 增强应急反应人员的熟练性和信心；
(6) 明确应急预案有关人员的岗位和职责；
(7) 强化企事业应急预案与政府部门、社区应急预案之间的合作和协调；
(8) 提高整体应急反应能力。

2. 应急演练类型

应急演练可采用多种演练方法，如美国环保署主要采用两类演练方法，即桌面演练和现场全面演练，美国海岸警卫队则主要采用类似于功能性演练和现场全面演练两种方法，美国的联邦管理局采用的演练方法可分为桌面演练、功能演练和全面演练三类。考虑到我国突发公共事件的应急管理体制和应急工作的具体要求，下面分别介绍桌面演练、功能演练和全面演练。

（1）桌面演练

桌面演练的参加人员一般为应急组织的代表或关键岗位人员，演练的内容主要是根据应急预案及其标准运作程序，讨论紧急情况时应采取的行动。桌面演练的特点是对演练情景进行口头演练，一般是一种非正式活动，没有设定时间要求，通过演练人员检查和解决一些应急预案的问题以获得一些建设性的讨论结果。主要目的是在友好、较小压力的情况下，锻炼演练人员解决问题的能力，以及解决应急组织相互协调和职责划分问题。

桌面演练相对简单，只需展示有限的应急响应和内部协调活动，参与人员主要来自本地应急组织，事后大都采用口头评议形式收集演练人员建议，书面报告也比较简单，因此演练成本较低，主要为功能演练和全面演练做准备。

（2）功能演练

功能演练是指针对某项应急功能或其中某些应急响应活动而举行的演练活动。通常在应急指挥中心进行，并可以同时开展现场演练，调用有限的应急设备，主要目的是针对应急响应功能，检验应急响应人员以及应急管理体系的策划和响应能力。

从规模上来说，功能演练比桌面演练要大，也需要更多的应急响应人员和组织参与，必要时，还需要国家级应急响应机构参与，为演练的方案设计、协调和评估提供技术支持。演练完成后，除了口头评议外，还要向地方政府部门提供书面汇报，并提出改进建议。

（3）全面演练

全面演练是指针对应急预案中全部或大部分的应急响应功能，检验、评价应急组织应急运行能力的演练活动。全面演练的持续时间长、通常采用交互方式进行，需要调用的应急响应人员和资源也更多，力求演练场景的真实性，这是一种实战性的演练。

与功能演练一样，全面演练也需要负责应急运行、协调和政策拟定人员的参与以及国家级应急管理组织在演练方案设计、协调和评估工作方面提供技术支持，但在全面演练过程中，这些人员或组织的演练范围要更广，演练内容也更复杂。演练结束后，不仅要有口头评议和书面汇报，还应提交正式的书面报告。

在这三种演练中，全面演练最能够较全面、真实展示应急预案的优缺点，并且参与人员也能够得到很好的实战锻炼，因此，在条件和时机成熟时，各级政府部门和企事业单位应该积极开展全面演练。

从上面的分析可以看出,三种演练类型最大的差别在于演练的复杂程度和规模,把三种演练作一个详细的比较,具体内容见表3-5。

表3-5 桌面演练、功能演练和全面演练的比较

演练要素	桌面演练	功能演练	全面演练
演练人员	负责应急管理工作的有关人员;从事应急管理工作的关键人员;当地政府机构、省和国家有关政府部门的相关人员	负责应急管理的有关官员,以及负责相应功能的政策拟定、协调工作人员;当地政府机构、省和国家有关政府部门的相关人员	所有与应急工作相关的政府机构和尽可能多的演练人员
演练内容	模拟紧急情况中应采取的响应行动;应急响应过程中的内部协调活动	相应的应急响应功能,如指挥与控制;应急响应过程中的内部、外部协调活动	应急预案中的大部分要素
演练地点	会议室;应急指挥中心	应急指挥中心;实施应急响应功能的地点;突发事件现场	省、地方应急指挥中心;现场指挥所;突发事件现场
演练目的	锻炼解决问题能力;解决应急组织相互协调和职责划分问题	检验应急响应人员的能力;检验应急管理体系的策划和响应能力	尽可能真实并吸引众多人员、应急组织参与的条件下,检验应急预案中的重要内容
所需评价人员数量	一般1~2人	一般4~12人	一般10~50人
总结方式	口头评议;参与人员汇报;演练报告	口头评议;参与人员汇报;演练报告	口头评议;参与人员汇报;书面正式报告

应急预案演练的组织者在选择演练类型时,应坚持实事求是的原则,综合考虑以下因素后确定:

(1) 应急预案和应急响应程序制定情况;

(2) 本辖区面临的风险性质和大小;

(3) 本辖区已具备的应急响应能力;

(4) 应急演练成本和资金的筹集情况;

(5) 相关政府部门对演练工作的态度;

(6) 应急组织可投入的资源情况;

(7) 国家或地方政府部门颁布的有关应急演练的规定。

无论采用何种演练方式,演练的方案都必须适应突发事件应急管理的需求和资源条件。同时,无论是企事业单位或政府,都要强调开展实战性的全面演练的必要性和重要性。

3. 应急演练方案

演练方案是根据演练目的和应达到的演练目标,对演练性质、规模、参演单位和人员、假

想事故、情景事件及其顺序、气象条件、响应行动、评价标准与方法、事件尺度等制定的总体设计,是开展演练的主要依据和蓝本。

演练方案的文件体系主要包括以下内容:情景说明书、演练计划、评价计划、情景事件总清单、演练控制指南、演练人员手册、通信录、演练现场规则等。情景说明书文件的作用是描述突发事件场景,为演练人员的演练活动提供初始条件和初始事件;演练计划文件则确定了演练的主要目标和任务;评价计划文件是对演练计划中演练目标、评价准则及评价方法的扩展;情景事件总清单文件是演练过程中需引入的情景事件按照时间顺利列表;演练控制指南文件是向控制人员和模拟人员解释与他们相关的演练思想,制定演练控制和模拟活动的基本原则以及说明、相关的通信联系、后勤保障和行政管理等事项。各个文件包含的主要内容如表3-6所示。

表3-6　应急预案演练方案文件体系表

演练方案文件	主　要　内　容
情景说明书	发生何种突发事件; 突发事件的发展速度、强度与危险性; 信息的传递方式; 采取的应急响应行动; 已造成的财产损失和人员伤亡情况; 突发事件的发展过程; 突发事件的发生时间; 是否预先发出警报; 突发事件发生地点; 突发事件发生时的气象条件等与演练情景相关的影响因素
演练计划	演练使用范围、总体思想和原则; 演练假设条件、人为事项和模拟行动; 演练情景,包含事故说明书、气象及其他背景信息; 演练目标、评价准则和评价方法; 演练程序; 控制人员、评价人员的任务和职责; 演练所需要的必要支撑条件和工作步骤
评价计划	对演练目标、评价准则、评价工具及资料、评价程序、评价策略、评价组成以及评价人员在演练准备、实施和总结阶段的职责和任务的详细说明
情景事件总清单	情景事件及其控制消息和期望行动,以及传递控制消息时间或时机
演练控制指南	是指有关演练控制、模拟和保障等活动的工作程序和职责的说明
演练人员手册	向演练人员提供的有关演练具体信息、程序的说明文件
通信录	记录关键演练人员通信联络方式及其所在位置信息
演练现场规则	为确保演练安全制定的对有关演练和演练控制、参与人员职责、实际紧急事件、法规符合性、演练结束程序等事项的规定或要求

4. 应急演练的组织与实施方案

应急预案演练的组织实施可分为演练准备、演练实施和演练总结三个阶段。根据这三个阶段的划分,可以把演练前后应予以完成内容和活动进行分解,得到演练的基本任务群,如图 3-8 所示。

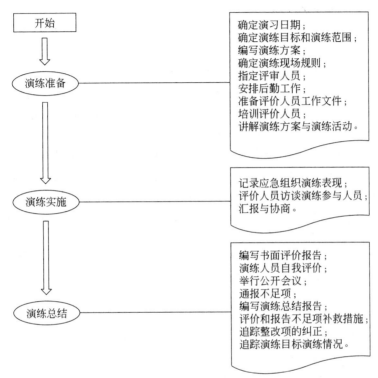

图 3-8　应急预案演练的过程与基本任务

(1) 演练的准备。应急演练的准备阶段主要工作内容是成立应急演练策划小组或应急演练领导小组,确定演练目标和范围,编写演练方案,制定演练现场规则,评价人员指定和进行相关的人员培训,演练方案介绍(包括控制人员情况介绍会、评价人员情况介绍会和演练人员情况介绍会)等。

(2) 演练的实施。应急演练的实施阶段是指从宣布初始事件起到演练结束的整个过程。虽然应急演练的类型、规模、持续时间、演练情景和演练目标有所不同,但演练的实际过程中都包括非常重要的两方面内容:演练控制和演练实施要点。演练控制是想演练人员传递控制信息,保证演练朝着正确的方向进行。通过分析国内应急预案演练的实例,把演练实施要点总结为以下 13 个方面:初次通报、指挥与控制、通信、警报与紧急公告、公共信息与社区关系、资源管理、卫生与医疗服务、应急响应人员安全、公众保护措施、火灾与搜救、事态评估、人道主义服务、市政工程。

（3）演练的总结。应急演练总结阶段的核心工作内容就是通过演练评价过程编写并提交演练评价报告和总结报告，以及追踪演练时发现的问题整改情况。演练结束后，评价小组应该采用合理的评价方法，依据评价标准对演练进行客观的综合评价。评估的目的就是要辨识应急预案和程序中的缺陷，辨识出培训和人员需要，确定设备和资源的充分性，确定培训、训练、演练是否达到预期目标。

① 演练发现的问题按照其对人员生命安全的影响严重程度从高到低分为三个等级：不足项、整改项和改进项。

Ⅰ．不足项是在演练过程中观察或识别出来的，可能使得应急工作不完备，从而导致紧急突发事件时不能确保应急组织采取合理应对措施保护人员安全，因此必须在规定时间内进行修订。根据美国联邦应急管理署研究成果，在应急预案编制要素中最有可能导致不足项是：职责分配、应急资源、警报、通报方法与程序、通信、事态评估、公共教育和信息、保护措施、应急响应人员安全和紧急医疗服务，因此在演练评估中对这些内容应该要重点关注。

Ⅱ．整改项严重程度比不足项略低，单独不可能对公众生命安全健康造成不良影响，在下次演练时应予以纠正。但如果出现以下两种类型的整改项时，要转化成不足项。一是应急组织存在两个以上的整改项，一起作用可妨碍公众生命安全；二是应急组织在多次演练时，反复出现前次识别出来的整改项。

Ⅲ．改进项是应急准备过程中需要改善的问题，由于改进项不会对人员生命安全健康产生严重影响，因此不需要强制要求予以纠正。

② 演练总结报告的基本内容如下。

Ⅰ．演练的背景，含演练地点、时间、气象条件等。

Ⅱ．参与演练的应急组织。

Ⅲ．演练情景与演练方案。

Ⅳ．演练目标、演练范围和签订的演练协议。

Ⅴ．应急情况的全面评价。

Ⅵ．对重大偏差与缺陷的总结。

Ⅶ．建议与纠正措施。

Ⅷ．完成这些纠正措施的日程安排。

演练报告编写后应提交给有关的政府部门，并向预案制定单位提出建议。国务院有关部门和省（自治区、直辖市）人民政府组织的综合性应急演练评估报告应报国务院应急管理办公室。

3.7 国家地震应急预案

3.7.1 国家地震应急预案修订过程

地震预报更是世界性的难题，绝大多数地震难以预报，这种情况下就凸显出地震应急预案的重要性,一份好的预案不仅可以增强对突发灾害的抵御能力,还能提高灾害发生之后的应对能力。因此我国根据相应的防震减灾法律法规,以及重特大地震取得的宝贵经验,对地震应急预案进行修改。

1.《国内破坏性地震应急反应预案》(1991)

1980年国家地震局在重点危险区开展了地震应急预案的编制工作,1990年,国务院批转下发国家计委、国家地震局《关于加强破坏性地震减灾工作意见的通知》,在国务院指导和有关省级政府协助下,国家地震局总结了各地经验,立足于全国普遍需求,编制了《国内破坏性地震应急反应预案》报送国务院。1991年12月经国务院审议后以国办发[1991]75号文件下发执行。

2.《破坏性地震应急条例》和《国内破坏性地震应急反应预案》(1996)

从1991年起,国家地震局总结历次大地震应急工作的经验和教训,参考发达国家、尤其是美国地震应急预案的成熟做法,会同国务院有关部委探索编制了适合中国特点的《国家破坏性地震应急预案》。该预案编制过程中,得到了国务院办公厅、国务院法制局的大力支持和建设以及民政等30余个部门和单位的协助。

1995年2月国务院总理李鹏签署国务院第172号令,发布《破坏性地震应急条例》,为地震应急工作确定了法律地位,促进了应急预案的出台。1996年12月,国务院颁布实施《国家破坏性地震应急预案》,以国办发[1996]54号文件下发。国务院有关部门、许多地方人民政府和有关部门、单位遵照国务院要求,以《国家破坏性地震应急预案》为依据和指导,相继修订或者制定了相应的地震应急反应预案,极大地推动了我国地震应急工作。

3.《国家破坏性地震应急预案》(2000)

1997年12月,国家发布《中华人民共和国防震减灾法》,地震应急被列为防震减灾四个工作环节之一,使地震应急工作有法可依,走上了法治化道路;2000年2月国务院成立了国务院抗震救灾指挥机构,建立了国务防震减灾工作联席会议制度。为适应这一发展,2000年7月国务院办公厅第二次修订印发了《国家破坏性地震应急预案》,进一步明确地震应急是政府职责。并在2001年成立了中国国家地震灾害紧急救援队,2003年成立中国地震局震灾应急救援司,2004年成立中国地震应急搜救中心。全国相继有20个省市成立了省级地震灾害紧急救援队。

2004年1月,国务院部署突发公共事件应急预案制定工作,中国地震局结合几年来地震应急救援的实践,由震灾应急救援司负责组织专家进行了一年多的研究工作,对《国家破坏性地震应急预案》进行了全面修订。按照《国务院有关部门和单位制定和修订突发公共事件应急预案框架指南》(国办函[2004]33号)的要求,修订出《国家地震应急预案》。经国务院批准,以国办函[2005]36号文件下发。从2006年开始,从中央到地方,从各级地震局到各企业事业单位,条块结合、管理规范的地震应急预案陆续颁布,到2009年底,全国各级各类地震应急预案达2.7万余件,其中31个省(区、市)、98%的市(地)、82%的县(市)、4500多个乡(镇)人民政府编制修订了应急预案。地震应急预案已基本覆盖各地、各部门和基层单位,以《国家地震应急预案》为核心,纵向到底、横向到边、条块结合、结构完整、管理相对规范的全国地震应急预案体系基本形成。

我国的地震应急预案体系基本形成了包括政府预案序列、政府部门预案序列、企事业单位及基层社会组织预案序列。如图 3-9 所示。

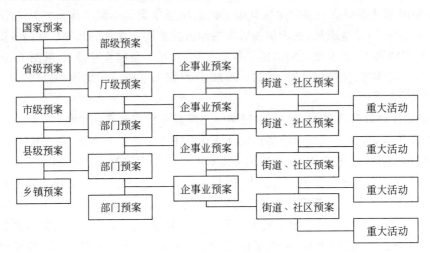

图 3-9　我国地震应急预案体系

4.《国家地震应急预案》(2012)

(1) 2012 年预案修订背景

2012 年 8 月 28 日国务院办公厅下发了第四次修订后的《国家地震应急预案》。与前三次修订相比,2012 年修订有以下几方面背景。

① 国家突发事件应急管理体制、机制基本建立,制定了国家总体应急预案,特别是 2007 年、2008 年相继颁布突发事件应对法和修订后的防震减灾法,新的形势对地震应急救援工作提出了新的要求。

② 自 2000 年预案修订并实施以来,我国先后发生多次地震,特别是四川汶川和青海玉树特别重大地震灾害,是对原预案直接、全面的检验,国外也发生多次重大地震灾害,启示十分深刻,经验尤为宝贵,这是前几次修订时不曾遇到的。

③ 2005 年以后我国全面开展突发事件应急管理和预案的制定工作,各类突发事件应急预案理论、技术研究得到快速发展,为地震应急预案的修订提供了有益借鉴。

(2) 2012 年预案调整的新内容

预案调整的主要内容有:

① 对国务院抗震救灾指挥机构的组成与职责做出了重要修订。在总结汶川、玉树地震抗震救灾实践经验的基础上,充分考虑到未来发生特大地震灾害的风险,增加了国务院抗震救灾指挥机构的相关设置,即"必要时,成立国务院抗震救灾总指挥部;在地震灾区成立现场指挥机构,在国务院抗震救灾指挥机构的领导下开展工作"。

② 规定国务院抗震救灾指挥机构下设 10 个工作组：抢险救援组，群众生活保障组，医疗救治和卫生防疫组，基础设施保障和生产恢复组，地震监测和次生灾害防范处置组，社会治安组，救灾捐赠与涉外、涉港澳台事务组，国外救援队伍协调事务组，地震灾害调查及灾情损失评估组，信息发布及宣传报道组。

③ 规定了统一的地震应急四级响应机制，明确了各级政府在四级响应中的应急职责与相互关系。按照实际发生灾害程度将地震灾害分为特别重大、重大、较大、一般四级，并将地震灾害应急响应相应分为Ⅰ级、Ⅱ级、Ⅲ级和Ⅳ级。

④ 确定了 11 项地震应急措施：搜救人员，开展医疗救治和卫生防疫，安置受灾群众，抢修基础设施，加强地震现场监测，防御次生灾害，维护社会治安，开展社会动员，加强涉外事务管理，发布信息，开展地震灾害调查与灾害损失评估，并对各项应急措施的内容做出具体规定。

⑤ 强调了"立即自动"。预案规定"地震灾害发生后，立即自动是地震应急的一项重要原则。由于地震灾害的发生具有突发性和毁灭性，造成被废墟压埋人员的生命岌岌可危，地震诱发的各种次生灾害接踵而至，灾区社会秩序面临失稳，因此地震应急刻不容缓。这就要求地震发生地的乡镇、县、市各级人民政府及其有关部门，必须采取不同于正常工作程序的非常方式，可以不需请示、不等上级政府指示、不等外部支援，立即自动启动应急响应，按照职责分工和相关预案开展前期处置工作。一要组织受灾群众开展自救互救，二要组织当地的各类救援队伍开展搜索与营救，三要安置灾民，稳定社会。同时，边实施边向上级政府报告灾情，根据受灾的实际需求请求上级政府援助。

⑥ 重新划分了地震灾害分级。预案重新划定了地震灾害分级。其中，较大地震灾害是指 10 人以上、50 人以下死亡（含失踪）或者造成较重经济损失的地震灾害。而修订前的标准则规定，较大地震灾害，是指造成 20 人以上、50 人以下死亡，或造成一定经济损失的地震；发生在人口较密集地区 6.0~6.5 级地震，可初判为较大地震灾害。

3.7.2 国家地震应急预案分析

地震应急预案是地震应急工作的指导性文件，也是地震应急的基础。对地震应急预案的分析可以为地震应急处置方案奠定基础，综合分析地震应急预案的结构及其在近几次地震应急中的应用，可发现地震应急预案的特点：

(1) 应急预案框架清晰，结构明确，但具体应急对策过于宏观，操作性不强。目前各省市使用的应急预案重点强调地震灾害应急的管理，在协调不同部门、整合政府力量救援方面有较好的优势，可以明确各部门的职责，统一应急工作流程，保障救灾工作的顺利进行。但目前应急预案也普遍表现出操作性不够，过于宏观等特点。以《南京市地震应急预案》为例，对紧急处置的描述为："地震现场紧急处置的主要内容是：……组织查明次生灾害危害或威胁，及时采取防御措施，消除次生灾害后果，必要时疏散居民；……"其中具体工作如何实施，如"组织查明次生灾害危害与威胁"，究竟如何组织，如何查明等措施，预案并未给出明确的方法或工作流程。

然而,这项工作确是一项重要工作,且具有较强的技术性。应急指挥长常常是政府行政首脑,很难对其中的具体技术细节了解清楚。而具体实施救援的人员也很难具有较强的技术能力,能够解决预案中安排任务的技术问题。于是无论是应急指挥人员还是应急救援人员均在执行预案时存在一定困难,导致应急预案操作性不强,难以实施。预案中这种对应急需求与部门责任和应急措施的指向不明,易造成针对性和实用性不强,不易操作。在此情况下地震发生后,多数应急救援工作都只好通过指挥部召开紧急会议临时决策,容易考虑不周,不利于应急救援。

(2) 中国地震应急预案体系中,全国各级地震应急预案结构类似,内容大同小异,对不同区域或行业针对性不强。中国地震应急预案经过多年发展,已在横向到边,纵向到底方面做了大量的工作,也取得了一定的成效。不同行业和城市的不同区县均制定了相应的地震应急预案。各级各行业应急预案的制定,对于应对地震灾害具有较好作用。然而各级地震应急预案的内容大同小异,应急救援指挥结构和其中具体的应急措施均类似。如有的城市财政局地震应急预案,卫生局地震应急预案与地震局应急预案类似度非常高,对于不同行业应急对策差异性描述明显欠缺。

不同城市,不同区县的地震应急预案也太过雷同。表现为省级"抄"国家级,市级"抄"省级,区县"抄"市级。这样便忽略了不同区域不同自然地理条件对地震应急的影响,事实上不同区域的应急能力、应急对策应存在较大差别。如四川、云南等西南地区的应急应该明显区别于江苏、上海等华东地区的应急,但在应急预案中却很少体现。

(3) 地震应急预案没有与其他相关预案的衔接设计。地震后特别是大地震后,往往会引起其他次生灾害,如毒气泄漏、火灾等,都需要启动其他相应的预案,但地震应急预案和其他预案之间没有相互衔接协调方面的设计,在一定程度上影响了灾害处置效果。

(4) 地震应急预案还缺乏动态管理。应急预案完成编制后,缺少动态更新(如中国规定预案通常是 5 年更新一次),使得应急预案所设想的灾害场景,与实际情况发生较大的变化,不利于应急预案作用的发挥。

3.7.3 地震应急预案规定的应急期关键业务

《国家地震应急预案》中所规定的应急响应措施包括人员搜救、医疗救治和卫生防疫、安置受灾群众、抢修基础设施、加强现场监测、防御次生灾害、维护社会治安、开展社会动员、涉外事务管理、发布信息、开展灾害调查与灾害损失评估 11 项。按照地震应急期的应急启动、紧急救援、灾民过渡性安置等阶段对以上各项应急响应措施中所涉及的具体业务进行梳理,并提出在不同时间阶段各项业务所需要制订的工作计划。

1. 人员搜救、医疗救治

(1) 灾害发生地的人员搜救

地震发生后,受灾民众应在第一时间进行自救互救。自救互救工作完成后,当地的第一响应人应组织受灾民众对废墟内中浅层埋压的人员进行搜索和营救。第一响应人通过人工搜索的方法发现幸存者后,利用简易工具、通过障碍物移除、顶升、支护等方法开辟生命通道,救出幸存者,并对受伤人员进行简单的医疗处置。在此过程中,灾害发生地政府应在初步了解面上灾情的基础上,尽快派遣当地救援和医疗救护力量前往灾情较为严重的地区开展搜救和医疗救护行动。

(2) 外部救援力量和医疗救护队伍的派遣

在灾情较重、当地无法应对的情况下,地方政府应向上级政府发出派遣外部专业救援队伍的请求。一般来说,省市专业救援队可在震后2~3小时完成集结,震后4~8小时抵达灾区,并开展人员搜救行动,重点对深层埋压人员进行搜索和营救。

2. 卫生防疫

震后12小时左右,卫生防疫人员前往避难场所或一些散居的灾民安置点指导餐饮卫生。3天内开始提供健康、营养咨询和传染病预防措施。

3. 安置受灾群众

(1) 避难场所运行

震后2小时内,受灾民众到社区或单位附近的空旷场地集合,与家人会合后共同前往应急避难场所避难。这就要求震后4小时左右开设避难场所并启用应急设施,工作人员到岗到位。在灾民抵达避难场所后,开始发放储存的食物、水等应急物资。8小时左右,初步掌握避难人员信息,包括避难人数、性别和特殊需求(包括老幼病残孕)等。12小时左右,开始搭建避难场所储备的帐篷。2~3天,可利用避难场所周边的商场、超市所储存的基本生活物资应急,并开始接受外部援助;同时在避难场所内提供地震常识、自救互救、心理安抚等资料。1周后,做出大概何时关闭避难场所的判断。1个月左右,关闭避难场所,此时灾民已返回家中、投亲靠友或转移至活动板房内居住。

(2) 食品和生活必需品供给

该项业务与避难场所运行密切相关。震后8小时左右,根据避难人员信息确定所需食品的种类和数量。12小时左右,从协议商场、超市等调配食品、寝具、日用品、婴幼儿用品,并向灾民发放。2~3天,从民政物资储备库或捐助物资中调配食品、日用品和帐篷,并供应热饭热菜。

4. 抢修基础设施

(1) 通信保障

震后2~4小时,应首先保障抗震救灾指挥部的通信畅通。在灾害发生地通信受损较为严重的情况下,可利用应急卫星通信车建立起临时通信系统。同时,还应了解通信设施受损情况,并开展抢通工作,24小时左右基本恢复正常通信,对于暂时无法恢复的通信设施,可采用临时通信设施来保证通信畅通。

(2) 电力恢复

震后2~4小时,掌握主要变电站及电力设施的受损情况。同时做好重要用户的应急供电工作,优先保障抗震救灾指挥部、医院、通信、灾民集中安置点等关系到抢险救灾用户的安全供电,对短期内不能恢复供电的重要用户,要采取临时供电方案或应急电源,确保不中断供电。12 小时左右,重要用户基本恢复供电。3 天左右,基本恢复主网供电。

（3）交通恢复

震后 2～4 小时,初步掌握交通受损情况,包括主要道路、桥梁、隧道等,同时确定主要救援和疏散道路,便于外界救援力量进入灾区和重伤员的转运。12～24 小时,打通国道及进入重灾区的主要道路。24～48 小时,打通省道。3～7 天,打通其余道路,灾区交通基本抢通。

（4）供水恢复

震后 24 小时,初步掌握各水利设施及供水管网的受损情况,并开展应急抢通工作。在抢通的同时逐步为灾民提供应急供水。应急供水的优先顺序为：基本生活用水、应急救援用水、粮食蔬菜和副食品生产用水等。10 天左右,全面实现应急供水。

5. 发布震情信息

"发布信息"包括了发布震情和灾情信息,震情信息涉及"加强现场监测",灾情信息涉及"开展灾害调查与评估",因此"加强现场监测""发布信息""开展灾害调查与评估"3 项应急响应措施统一阐述。

（1）发布震情信息

震后 30 分钟,发布发震时间、地点、震级和震源深度等要素。1 小时,给出震情趋势会商意见,并派出现场工作队前往灾区。2～4 小时,现场工作队抵达灾区,架设测震和前兆台站,跟踪地震序列活动、监视震情发展,并定期上报和公布。

（2）发布灾情信息

震后 2～4 小时,省指挥部汇总市县上报的灾情信息并进行发布,包括人员伤亡数量、建筑物受损情况、基础设施破坏程度、重大工程破坏情况等内容,并派遣灾评人员前往灾区开展灾害损失评估。4～7 天,提交灾害损失评估报告,包括灾害损失和地震烈度等内容。

基于以上地震应急处置业务的时序特征,可编制震灾应急对策时刻表,以表 3-7 江苏省震灾应急对策时刻表为例进行说明。

在时刻表编制过程中,首先应对当地的基本自然地理、人文特征和历史地震进行总结,并作为编制的依据,对于江苏省来说,地理位置位于平原地区,水系发达,人口密度大,地震少发都属于其基本省情,在编制时应有所体现。其次,应对震后应急启动、紧急救援和过渡性安置等不同的时间阶段提出其基本达成的目标,并对几个阶段按照震后时间进展进一步细分成 30 分钟、1 小时、2 小时等。再次,列举出各项应急处置业务。应急处置业务依据《国家地震应急预案》的 11 项响应措施,并围绕达成目标展开。最后,按照时刻表横轴的时间段,提出每项应急处置业务在各时间段内的工作计划。

表 3-7 江苏省震灾应急对策时刻表（部分）

	30 分钟	1 小时	2 小时	4 小时	8 小时	12 小时	应对主体
处置业务达成目标	树立信心，保证受灾民众安全		救援、避难（住宿、食物、水）				
震情信息	提供三要素，上报省政府	震情会商；派出现场工作队	通报余震情况	架设流动台，监测余震	按要求通报余震情况		省地震局
预案启动	成立抗震救灾指挥部	指挥部成员、单位人员到岗	召开指挥部会议，工作部署				省应急办
灾害收集、汇总和评估	提供震区背景资料；12322 接受灾情上报及咨询	提供灾情初评估报告、辅助决策意见；派出灾评队伍	灾情信息汇总、评估，提供救援力量部署支持	开展灾评工作；建立现场与后方的通信联系			省民政厅、省地震局
人员救助	动员灾民开展自救互救，初步掌握人员埋压情况		派遣当地救援、医疗力量				市指挥部、省支援
外部救援力量派遣		要求派遣医疗、救援队	救援队集结	抵达灾区，开展救援行动			省军区、省卫生厅
避难场所运营	人员紧急疏散		开设避难场所，启用应急设施	引导居民到专用避难场所	初步掌握避难人数	储备帐篷搭建；临时厕所启用	市民政局、派出所、社区、省支援
食品和生活必需品供给			利用避难场所储备食品应急	初步掌握食品供给量	从协议部门调配食品、其他生活用品发放		市民政厅、省支援
通信保障		了解通信设施受损情况；采取应急通信措施	确保抗震救灾指挥部通信畅通	调配修复人员和器材，保障重要通信线路	架设临时通信设施		市通信管理局、省支援
救援交通保障		调查交通受损情况	确定主要救援通道	对救援通道采取紧急措施	开始应急修复		市交通局、省支援

习题

1. 应急预案管理包括几个环节,各环节管理要点是什么?
2. 应急预案体系按不同的标准可以划分为哪些种类?
3. 应急预案编制的核心要素是什么?
4. 讨论我国应急预案建设面临的严峻形势。

第 4 章

应急管理法制

学习目标:
(1) 掌握《突发事件应对法》的总体思路及内容解析;《防震减灾法》修订的重点内容。
(2) 理解中国应急法律的体系构成;《突发事件应对法》的性质;《防震减灾法》的性质。
(3) 了解中国的法制和应急法制,防震减灾方面的法律、法规体系。

本章知识脉络图

4.1 法制

"法制"一词,我国古代早已有之。然而,直到现代,人们对于法制概念的理解和使用还是各有不同。其一,狭义的法制,认为法制即法律和制度。详细来说,是指掌握政权的社会集团按照自己的意志、通过国家政权建立起来的法律和制度。其二,广义的法制,是指一切社会关系的参加者严格地、平等地执行和遵守法律,依法办事的原则和制度。其三,法制是一个多层次的概念,它不仅包括法律制度,而且包括法律实施和法律监督等一系列活动和过程。

根据法理和宪法、立法法的规定,我国现行有效的所有法律构成统一的法律体系。每一部法律都是该法律体系的有机组成部分,并且在法律体系中处于特定的位阶、归属于特定的门类。法律分类定位的基本原理如下。

1. 法律位阶

所谓法律位阶，是指法律的纵向等级，法律位阶的划分标准是创制主体的权威性大小、调整事项的重要性高低和法律规范的抽象性程度强弱，法律分根本法（宪法）、基本法律、普通法律、行政法规、地方性法规和规章等位阶。仅从创制主体看，这些不同位阶的法律的立法者分别是：全国人大（2/3代表）、全国人大（1/2代表）、全国人大常委会、国务院、省级地方人大常委会、国务院组成部门和省级地方政府。《突发事件应对法》由全国人大常委会立法，故属于法律位阶中的普通法律。

2. 法律门类

所谓法律门类，是指依照法律的调整对象和方法而对法律所作的分类。法律共分公法、私法和社会法三大类别，每一类别的法律又可区分为不同的部门。如公法就由宪法性法律、行政法、刑事法等实体法和诉讼法等程序法这些法律部门构成；私法主要由民法、商法、知识产权法等部门法构成；社会法由劳动法、社会保障法、弱势群体保护法等部门法构成。《突发事件应对法》属于公法中的行政法部门，紧急状态法（《戒严法》等）属于公法中的宪法性法律部门。每一个部门法又可由若干子部门构成。同一类别的法律按照其适用范围和调整对象的相似性再构成相应的部门。如作为公法的宪法性法律部门紧急状态法和行政法法律部门《突发事件应对法》，可以合称为应急管理法。

特定法律部门的法律可以由不同位阶的法律规范构成。如作为公法的应急管理法，就由根本法（宪法）规范、基本法律（如《刑法》中的紧急避险条款就属于应急法律规范）、普通法律（如《突发事件应对法》《防洪法》等）、行政法规（如《汶川地震灾后重建条例》）、地方性法规和规章等法律规范构成。部门法又可由一般的法典和单行的法律构成。突发事件应对法作为行政法的一个子部门，就由作为一般法典的《突发事件应对法》和一些单行的法律、法规（如《防震减灾法》《防洪法》《传染病防治法》《安全生产法》《核电厂事故应急管理条例》等）构成。

为尽可能消除突发公共事件对社会造成的危害，政府需要法律赋予更强的行政权力，以便采取各种有效的应急措施，组织社会力量，开展应对活动。在此期间，国家权力之间、国家权力与公民权利之间、公民权利之间的各种社会关系需要作相应的调整，政府的行政权力会得到相应的加强，公民的权力会受到相应的限制。在法制社会中，这些权力的加强与权利的限制必须限定在法律许可的范围之内。如果逾越法律规定的界限，即使这些权力与权利的调整会符合社会公共的利益，产生良好的整体效果，但是这仍是违背宪法原则的，政府不能在没有宪法上明确授权的情况下行使额外的行政权力。因此，做好公共安全应急活动首先应实现应急活动的法制化。

面对突发公共事件可能对社会带来的各种危害性后果，现代法治国家都在通过法制化的手段，积极营造将危害降低到最小程度的应急活动环境，在健全正常社会状态下法律法规体系的同时，逐步完善紧急状态下的应急法律法规体系，使得法治无处不在、无时不有，实现法治的完结性。

4.2 应急管理法制概述

法律手段是应对突发事件最基本、最主要的手段。"一案三制"中的应急管理法制是应急管理体制和应急管理机制核心内容的法制化表现形式,发挥着基础保障作用。

由于紧急与正常是两种截然不同的状态,在正常社会状态下运行的法律法规无法完全覆盖紧急状态下的所有特殊情况,需要有应急法律法规来填补这些空白。与其他法律法规相比,应急法律法规体系有自身独有的一些特点和作用,以适用应急活动的有效开展。

4.2.1 应急管理法律定义

应急管理法制是指人们为了防范和应对各类突发事件而制定的各种法律制度所形成的法律体系。

应急管理法制是对紧急状态下国家权力之间、国家权力与公民之间、公民权利之间的各种社会关系的调整和规范,既增强政府应对突发事件的能力,又增强社会公众的危机意识、自我保护、自救与互救的能力。使突发事件的应急处置走向规范化、制度化和法制化轨道,使政府和公民在突发事件中明确权利、义务,使政府得到高度授权,维护国家利益和公共利益,使公民基本权益得到最大限度的保护。

4.2.2 应急管理法律特点

应急管理法律适用于紧急状态情况下的应急活动的行为规范,与正常社会状态的法律体系不尽相同,它具备以下几方面的特征:

1. 权力优先性

在紧急状态下,与立法、司法等其他国家权力及法定的公民权利相比,行政紧急权力具有更大的权威性和某种优先性。例如可以限制或暂停某些规定或法定公民权利的行使。

2. 紧急处置性

在紧急状态下,即便没有针对某种特殊情况的具体法律规定,政府也可进行紧急处置,以防止公共利益和公民权利受到更大损害。

3. 程序特殊性

在紧急状态下,行政紧急权力的行使可遵循一些特殊的法定程序,例如可通过简易程序紧急出台某些政令和措施,或者对某些政令和措施的出台设置更高的事中或事后审查门槛。

4. 社会配合性

在紧急状态下,社会组织和公民有义务配合政府对行政紧急权力的实施,并在必要时提供各种帮助。

5. 救济有限性

在紧急状态下,政府依法行使行政紧急权力,有时会造成公民合法权益的损害。有些损害可能是普遍而巨大的,政府可只提供有限的救济,如适当补偿(但不违背公平负担的原则)。

4.2.3 应急管理法制框架

从法制的统一性和完结性的角度来讲,应急管理法制应该是一个完整体系,并行于正常社会状态下发挥作用的法律法规体系。从此种意义上,整个社会存在两套完整的法律法规体系:一套是在正常社会状态下发挥社会调节器作用的法律法规体系,它使整个社会处于有序之中;另一套是在紧急状态下和其范围内发挥社会调节器作用的法律法规体系,也就是应急管理的法律法规体系,它使社会在紧急状态下和其范围内同样处于一种有序状态之中。两者归结于宪法,它们的结合使法治走向统一和完结。

从宏观的角度来看,应急管理法制是由与应急活动有关的四个层次的法律法规内容组成的,如图 4-1 所示。

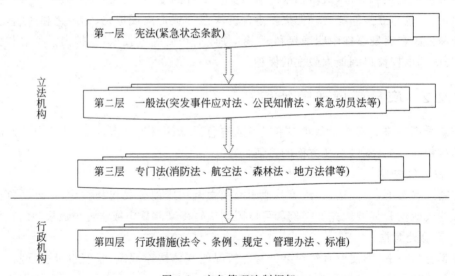

图 4-1 应急管理法制框架

应急法律法规体系是在国家应急法律法规体系的基础上,结合自身具有的特殊性,由国家及各地市有关应急活动法律法规制度构成的统一整体。第一,有关紧急状态下发挥作用的法律法规体系,以宪法为指导和纲领。体系内包含的各种法律、法规、规章和措施都要服从和统一于宪法,不得与宪法相冲突、相抵触。第二,体系内所有内容保持相互一致,互为补充和支持,体现出法制的连续性和一致性。第三,体系具有明显的层次结构,是由纲到目,从上到下的各级、各类法律法规构成的贯穿一致的有机整体。

总的来讲，应急法律法规体系分为四个层次。

1. 第一层　宪法（关于紧急状态制度的内容）

应急管理法制是整个社会法律法规体系在紧急状态下的具体表现，对维护公共安全、快速恢复社会秩序起着非常重要的作用，紧急状态制度入宪是客观事实所决定的。

（1）宪法是一个国家的根本大法，宪法的核心任务和内容是规范国家权力的有效运行和保障公民的权利。凡是涉及根本的国家权力体制问题和公民的基本权利问题，都需要宪法来做出规定，包括紧急状态下的国家权力与公民权利。

（2）在国家和社会管理过程中，宪法的地位和作用是至高无上的，具有最高的法律效力，是一切机关、组织和个人的根本行为准则。应急法律法规制度入宪成为保障宪法至上所必需。

（3）在紧急状态下，往往需要权力的高度集中，以便能够迅速做出决策并下达命令。为保证这一目的的实现，在紧急状态下可以暂时停止这部分法律的实施，暂停宪法中某些条款甚至宪法多数条款的实施。这种极端的措施必须要有宪法的授权。

由于宪法的性质和紧急状态制度的特殊性，完整的应急法律法规体系的第一层次或最高层次应体现在宪法上。

2. 第二层　一般法

根据宪法制定统一的突发事件应对法，为应急管理法制提供基本的框架，确立我国突发事件应对法治的法律基础，具有重要意义。

我国最初列入全国人大常委会的立法计划的是"紧急状态法"，但紧急状态立法应含有突发事件应对，紧急状态不仅是国家处理紧急状态事务的基本法，而且也应当是全部国家应急事务的基本法。建立综合性国家应急处理体制是当代国家应急处理的基本取向，同时制定紧急状态和一般应急两个并行的基本法是不科学和不可取的。紧急状态应对只是应急管理的一个过程，因此制定突发事件应对法是对我国全面应急管理的法律回应。

3. 第三层　专门法

统一的突发事件应对基本法只是提供了应急管理的基本准则、基本职权和基本程序，它不是对现行应急管理方面的立法的汇编，不会简单地替代专门应急方面的法律，而是为现行和将来的专门应急立法规定标准和要求。因此，需要统一立法与专门立法相结合。

专门立法可以是"一事一法"，即分别针对不同类型的突发事件专门立法，如《防洪法》《消防法》，等等。也可以是"一阶段一法"，即针对突发事件不同处理阶段的特点来分别立法，如《灾害预防法》《灾害救助法》等。

4. 第四层　行政措施

宪法、统一和专门的立法需要由立法机关起草、表决、通过和颁布，一般有一个较长的制定和形成过程，而且一旦形成，就会在很长的一段时间内发挥效能。对于具有短期行为、变动性比较强、具有区域效应、社会性较弱和技术性很强等与应急活动有关的管理，在保持与宪法、一般法和专门法中应急法律法规内容要求一致的基础上，政府可采用行政措施的方式进行颁布和实施,如条例、管理办法、应急规划、应急预案、技术标准等。

4.2.4 应急管理法制构成

我国从1954年首次规定戒严制度至今,已经颁布了一系列与应急管理有关的法律、行政法规、部门规章,各地方根据这些法律、法规又颁布了适用于本行政区域的地方立法,从而初步构架了一个从中央到地方的应急法律规范体系。现有的国家层面的应急法制的构成由表4-1所示。

1. 综合类

综合类主要包括:

(1)宪法中的原则性规定

我国《宪法》在第八十条中规定,中华人民共和国主席根据全国人大常委会的决定"宣布进入紧急状态";第八十九条规定的国务院职权第十六项"依照法律规定决定省、自治区、直辖市的范围内部分地区进入紧急状态"。

表4-1 我国应急法律与规范

	综合类法律	自然灾害类	事故灾难类	公共卫生类	社会安全类
法律	宪法 突发事件应对法 保守国家秘密法 公益事业捐赠法 产品质量法 国务院组织法 民族区域自治法 行政处罚法 行政复议法 行政监察法 兵役法 国防法	防洪法 防沙治沙法 中华人民共和国防震减灾法 气象法 森林法 水法 水土保持法	水污染防治法 安全生产法 大气污染防治法(修订) 固体废物污染环境防治法 海上交通安全法 海洋环境保护法 环境保护法 环境噪声污染防治法 环境影响评价法 电力法 建筑法 煤炭法 水污染防治法(旧) 消防法 矿山安全法 清洁生产促进法 道路交通安全法	食品安全法 传染病防治法 动物防疫法 国境卫生检疫法 进出境动植物检疫法 食品卫生法 野生动物保护法 职业病防治法 进出口商品检验法(修正) 药品管理法	反恐怖主义法 戒严法 反分裂国家法 国家安全法 集会游行示威法 保险法 价格法 领海及毗连区法 民用航空法 人民航空法 人民警察法 商业银行法 银行业监督管理法 证券法 中国人民银行法 刑法(修正) 治安管理处罚法 反洗钱法 证券投资基金法 公民出境入境管理法

续表

	综合类法律	自然灾害类	事故灾难类	公共卫生类	社会安全类
行政规范	汶川地震灾后恢复重建条例 中华人民共和国政府信息公开条例 中华人民共和国保守国家秘密法 工伤保险条例 国务院关于特大安全事故行政责任追究的规定 军队参加抢险救灾条例 劳动保障监察条例 企业劳动争议处理条例 失业保险条例 行政机关公务员处分条例 蓄滞洪区运用补偿暂行办法 军事设施保护法实施办法 行政复议法实施条例	气象灾害防御条例 抗旱条例 森林防火条例 草原防火条例 水文条例 地质灾害防治条例 防汛条例 破坏性地震应急条例 人工影响天气管理条例 森林病虫害防治条例 森林法实施条例 自然保护区条例 水土保持法实施条例	道路运输条例 电力监管条例 道路交通安全法实施条例 石油天然气管道保护条例 矿山安全法实施条例 烟花爆竹安全管理条例 使用有毒物品作业场所劳动保护条例 防止拆船污染环境管理条例 防止船舶污染海域管理条例 防治海岸工程建设项目污染损害海洋环境管理条例 放射性同位素与射线装置安全和防护条例 国务院关于预防煤矿生产安全事故的特别规定 河道管理条例 核电厂核事故应急管理条例 机动车交通事故责任强制保险条例 建设工程安全生产管理条例 煤矿安全监察条例 民用核设施安全监督管理条例 内河交通安全管理条例 生产安全事故报告和调查处理条例 水库大坝安全管理条例 水污染防治法实施细则 特种设备安全监察条例 铁路运输安全保护条例 海洋石油勘探开发环境保护管理条例	食品安全法实施条例 乳品质量安全监督管理条例 药品管理法实施条例 麻醉药品和精神药品管理条例 进出口商品检验法实施条例 农药管理条例 农业转基因生物安全管理条例 兽药管理条例 饲料和饲料添加剂管理条例 突发公共卫生事件应急条例 重大动物疫情应急条例	非法金融机构和非法金融业务活动取缔办法 人民币管理条例 公民出境入境管理法实施细则 娱乐场所管理条例 宗教事务条例 企业事业单位内部治安保卫条例 民用爆炸物品安全管理条例 国防交通条例 计算机信息系统安全保护条例 殡葬管理条例 粮食流通管理条例 民用航空安全保卫条例 民用运力国防动员条例 期货交易管理暂行条例 信访条例 营业性演出管理条例 中央储备粮管理条例

(2)《中华人民共和国突发事件应对法》

2007年十届人大常委会第二十九次会议通过的《突发事件应对法》立法初衷是将从在我国发生概率很小的紧急状态转为集中规范的应急管理,涉及的突发事件包括自然灾害、事故灾难、公共卫生和社会安全四类,即将焦点由小概率事件转为对高发频率应急事件的管理与关注,对我国行政应急法制的建设具有里程碑式的意义。

(3) 综合类法律

如公民权利救济法律规范,即涉及公民、法人和其他组织的合法权益受到损害之后的补救机制,包括行政复议、行政诉讼、国家赔偿和补偿方案的法律规范,但一般情况下我们认为主要为宪法原则性规定和《中华人民共和国突发公共事件应对法》。

2. 突发事件单项应急法

突发事件主要分为以下四类:自然灾害、事故灾难、公共卫生和社会安全。相应的单项立法如表4-1所示。

(1) 自然灾害类

自然灾害主要包括水旱灾害、气象灾害、地震灾害、地质灾害、海洋灾害、生物灾害和森林草原火灾等。相关的法律为《防洪法》《防沙治沙法》《中华人民共和国防震减灾法(修订)》《气象法》《森林法》《水法》等。

(2) 事故灾难类

事故灾难主要包括工矿商贸等企业的各类安全事故、交通运输事故、公共设施和设备事故、环境污染和生态破坏事件等。相关的法律为《水污染防治法》《安全生产法》《大气污染防治法》《海洋环境保护法》《放射性污染防治法》《道路交通安全法》等。

(3) 公共卫生类

公共卫生事件主要包括传染病疫情、群体性不明原因疾病、食品安全和职业危害、动物疫情以及其他严重影响公众健康和生命安全的事件。相关的法律为《食品安全法》《传染病防治法》《动物防疫法》《国境卫生检疫法》《药品管理法》等。

(4) 社会安全类

社会安全事件主要包括恐怖袭击事件、经济安全事件和涉外突发事件等。相关的法律包括《反恐怖主义法》《戒严法》《反分裂国家法》《国家安全法》《人民防空法》《银行业监督管理法》《中国人民银行法》《公民出境入境管理法》等。恐怖性突发事件在一般紧急情况中危险度最高。

3. 行政规范

应急管理法制还包括行政规范,这类法律规范较多,除具有规范指引作用外,还具有实践指导功能,是应急管理法制中重要的组成部分。应急行政规范主要包括如何处理四大类突发事件的具体规定。我国针对各种突发事件制定了大量应急管理法律规范,立法范围非常广泛,立法形式涉及行政法规、行政规章。具体如表4-1所示。

4. 香港、澳门基本法中的原则性规定

《中华人民共和国香港特别行政区基本法》第十八条规定:"全国人民代表大会常务委员会决定宣布战争状态或因香港特别行政区内发生香港特别行政区政府不能控制的危及国家统一或安全的动乱而决定香港特别行政区进入紧急状态,中央人民政府可发布命令将有关全国性法律在香港特别行政区实施。"《中华人民共和国澳门特别行政区基本法》第十八条规定:"全国人民代表大会常务委员会决定宣布战争状态或因澳门特别行政区内发生澳门特别行政区不能控制的危及国家统一或安全的动乱而决定澳门特别行政区进入紧急状态时,中央人民政府可发布命令将有关全国性法律在澳门特别行政区实施。"

总之,从整体来看,我国应急管理法制建设迅速,除了宪法中的规定,《突发事件应对法》等综合法外,现行的其他法律、行政法规、部门规章中也涉及突发事件应对的法律规范。各地方根据这些法律、规范又制定了适用于本行政区域的地方立法,建立从中央至地方的突发事件应急管理法制体系。

4.3 《突发事件应对法》

《突发事件应对法》的颁布实施,是我国突发事件应对工作不断成熟的经验总结,也是我国应急法律制度走向法制统一的标志。该法当初以紧急状态法的名称列入十届全国人大常委会立法规划。从2003年5月起,国务院法制办成立起草领导小组,在多次调研和研讨的基础上,将法律名称改为突发事件应对法,并于2007年8月30日经十届全国人大常委会第二十九次会议审议通过,在2007年11月1日起施行。

认真贯彻落实《突发事件应对法》,严格按照该法所确立的各项法治原则和建立的应急法律制度来从事突发事件应急工作,对于最大限度地保护公民的生命和财产安全,维护社会正常的法律秩序,具有非常重要的意义。

4.3.1 《突发事件应对法》总体思路

1. 把突发事件的预防和应急准备放在优先的位置

预防和应急准备是应对突发事件的基础。一般而言,国家对社会的管理有两种,一种是常态管理,一种是非常态管理。相对而言,人类对常态管理具有较多的经验,形成了许多行之有效的制度和办法,而对非常态管理,无论是从认识上,还是从制度上都还有一定差距。因此,《突发事件应对法》把预防和减少突发事件发生,作为立法的重要目的和出发点,对突发事件的预防、应急准备、监测、预警等制度作了详细规定。

具体包括:第一,国家建立重大突发事件风险评估体系,对可能发生的突发事件进行综合性评估;第二,建立了处置突发事件的组织体系和应急预案体系,为有效应对突发事件作了组织和制度准备;第三,建立了突发事件监测网络、预警机制和信息收集与报告制度,为最大限度减少人员伤亡、减轻财产损失提供了前提;第四,建立了应急救援物资、设备、设施的储备制度和经费保障制度,为有效处置突发事件提供了物资和经费保障;第五,建立了社会公众学习安全常识和参加应急演练的制度,为应对突发事件提供了良好的社会基础;第六,建立了由综合性应急救援队伍、专业性应急救援队伍、单位专职或者兼职应急救援队伍以及武装部队组成的应急救援队伍体系,为做好应急救援工作提供了可靠的人员保证。

2. 坚持有效控制危机和最小代价原则

突发事件严重威胁、危害社会的整体利益。任何关于应急管理的制度设计都应当将有效控制、消除危机作为基本的出发点,以有利于控制和消除面临的现实威胁。因此,在立法思路上必须坚持效率优先,根据我国国情授予行政机关充分的权力,以有效整合社会资源,协调指挥各种社会力量,确保危机最大限度地得以控制和消除。

同时,又必须坚持最小代价原则。控制危机不可能不付出代价,但必须最大限度地降低代价。具体要求是:第一,在保障人的生命健康优先权的前提下,必须把对自由权、财产权的损害控制在最低限度;第二,坚持常态措施用尽原则,即只有在常态措施不足以处理问题时,才启用应急处置措施;第三,把对正常的生产、工作、学习和生活秩序的影响控制在最小范围,严格控制应急处置措施的适用对象和范围。为此,需要规定行政权力行使的规则和程序,以便将克服危机的代价降到最低限度。必须强调,缺乏权力行使规则的授权,会给授权本身带来巨大的风险。鉴于此,《突发事件应对法》在对突发事件进行分类、分级、分期的基础上,确定突发事件的社会危害程度,授予行政机关与突发事件的种类、级别和时期相适应的职权。同时,有关预警期采取的措施和应急处置措施,在价值取向上体现了最小代价原则。

3. 对公民权利依法予以限制和保护相统一

在公民权利上,有平常权利的克减和应急权利的产生两方面。在应急期间公共安全上升到第一位,行政机关享有极大的应急处理权,所以公民权利必然受到克减。克减的范围和内容主要涉及具有公共相关性的自由权、对违法行政行为的抵抗权和法律救济申请权。应急立法关注的主要问题是克减的最低限度。除公民外,为了维护公共利益和社会秩序,法人和其他组织需要积极参与有关突发事件的应对工作,还需要其履行特定义务。同时,公民也会因应急事件的发生产生一些应急权利,特别是维持生存的政府及时救助权、灾后恢复正常生产的政府帮助权等取得公救的权利。因此,《突发事件应对法》对有关单位和个人在突发事件预防和应急准备、监测和预警、应急处置和救援等方面服从指挥、提供协助、给予配合、必要时采取先行处置措施的法定义务做出了规定。《突发事件应对法》还确立了比例原则,公民的财产被征用有获得补偿的权利,预警期间的措施主要是防范性、保护性措施等。

4. 建立统一领导、分级负责和综合协调的突发事件应对体制

突发事件的特性决定了需要一个权责明确、运转协调、科学高效的应急管理体制,这是提高快速反应能力、划分各级政府应急职责、有效整合各种资源、及时高效开展应急救援工作的关键。实行统一的领导体制,整合各种力量,是确保突发事件处置工作提高效率的根本举措。美、日、俄、英、意、加等国都相继整合各方面力量,建立了以政府主要负责人为首的突发事件应对机构,并在各级政府设立专门部门或者在政府办公厅设立专门办事机构,具体负责突发事件处置工作的综合协调,提供统一的信息和指挥平台。借鉴国外的经验,并根据我国的具体国情,《突发事件应对法》规定:"国家建立统一领导、综合协调、分类管理、分级负责、属地管理为主的应急管理体制。"

4.3.2 《突发事件应对法》内容解析

《突发事件应对法》共7章70条,结构上分为总则、预防与应急准备、监测与预警、应急处置与救援、事后恢复与重建、法律责任、附则几部分,其具体内容如下。

1.《突发事件应对法》的适用范围和原则

突发事件的预防与应急准备、监测与预警、应急处置与救援、事后恢复与重建等应对活动,适用《突发事件应对法》。

突发事件应对工作实行预防为主、预防与应急相结合的原则。国家建立重大突发事件风险评估体系,对可能发生的突发事件进行综合性评估,减少重大突发事件的发生,最大限度地减轻重大突发事件的影响。

县级人民政府对本行政区域内突发事件的应对方负责;涉及两个以上行政区域的,由有关行政区域共同的上一级人民政府负责,或者由各有关行政区域的上一级人民政府共同负责。突发事件发生后,发生地县级人民政府应当立即采取措施控制事态发展,组织开展应急救援和处置工作,并立即向上一级人民政府报告,必要时可以越级上报。

突发事件发生地县级人民政府不能消除或者不能有效控制突发事件引起的严重社会危害的,应当及时向上级人民政府报告。上级人民政府应当及时采取措施,统一领导应急处置工作。法律、行政法规规定由国务院有关部门对突发事件的应对工作负责的,从其规定,地方人民政府应当积极配合并提供必要的支持。

2. 公民、法人和其他组织参与突发事件应对工作的义务

《突发事件应对法》规定:"公民、法人和其他组织有义务参与突发事件应对工作。"这符合宪法中有关公民、法人和其他组织不仅是权利主体,也是义务主体的规定。

突发事件处置过程中,政府处置突发事件的权力具有优先权,公民、法人和其他组织要自觉接受这种紧急处置权力的限制,并负有较平时更多、更严格的法律义务,来配合应急权力的行使。这些法律义务包括四个层次:

(1) 对突发事件应急状态高度关注的义务,即公众对可能威胁自身安全的突发事件,要主动了解、自觉接收相关信息,并做好自救、互救的准备。

(2) 在应急时期主动接受政府各项应急措施,特别是各项管制的义务。比如,在突发事件发生过程中,公民要接受和服从政府强制疏散、撤离、安置的安排,不得拒绝执行和擅自行动。

(3) 公民要接受一些合法权利在应急状态下被政府限制的义务。

(4) 主动参与突发事件应急处置各项工作的义务,这种义务主要包括参与突发事件预防、救援、恢复重建的义务,具体有信息报告义务,制定并演练应急预案义务,排查和消除风险隐患义务,参加应急专兼职或志愿者救援队伍义务,为应急处置提供力所能及的支持义务,协助落实政府应急义务,执行有关决定和命令义务等。

3. 征用造成损失应当给予补偿

《突发事件应对法》规定了政府为处置突发事件可以采取的各种必要措施，并规定：有关人民政府及其部门采取的应对突发事件的措施，应当与突发事件可能造成的社会危害的性质、程度和范围相适应；有多种措施可供选择的，应当选择有利于最大限度地保护公民、法人或者其他组织权益的措施；公民、法人和其他组织有义务参与突发事件应对工作。

同时规定，有关人民政府及其部门为应对突发事件，可以征用单位和个人的财产。被征用的财产在使用完毕或者突发事件应急处置工作结束后，应当及时返还。并明确：财产被征用或者征用后毁损、灭失的，应当给予补偿。

4. 建立突发事件信息系统和预警制度

突发事件的早发现、早报告、早预警，是及时做好应急准备、有效处置突发事件、减少人员伤亡和财产损失的前提。

国务院建立全国统一的突发事件信息系统。县级以上地方各级人民政府应当建立或者确定本地区统一的突发事件信息系统，汇集、储存、分析、传输有关突发事件的信息，并与上级人民政府及其有关部门、下级人民政府及其有关部门、专业机构和监测网点的突发事件信息系统实现互联互通，加强跨部门、跨地区的信息交流与情报合作。

国家建立健全突发事件预警制度。可以预警的自然灾害、事故灾难和公共卫生事件的预警级别，按照突发事件发生的紧急程度、发展态势和可能造成的危害程度分为一级、二级、三级和四级，分别用红色、橙色、黄色和蓝色标示，一级为最高级别。

县级以上地方政府应当根据有关法律、行政法规和国务院规定的权限和程序，发布相应级别的警报，决定并宣布有关地区进入预警期，同时向上一级人民政府报告，必要时可以越级上报，并向当地驻军和可能受到危害的毗邻或者相关地区的人民政府通报。

5. 加大官员问责力度

近年来，因重大突发事件而主动请辞或被撤职的官员越来越多，《突发事件应对法》强化了问责力度。在法律责任一章中明确规定：地方各级人民政府和县级以上各级人民政府有关部门违反本法规定，不履行法定职责的，由其上级行政机关或者监察机关责令改正；有下列情形之一的，根据情节对直接负责的主管人员和其他直接责任人员依法给予行政处分：

（1）未按规定采取预防措施，导致发生突发事件，或者未采取必要的防范措施，导致发生次生、衍生事件的；

（2）迟报、谎报、瞒报、漏报有关突发事件的信息，或者通报、报送、公布虚假信息，造成后果的；

（3）未按规定及时发布突发事件警报、采取预警期的措施，导致损害发生的；

（4）未按规定及时采取措施处置突发事件或者处置不当，造成后果的；

（5）不服从上级人民政府对突发事件应急处置工作的统一领导、指挥和协调的；

（6）未及时组织开展生产自救、恢复重建等善后工作的；

（7）截留、挪用、私分或者变相私分应急救援资金、物资的；

(8) 不及时归还征用的单位和个人的财产,或者对被征用财产的单位和个人不按规定给予补偿的。

6. 禁止编造、传播虚假信息

信息的发布和透明是处理突发事件的关键。为此,《突发事件应对法》明确规定,履行统一领导职责或者组织处置突发事件的人民政府,应当按照有关规定统一、准确、及时发布有关突发事件事态发展和应急处置工作的信息。同时规定,任何单位和个人不得编造、传播有关突发事件事态发展或者应急处置工作的虚假信息。

4.4 地震应急管理法制

地震灾害特别是大震巨灾是瞬间覆盖灾区全地域的全灾种毁灭性灾害,所引发的巨大链式次生灾害将会造成周边区域乃至国际经济社会短期失稳和动荡。地震应急救援工作的特点客观决定了地震应急救援工作必须依法有效开展。

4.4.1 地震应急管理法规体系

地震应急救援法律法规体系是地震应急救援工作体系建设的重要方面,是有力有序有效开展地震应急救援工作的法治基础和保障。自1995年4月1日《破坏性地震应急条例》施行以来,经过十多年的实践探索和不断完善,我国已基本建立地震应急救援专业法律法规和相关法律法规相协调的国家地震应急救援法律法规体系。

按法律法规体系渊源划分,我国的应急救援法律法规体系由有关法律、法规、规章和规范性文件构成。

1. 地震应急救援法律

我国的地震应急救援法律由全国人大及其常委会制定,通常以国家主席令的形式向社会公布,具有国家强制力和普遍约束力。现行的《中华人民共和国防震减灾法》,1997年12月29日中华人民共和国主席令第94号公布,自1998年3月1日起施行。其中第四章为地震应急。该法于2008年12月27日第十一届全国人民代表大会常务委员会第六次会议修订,2009年5月1日起施行。

与地震应急救援工作相关的国家法律有很多,如《宪法》《刑法》《突发事件应对法》《物权法》《治安管理处罚法》《安全生产法》《消防法》《国防动员法》《食品卫生法》《环境保护法》《传染病防治法》《道路交通安全法》《科学技术普及法》等,这些法律对地震应急救援工作中的公民生命财产安全、环境安全、食品安全、卫生安全、生产安全、交通安全、社会安全等做出法律制度规定。

2. 地震应急救援法规

我国的地震应急救援法律法规由行政法规和地方性法规构成。

(1) 地震应急救援行政法律法规

专业地震应急救援行政法律法规主要有《破坏性地震应急条例》和《汶川地震灾后恢复重建条例》，《国家破坏性地震应急预案》于1995年2月11日中华人民共和国国务院令第140号公布并于2012年8月28日修订为《国家地震应急预案》施行。虽然地震应急预案本质上只是地震应急救援法律法规的具体执行方案，但由于《防震减灾法》修订后，《破坏性地震应急条例》的修订尚未完成，修订后印发的《国家地震应急预案》一定程度上补充了目前行政法规的立法缺陷。《汶川地震灾后恢复重建条例》2008年6月4日国务院第11次常务会议通过。

此外还有1998年12月17日中华人民共和国国务院令第255号公布的《地震预报管理条例》《地震安全性评价管理条例》是为了加强对地震安全性评价的管理，防御与减轻地震灾害，保护人民生命和财产安全，根据《中华人民共和国防震减灾法》的有关规定制定的条例。中华人民共和国国务院令第323号，自2002年1月1日起施行。《地震监测管理条例》是为了加强对地震监测活动的管理，提高地震监测能力，根据《中华人民共和国防震减灾法》的有关规定制定的条例。中华人民共和国国务院令第409号，由2004年6月4日国务院第52次常务会议通过，现予公布，自2004年9月1日起施行。

(2) 地震应急救援地方性专业法规

我国地震应急救援地方性专业法规主要体现在地方人大及其常委会制定的条例或实施办法，以及本级政府地震应急预案中。如《北京市实施〈中华人民共和国防减灾法〉规定》，天津、重庆、山东、安徽、江苏、广西等省(区、市)施行的《防震减灾条例》《新疆维吾尔自治区实施〈中华人民共和国防震减灾法〉办法》、唐山市、济南市施行的《防震减灾条例》和《管理条例》等，以及全国各省(区、市)和较大的市(省会城市、经济特区所在地市、经国务院批准的较大的市)制定的地震应急预案，与地震应急救援工作相关的地方性法规种类和名称较多，这里不再一一列举。

3. 地震应急救援规章和行政规范性文件

国务院部门规章和地方政府规章中涉及地震应急救援的专门规章和相关规章都较少，但各级政府及其所属部门和派出机关制定的规范性文件，却覆盖了地震应急救援各环节的主要工作，特别是在汶川、玉树等特重大地震灾害的应急救援过程中，各级政府出台的许多规范性文件，不仅有力保障了当时的地震应急救援工作高效开展，而且为震后制修订地震应急救援法律法规奠定了坚实基础。我国的地震应急救援规范性文件大致可分为以下几类：

(1) 综合类：如《国务院关于进一步加强防震减灾工作的意见》《国务院关于全面加强应急管理工作的意见》《国务院办公厅关于加强基层应急管理工作的意见》《国务院办公厅转发地震局关于全国地震重点监视防御区(2006—2020年)判定结果和加强防震减灾工作意见的通知》《国家安全监管总局关于加强应急管理工作的通知》、国家地震局《地震现场工作管理规定》，等等。

(2) 预案管理类：如《国务院有关部门和单位制定和修订突发公共事件应急预案框架

指南》《国务院办公厅关于印发突发事件应急预案管理办法的通知》《地震应急预案管理暂行办法》《中国人民银行突发事件应急预案管理办法》,等等。

（3）地震应急救援准备类：如中央、省、市、县《救灾物资储备管理办法》《救灾物资调运管理办法》《突发事件公共卫生风险评估管理办法》《应急救援物资储备及使用管理办法》,等等。

（4）队伍建设类：如《国务院办公厅关于加强基层应急队伍建设的意见》《卫生部办公厅关于印发〈全国卫生应急工作培训大纲(2011—2015年)〉的通知》《黑龙江省人民政府办公厅关于印发黑龙江省应急救援队伍协调运行办法(试行)的通知》,等等。

（5）群众生活类：如《突发事件生活必需品应急管理暂行办法》《民政部财政部粮食局关于对汶川地震灾区困难群众实施临时生活救助有关问题的通知》《民政部关于印发〈汶川地震抗震救灾生活类物资分配办法〉的通知》《民政部财政部住房城乡建设部关于四川汶川大地震灾民临时住所安排工作指导意见》,等等。

（6）卫生防疫类：如《国务院办公厅关于进一步做好地震灾区医疗卫生防疫工作的意见》《灾害事故医疗救援工作管理办法》《卫生部关于印发〈四川汶川大地震灾区医院感染预防和防控指南〉的紧急通知》《卫生部关于印发〈紧急心理危机干预指导原则〉的通知》,等等。

（7）恢复生产和灾后重建类：如《国务院关于做好汶川地震灾后恢复重建工作的指导意见》《国务院关于支持汶川地震灾后恢复重建工作的指导意见》《国务院办公厅关于印发汶川地震灾后恢复重建对口支援方案的通知》《民政部发展改革委财政部国土资源部地震局关于印发汶川地震灾害范围评估结果的通知》,等等。

（8）防范次生灾害类：如《公安部关于开展过渡安置房和帐篷防火性能专项检查的紧急通知》《国土资源部关于做好地震引发地质灾害防范工作的紧急通知》《环境保护部关于进一步加强地震灾区环境监管工作的通知》,等等。

（9）捐赠款物管理类：如《国务院办公厅关于加强汶川地震抗震救灾捐赠款物管理使用的通知》《中共中央纪委监察部民政部财政部审计署关于加强对抗震救灾资金物资监管的通知》,等等。

（10）宣传和社会稳定类：如《国务院办公厅关于进一步做好地震灾区学生伤亡有关善后工作的通知》《中共中央宣传部关于印发〈关于做好四川等地抗震救灾宣传报道的方案〉的通知》,等等。

4.4.2 《防震减灾法》

1.《防震减灾法》基本内容

1997年12月29日中华人民共和国主席令第94号公布,1998年3月1日起实施的《中华人民共和国防震减灾法》是我国第一部规范和调整全社会防御与减轻地震灾害活动及各种社会关系的法律,是从事地震监测预报、地震灾害预防、地震应急、震后救灾与重建活动必须遵守的行为准则。它的颁布和施行,是我国防震减灾法制建设的里程碑,标志着我国防震减灾活动从此进入了法制化管理的新阶段。

《防震减灾法》包括7个部分的内容,分别是第一章总则,第二章地震监测预报,第三章地震灾害预防,第四章地震应急,第五章震后救灾与重建,第六章法律责任和第七章附则。

《防震减灾法》发布实施以来,为促进我国防震减灾事业发展发挥了重要的保障作用。各级政府越来越重视,部门协作越来越密切,社会管理越来越规范,公共服务越来越完善,社会参与越来越广泛,科技支撑越来越有力。防震减灾工作在经济社会中越来越重要,越来越受到全社会的关注,发挥着越来越重要的作用。

《防震减灾法》明确了防震减灾工作实行预防为主、防御与救助相结合的方针,并对地震监测预报、地震灾害预防、地震应急三大工作体系作了规定。这些规定,对防御和减轻地震灾害,保护人民生命和财产安全,保障社会主义建设顺利进行,发挥了十分积极的作用。随着经济社会的发展,相同单位国土面积上的经济总量越来越大,人口密度越来越高,现行防震减灾法的一些规定已不能适应形势变化的需要。一方面,防震减灾工作不断积累了一些新的成功经验:各级防震减灾规划相继发布实施,农村民居抗震设防工作逐步推进,地震应急预案体系不断健全,地震紧急救援工作取得重大突破。另一方面,一些法律制度在实施过程中存在一些不适应的地方:防震减灾的政府管理职能需要强化,政府相关部门的管理职责需要明确,抗震设防管理措施需要加强,防震减灾知识宣传教育有待深入,地震分级响应和紧急应急措施需要完善,地震灾后过渡性安置和恢复重建需要规范,防震减灾活动中的违法行为的责任追究力度需要加大。

特别是2008年5月12日发生的汶川特大地震也反映出了防震减灾工作遇到的一些新问题:一是地震重点监视防御区的防震减灾措施需要在防震减灾规划中强化,规划的权威性有待提高。二是地震监测预报基础设施建设和监测预报能力建设需要加强。三是城市应对地震灾害的综合防御能力不高,农村村民住宅和乡村公共设施基本处于不设防状态,地震灾害损失的潜在风险增大。四是社会公众的防震减灾意识不强,自救与互救体系不完善。五是地震应急救援体系需要根据突发事件应对法的要求予以完善,地震灾害紧急救援队伍需要规范化管理。六是对地震发生后的过渡性安置和恢复重建工作需要做出明确规定,并进一步强化监督管理。这些问题需要通过修订现行防震减灾法予以解决。因此,对现行防震减灾法进行修订,是十分必要的。

2.《防震减灾法》修订

《中华人民共和国防震减灾法》已由中华人民共和国第十一届全国人民代表大会常务委员会第六次会议于2008年12月27日修订通过,自2009年5月1日起施行。

修订防震减灾法的思路是:在及时总结防震减灾工作经验的基础上,按照科学发展观的要求,对现行防震减灾法实施过程中行之有效的法律制度予以完善,对不适应新形势需要的法律制度予以修改,对当前防震减灾工作的成功做法,特别是对2008年汶川地震抗震救灾的成功做法予以制度化,进一步强化地震灾害防御体系建设,提高防震减灾专业队伍的服务水平、建设工程的抗震设防水平、政府统一领导防震减灾工作的能力、民众应对地震灾害的能力,减少地震灾害造成的损失。

修订后的《防震减灾法》与原法相比,结构更加合理、内容更加全面、制度更加完善。强化了政府职能、强化了部门职责、强化了社会参与、强化了条件保障、强化了科技支撑、强化了法律责任,为促进我国防震减灾事业发展提供更加有力的制度保障。

修订后的《防震减灾法》包括7个部分的内容,分别是第一章总则,第二章防震减灾规划,第三章地震监测预报,第四章地震灾害预防,第五章地震应急救援,第六章地震灾后过渡性安置和恢复重建,第七章监督管理,第八章法律责任和第九章附则。

新增加了2章:一是,防震减灾规划,二是监督管理。原法共48条,修订后为93条,新增加条文45条。对原法律40余条进行了修改、完善,仅个别条款未做修改。重点对防震减灾规划、地震监测预报、地震灾害预防、地震应急救援、震后恢复重建等做了修改、完善,新增了地震灾后过渡性安置和监督管理等方面的内容。主要包括以下几个方面的内容:

(1) 关于防震减灾规划

防震减灾规划是加强地震灾害预防,提高综合防震减灾能力的重要依据。为了进一步完善规划编制工作,提高规划的权威性,修订草案专设一章,进一步明确了规划的内容、编制和审批程序以及规划的效力和修改程序。特别是要求防震减灾规划应当对地震重点监视防御区的监测台网、震情跟踪、预防措施、应急准备等做出具体安排。(第二章)

(2) 关于地震监测预报

地震监测预报是防震减灾的基础和首要环节。为了进一步加强地震监测预报工作,修订草案对地震监测台网建设、地震观测环境保护、地震预报统一发布等制度做了修改、完善,并增加了地震烈度速报、震后地震监测和余震判定等方面的规定:

一是加强地震监测台网的规划建设。修订草案规定,国家对地震监测台网实行统一规划、分级、分类管理,建立多学科地震监测系统,并规定重大建设工程的建设单位应当建设专用地震监测台网或者强震动监测设施。(第十七条、第十八条、第十九条)

二是完善对地震监测设施和地震观测环境的保护。修订草案规定,任何单位和个人不得侵占、毁损、拆除或者擅自移动地震监测设施,不得危害地震观测环境。同时,明确建设单位对地震监测设施和地震观测环境的保护责任。(第二十二条、第二十三条)

三是规范地震预测意见的报告和地震预报的统一发布。修订草案规定,单位和个人应当将预测意见和观测到的宏观异常现象报告地震工作部门,地震工作部门应当综合各种地震预测意见,组织召开震情会商会,并将地震预报意见报本级人民政府,由政府统一发布。(第二十六至第二十九条)

四是增加地震烈度速报系统建设和震后地震监测、余震判定的规定。修订草案规定,地震工作部门应当通过全国地震烈度速报系统快速判断致灾程度,为指挥抗震救灾工作提供依据,并加强震后地震监测,及时对地震活动趋势作出分析、判定,为做好余震防范工作提供服务。(第三十一条、第三十二条)

五是规定地震工作部门应当加强对海域地震和火山活动的监测预报工作以及对外国组

织或者个人来华从事地震监测活动的管理。(第二十一条、第三十三条)

(3) 关于地震灾害预防

加强建设工程抗震设防的管理,提高建设工程的抗震设防水平,是提高城乡防震减灾能力的重要措施。为此,修订草案做了以下规定:

一是完善建设工程抗震设防制度。修订草案规定,建设工程应当达到抗震设防要求;重大建设工程和可能发生严重次生灾害的建设工程,应当进行地震安全性评价,并规定建设单位对建设工程的抗震设计、施工的全过程负责,设计、施工、工程监理等单位承担相应责任。(第三十五条第一款、第二款,第三十七条)

二是提高学校、医院等人员密集的建设工程的抗震设防要求。修订草案规定,学校、医院等人员密集的建设工程,应当按照高于当地房屋建筑的抗震设防要求进行设计;对于已经建成的未采取抗震设防措施的建设工程,应当采取抗震加固措施。(第三十五条第三款、第三十八条)

三是加强农村民居抗震设防管理工作。修订草案规定,县级以上地方人民政府应当组织开展农村实用抗震技术的研究和开发,推广设计图集和施工技术,培训技术人员,建设示范工程,逐步提高农村民居的抗震设防水平。(第三十九条)

四是规定县级政府及其有关部门应当组织开展地震应急知识的宣传普及活动和必要的地震应急救援演练。学校应当把地震应急知识教育纳入教学内容,培养学生的安全意识和自救与互救能力。(第四十三条)

(4) 关于地震应急救援

建立良好的地震应急救援机制,是做好防震减灾工作、保证公共安全的重要措施。修订草案根据突发事件应对法的有关规定,对现行防震减灾法规定的地震应急预案制度做了进一步完善,并增加了抗震救灾指挥部运行机制、救援力量统一指挥、地震灾害紧急救援队伍建设、国际救援等方面的规定:

一是分别明确规定了各级、各类地震应急预案的制定主体、程序和内容。(第四十五条、第四十六条)

二是强化紧急救援队伍的建设和国际救援的组织协调。修订草案规定,国务院和省级人民政府应当按照一队多用、专职与兼职相结合的原则,建立地震灾害紧急救援队伍;地震灾害紧急救援队伍应当配备相应的装备、器材,组织开展培训和演练。国务院地震工作主管部门会同有关部门和单位,组织协调外国救援队和医疗队在中国开展地震灾害紧急救援活动。(第四十八条、第五十条)

三是明确地震灾害的分级和地震应急预案的启动。修订草案规定,地震灾害分为特别重大、重大、较大和一般四级,并对启动地震应急预案的权限做了明确规定。(第五十四条)

四是对抗震救灾工作的组织指挥做了具体规定。修订草案规定,地震灾害发生后,抗震救灾指挥部应当立即组织有关部门和单位迅速查清受灾情况,提出地震应急救援力量的配置方案,迅速组织抢救被压埋人员,抢修毁损的基础设施,做好紧急医疗救护、协调伤员转移和接收救治。特别重大地震灾害发生后,国务院抗震救灾指挥部在地震灾区成立现场指挥部,统一组织领导、指挥和协调抗震救灾工作。政府及有关部门和单位、解放军、武装警察部队和民兵组织应当按照统一部署,分工负责,密切配合,共同做好地震应急救援工作。政府应当组织有关部门采取有效措施,防范次生灾害以及传染病疫情的发生。(第五十五条、第五十六条、第五十七条)

五是规范震情灾情信息的上报与发布制度。修订草案规定,政府应当及时将地震震情和灾情等信息向上一级政府报告,并按照国务院的有关规定实行归口管理、统一发布。(第五十八条)

(5) 关于地震灾后过渡性安置

过渡性安置是妥善安排受灾群众生活、稳定人心、维护社会秩序的重要环节,是灾后恢复重建的基础性工作。为了进一步规范过渡性安置工作,在总结汶川地震灾后过渡性安置经验的基础上,修订草案专设一章,对过渡性安置方式、安置点的选址和用地、政府在过渡性安置中的责任以及尽快恢复生产等做了明确规定。(第六章)

(6) 关于震后恢复重建

地震发生后,快速、高效地恢复重建是减轻地震灾害、保障人民群众正常生产生活的重要环节。修订草案对震后恢复重建做了以下规定:

一是明确政府在实施恢复重建中的责任。修订草案规定,各级政府应当加强对地震灾后恢复重建工作的领导、组织和协调,并根据地震灾后恢复重建规划和当地经济社会发展水平,有计划、分步骤地组织实施地震灾后恢复重建。(第六十六条、第七十一条)

二是明确恢复重建规划的编制主体和审批程序。修订草案规定,特别重大地震灾害发生后,国务院发展改革部门组织编制恢复重建规划,报国务院批准后组织实施;重大、较大、一般地震灾害发生后,由省级人民政府组织编制恢复重建规划。(第六十九条)

三是规范城镇、乡村以及重建工程的选址。修订草案规定,需要异地新建的城镇和乡村以及重建工程的选址,应当避开地震活动断层或者生态脆弱和可能发生次生灾害的区域以及传染病自然疫源地。(第七十条)

四是规定恢复重建应当坚持政府主导、社会参与和市场运作相结合。修订草案规定,地震灾区的地方各级人民政府应当自力更生、艰苦奋斗、勤俭节约,组织受灾群众和企业开展生产自救,积极恢复生产。国家给予财政支持、税收优惠和金融扶持,并积极提供物资、技术和人力等方面的支持。(第七十五条)

五是修订草案对恢复重建中的调查评估、灾害现场的清理保护、基础设施和公共服务设施以及乡村的恢复重建、有关档案资料的抢救和保护、心理援助和就业服务等工作都作出了明确规定。(第六十七条、第七十二条至第七十四条、第七十七条)

(7) 关于监督管理

修订草案明确了政府及其有关部门的监督检查职责,规定任何单位和个人不得侵占、截留、挪用救灾资金和物资,进一步强化了财政、审计和监察部门对有关资金、物资以及捐赠款

物的监管。（第八章）

此外，为了有效地遏制违法行为，修订草案对现行防震减灾法规定的法律责任做了补充、修改和完善，对有关人民政府、地震工作部门以及单位、个人的违法行为，设定了相应的法律责任。

总之，《防震减灾法》的颁布与实施，使我国防震减灾事业开始进入依法、有序发展的快车道，主要有以下几个方面体现：

(1) 防震减灾工作日益受到各级政府的重视

胡锦涛总书记在"十七大"报告中指出，要健全党委领导、政府负责、公众参与的社会管理格局，完善突发事件应急管理体制。温家宝总理在"全国应急管理工作会议"上反复强调，切实加强应急管理，提高预防和处置突发事件的能力，是构建社会主义和谐社会的重要内容，也是全面履行政府责任、提高行政能力的迫切要求。

《防震减灾法》明确规定了加强我国各级政府在防震减灾工作中的政府领导职能。《防震减灾法》规定，破坏性地震发生后，各级地方人民政府应当组织各方面力量，进行抢险救灾，并组织基层单位和群众自救和互救，做好灾民的转移和安置工作，做好伤员医疗救护和卫生检疫等工作，为此，国务院专门成立了抗震救灾指挥部，其日常具体工作由中国地震局负责；建立、健全国务院防震减灾联席会议制度，每年初召开联席会议，部署年度工作。地方各级地方政府也相应地通过成立地方抗震救灾指挥部、领导小组等形式，加强在防震减灾工作中的统一领导和指挥协调作用。根据中央要求，各级政府坚持将经济建设同防震减灾工作一起抓，依法将防震减灾工作纳入经济社会工作计划。同时，各级政府对防震减灾的财政投入力度也在不断加大。2000年和2004年国务院召开全国防震减灾工作会议，2006年专门召开农村居民防震保安工作会议，2007年召开了全国地震科学技术大会，具体研究部署我国防震减灾工作。

(2) 防震减灾工作部门间组织协调加强

《防震减灾法》规定政府相关部门要各负其责、密切配合，共同做好防震减灾工作。

中国地震局会同国务院相关部委依法编制《国家防震减灾规划》，为进一步推进规划具体实施，又会同有关部门编制《防震减灾2020年奋斗目标实施方案》，各省（自治区、直辖市）也制定相应的规划，为我国防震减灾事业走上依据规划发展的道路提供了保障。

为了全国地震应急工作的顺利开展，中国地震局会同相关部门编制《国家地震应急预案》，开始建立起我国地震应急预案体系；会同建设部门等实施农村居民地震安全工程；会同教育、宣传等部门开展防震减灾知识宣传普及教育活动；联合相关部门开展地震应急综合演练，提高地震应急响应能力；中国地震局还会同军队等部门组建了国家首支地震灾害应急救援队，各地方政府依靠当地公安消防等部门也组建了地方地震应急救援队伍等。部门与部门之间、部门与地方之间、地方与军队之间联动协调机制逐步健全，沟通交流越来越频繁，协同合作越来越密切。

（3）地震应急社会管理规范化

《防震减灾法》对各级政府地震工作管理部门以及相关部门防震减灾工作的社会管理职能做了明确规定。法律实施以来，各级地震工作管理部门坚持依法管理，依法履行职责，依法进行地震灾害监测、地震灾害预防、地震灾害应急救援和灾后恢复重建相关工作的管理。通过开展执法检查、行政检查、专项检查，推进防震减灾法律法规的实施，强化社会管理，促进各项工作。

（4）社会参与越来越广泛

2008年汶川地震使人民的生命财产和社会经济受到了巨大损失，与以往不同的是，人民群众在此次抗震救灾过程中发挥了不可估量的作用。退伍军人、农民、学生、教师、企业家等来自全国各地的志愿者，让全国人民看到了我们中华民族最宝贵的团结一致的民族精神。同时也在这次地震中向世界展示了伟大、自信的大国形象，接受了国际的救援帮助。

正是由于这些法律法规的有效实施，使得我们国家在应对汶川大地震中，无论是抗震救灾的组织领导、应急救援，物资供应、灾后恢复重建，还是稳定民众情绪的信息宣传等方面，都表现得有条不紊。

习题

1. 什么是应急管理法律，其特点是什么？
2. 简述《突发事件应对法》的总体思路。
3. 简述2008年《防震减灾法》的修订内容。

第 5 章

应急管理体制

学习目标：

（1）掌握什么是体制，什么是应急管理体制；应急管理体制的基本内容；应急管理机构的五个层次；地震应急管理机构；

（2）理解我国应急管理体制的优势和存在的问题；

（3）了解应急管理体制建设的背景及发展历程。

本章知识脉络图

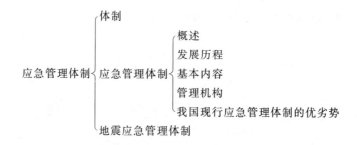

5.1 体制

根据《辞海》的定义，体制是国家机关、企事业单位在机构设置、领导隶属关系和管理权限等方面的体系、制度、方法、形式等几个方面的总称；《现代汉语词典》对"体制"的定义则是："国家机关、企业、事业单位等的组织制度"。因此，体制中不仅包括实体机构，还包括对实体机构的责任界定和不同实体机构之间的关系的规定。我们认为，所谓"体制"，从字面上理解，应该分为"体"和"制"两项内容。"体"是指能够容纳一定对象的空间，"制"是控制空间中的对象合理运行的方法与规则。因此，体制的形成不仅需要成立一个实体机构，更要有对实体机构的责任界定和不同实体结构之间的关系规定。

5.2 应急体制

5.2.1 应急管理体制定义及特征

突发事件应急管理体制是指政府各系统、部门整合各种资源,根据应急法制,针对各类突发事件的性质、特点和能造成的社会危害,建立起旨在防止或减少危机发生的工作组织机构,即应急管理机构的组织形式,如综合性应急管理组织、各专项应急管理组织以及各地区、各部门的应急管理组织、各自的法律地位、相互间的权力分配关系及其组织形式等。

应急管理体制是一个由横向机构和纵向机构、政府机构与社会组织相结合的复杂系统,主要包括应急管理的领导指挥机构、专项应急指挥机构、日常办事机构、工作机构、地方机构及专家组等不同层次。在应急管理体制中,政府负责组织、指挥开展对突发事件的预防和预警工作、应急处置工作、应急保障工作、事后恢复重建等工作。应急管理体系组织结构并非是简单的垂直线性系统,而是包含了决策系统、辅助决策系统、执行系统、保障系统在内的一体化的综合系统。因此,应急管理体制的建立健全有利于为突发事件应对工作提供强有力的组织保证。

5.2.2 中国应急管理体制建设的背景

中国传统的应急管理体制是一种建立在政治动员基础上的平战转换体制和部门分割型体制,存在着临时性、模糊性、协调不畅等问题。受制于责、权、利的影响,中国的应急管理长期缺乏综合性协调机构,"多龙治水"、上下不畅,资源无法有效整合,不仅导致各种设备和人力资源重复投入和大量闲置,也使得在突发事件发生时各地区各部门职责不明,甚至互相推诿,可能由此失去最佳的抢险救灾时机。

战胜"非典"之后,我国的应急管理体制建设,在充分利用现有政府行政管理机构资源的情况下,一个依托于政府办公厅(室)的应急办发挥枢纽作用,协调若干个议事协调机构和联席会议制度的综合协调型应急管理新体制初步确立。国务院办公厅已经于2006年4月设置国务院应急管理办公室(国务院总值班室),承担国务院应急管理的日常工作和国务院总值班工作,履行值守应急、信息汇总和综合协调职能,发挥运转枢纽作用。

根据规定,中国把突发事件主要分为四大类,并规定了相应的牵头部门:第一类为自然灾害,主要由民政部、水利部、地震局等牵头管理;第二类为事故灾难,由国家安全监管总局等牵头管理;第三类为突发公共卫生事件,由卫生部牵头管理;第四类为社会安全事件,由公安部牵头负责。最后,由国务院办公厅总协调。2007年8月30日,十届全国人大常委会第二十九次会议通过的《突发事件应对法》明确规定:"国家建立统一领导、综合协调、分类管理、分级负责、属地管理为主的应急管理体制。"

针对不同类型、不同领域的突发事件,各部门、各地方也纷纷设立专门的应急管理机构,完善应急管理体制。例如,国家防汛抗旱、抗震减灾、森林防火、灾害救助、安全生产、公共卫生、通信、公安、反恐怖、反劫机等专业机构的专业应急指挥与协调机构也进一步完善,军队系统应急管理的组织体系也得到了加强。目前,31个省区市和5个计划单列市相继成立了应急管理领导机构,组建或明确了办事机构。例如,北京成立了市突发公共事件应急委员会,统一领导全市突发事件应对工作,下设办公室(应急指挥中心),作为日常办事机构。据统计,在目前全国30个省(区、市)级应急办中,有正厅级机构7个,副厅级13个,正处级10个。在城市应急管理体制建设中,根据不同的需求状况和城市规模,南宁、北京、上海、广州、重庆等分别建立集权、代理、授权、网络等不同模式的应急管理体制。

总的来看,中国目前正在建设的新型综合协调型应急管理体制,是建立在法治基础上的平战结合、常态管理与非常态管理相结合的保障型体制,具有综合性、常规化和制度化等特征,有利于克服政治动员所导致的初期反应慢、成本高等问题。

5.3 我国应急管理体制发展历程

自1949年中华人民共和国成立以来,党和政府就高度重视应急管理,特别是对防灾救灾的应急管理。应急管理体制建设随着各项事业的发展而发展,并逐渐完善起来。应急管理体制应对的危机范围逐渐扩大,其覆盖面从以自然灾害为主逐渐扩大到覆盖自然灾害、事故灾难、公共卫生和社会安全事件四个方面。纵观我国政府应急管理体制的历史演进,大体经历了三个阶段:一是专门部门应对单一灾种的应急管理体制(新中国成立以来至改革开放初期,简称单一性应急管理体制);二是议事协调机构和联席会议制度共同参与的应急体制(改革开放以来至2003年防治"非典"期间);三是强化政府综合管理职能的应急体制(2003年防治"非典"结束后至现在,简称综合应急管理体制)。

5.3.1 第一阶段:单一灾种应急管理体制

1. 单一性应急管理体制特点

单一性应急管理体制的特点:

(1) 应急管理的组织体系主要以某一相关主管部门为依托对口管理,其他部门参与;

(2) 对自然灾害等应急事件分类别、分部门的预防和处置;

(3) 应急管理机构事实上是一种单一灾种的应对和管理机构。

2. 单一性应急管理体制的优缺点

历史经验表明,这种管理模式在应对所设机构管理范围以内的突发事件时是有效的,既能做到分工明确,又能协调各方力量共同应对突发事件。但是,各级各类突发公共事件逐渐超越单一性特征,越来越具有综合性、复合型和跨界域传播。由于缺乏综合性的应急管理机构,当出现已设机构管理范围以外的突发事件,可能会因无专门应急机构而耽误迅速应对的最佳时机;即使某一突发事件有相应的机构负责应对,但由于这个机构无法协调其他的部门予以协助,因而会造成应对不力的局面。2003年的"非典"事件教训深刻。

5.3.2 第二阶段:共同参与的应急管理体制

第二阶段议事协调机构和联席会议制度共同参与的应急体制的特点:为了应对日益复杂的公共突发事件,提高各部门应对的能力,增设了有关应急管理的议事协调机构,并以这些议事协调机构为依托,建立了一系列有关应急管理的联席会议制度,以便于解决综合协调问题,为综合性应急管理体制的形成奠定了基础。

5.3.3 第三阶段:综合性应急管理体制

第三阶段综合应急管理体系的主要特点:第一是党和政府把应急管理工作和应急管理体系建设提上了重要的议事日程,并为此进行了一系列的探索,取得了很多具有实质性进展的成果;第二是全面推进了"一案三制"建设,将各类灾害和事故统一抽象为"突发事件",将各类灾害的预防与应对统一抽象为"应急管理",进而确立了突发事件应急管理的组织体系、一般程序、法律规范与行动方案;第三是在政府行政管理机构不做大的调整的状况下,一个依托于政府办公厅(室)的应急管理办公室发挥枢纽作用、以若干议事协调机构和联席会议制度为协调机制的、综合协调型应急管理新体制初步确立。

5.4 应急管理体制基本内容

近年来,我国应急管理体制不断完善。针对我国突发事件应对职责若干个不同部门、人力、物力、财力资源比较分散,责任不够明确,指挥不够统一,反应不够灵敏等问题,《中华人民共和国突发事件应对法》确立了"统一领导、综合协调、分类管理、分级负责、属地管理为主的应急管理体制"。

5.4.1 统一领导

所谓统一领导,是指在各级党委领导下,在中央,国务院是突发事件应急管理工作的最高行政领导机关;在地方,地方各级政府是本地区应急管理工作的行政领导机关,负责本行政区域各类突发事件应急管理工作,是负责此项工作的责任主体。在突发事件应对中,领导权主要表现为以相应责任为前提的指挥权、协调权。

我国实行党中央、国务院统一领导应急管理的体制模式。不能认为这仅仅是针对中央政府层面的应急管理体制。我国是单一制国家,中央政府行使全国行政权,国务院是全国应急管理责任主体和最高行政领导机构,统一领导各类突发公共事件预防和处置工作。因此,党中央、国务院对应急管理的领导是在全局意义上讲的,是覆盖全国的。国务院设有安全生产委员会、中国国际减灾委员会等组织领导机构,负责领导和协调相关领域的应急管理。遇到重大公共危机,通常是启动非常设指挥机构。或者成立临时性指挥机构,由国务院分管领导任总指挥,国务院有关部门参加,日常办事机构设在对口主管部门,统一指挥和协调各部门、各地区的应急处置工作。例如,在2003年发生"非典"疫情时,2004年发生高致病性禽流感疫情时,国务院都成立了临时指挥机构,统一领导全国防治疫情工作。为了加强国务院非常态管理的协调职能,2005年末国务院在国务院办公厅内设立了国务院应急管理办公室,为司局级机构,职能是负责国务院办公厅所承担的相关应急管理方面的值班、信息汇总和综合协调工作,发挥运转枢纽作用。

中央政府统一的行政权是通过各级地方政府实现的。地方政府在国务院领导下具体实施应急管理的领导,即由党委和政府共同负责,并承担管理责任,在政府办公厅(办公室)内成立应急管理办公室,在各个相关部门确定管理职能,将政府应急管理权限落实在这些机构中,同时,接受国务院和上级政府的指导。

5.4.2 综合协调

综合协调有两层含义,一是政府对所属各有关部门、上级政府对下级各有关政府、政府与社会有关组织、团体的协调;二是各级政府突发事件应急管理工作的办事机构进行的日常协调。综合协调的本质和取向是在分工负责的基础上,强化统一指挥、协同联动,以减少运行环节、降低行政成本,提高快速反应能力。

5.4.3 分类管理

分类管理是指按照自然灾害、事故灾难、公共卫生事件和社会安全事件四类突发事件的不同特征实施应急管理,具体包括:根据不同类型的突发事件,确定管理规则,明确分级标准,开展预防和应急准备、监测与预警、应急处置与救援、事后恢复与重建等应对活动。此外,由于一类突发事件往往有一个或者几个相关部门牵头负责,因此分类管理实际上就是分类负责,以充分发挥诸如防汛抗旱、核应急、防震减灾、反恐等指挥机构及其办公室在相关领域应对突发事件中的作用。

5.4.4 分级负责

分级负责主要是根据突发事件的影响范围和突发事件的级别不同,确定突发事件应对工作由不同层级的政府负责。一般来说,一般和较大的自然灾害、事故灾难、公共卫生事件的应急处置工作分别由发生地县级和设区的市级人民政府统一领导;重大和特别重大的,由省级人民政府统一领导,其中影响全国、跨省级行政区域或者超出省级人民政府处置能力的特别重大的突发事件应对工作,由国务院统一领导。社会安全事件由于其特殊性,原则上,也是由发生地的县级人民政府组织处置,但必要时上级人民政府可以直接处置。需要指出,履行统一领导职责的地方人民政府不能消除或者有效控制突发事件引起的严重社会危害的,应当及时向上一级人民政府报告,请求支持。接到下级人民政府的报告后,上级人民政府应当根据实际情况对下级人民政府提供人力、财力支持和技术指导,必要时可以启用储备的应急救援物资、生活必需品和应急处置装备;有关突发事件升级的,应当由相应的上级人民政府统一领导应急处置工作。重大公共危机与国务院对口主管部门见表5-1。

表 5-1 重大公共危机与国务院对口主管部门①

名 称	种 类	主 管 部 门
自然灾害	水旱灾害	水利部(国家防汛抗旱总指挥部)
	气象灾害	国家气象局/有关政府部门
	地震灾害	国家地震局(国务院抗震救灾指挥部)
	地质灾害	国土资源部/建设部/农业部
	草原森林	国家林业局(国家森林防火指挥部)
事故灾难	交通运输	交通部/民航总局/铁道部/公安部
	生产事故	行业主管部门/企业总部②
	公共设施	建设部/信息产业部/邮电部
	核与辐射	国防科工委
	生态环境	国家环保总局
公共卫生事件	传染病疫情	卫生部
	食物中毒事件	卫生部
	动物疫情	农业部
社会安全事件	治安事件	公安部
	恐怖事件	公安部
	经济安全事件	中国人民银行
	群体性事件	国家信访局/公安部/行业主管部门
	涉外事件	外交部

注:
① 表中未列入政府综合管理部门,这些部门对各类公共危机都负有相应的管理职责。例如,民政部负责各类自然灾害救灾救助工作和综合减灾项目实施,中国国际减灾委员会办公室也设在民政部,属于综合减灾救灾部门。国家发展和改革委员会负责对各类公共危机救援物资的统一调配和协调,负有综合协调管理的职责。国家安全生产监督管理局对安全生产中的各种事故灾难负有监督管理职责等。
② 表中行业主管部门和企业总部是指:矿山、石油、冶金、有色、建筑、地质;机械、轻工、纺织、烟草、电力、贸易;公路、水运、铁路、民航、建筑、水利、邮政、电信、林业、军工、旅游等部门。

国务院各职能部门中负责有应急管理的机构为了应对职责范围内的重大公共危机,分别建立了各自的应急管理指挥体系、应急救援体系和专业应急队伍(见表 5-2),并形成了危机事件的预警预报体制、部际协调体制和救援救助体制等。

表 5-2 国家专业应急救援体系

专业应急救援体系	国务院主管部门	管理层级	队伍、人员	职责
公安救援体系	公安部	各行政层级	各级公安和武警队伍	公安治安救援
消防救援体系	公安部	国家、省、地(市)、县 4 级	3 000 多个消防大队、2 900 个消防中队,共 12 万人	防火灭火抢险救灾
地震救援体系	国家地震局	国家、省、重点市(县)3 级	国家紧急救援队,编制 230 人,区域和地方级紧急救援队伍正在组建之中	灾害救援
洪水救援体系	水利部	国家、省、地、县 4 级	162 支重点抗洪抢险专业队,现有人员 14 000 人	抗洪抢险救援
核事故救援体系	国防科工委	国家、地方和核电厂 3 级	各级核应急管理指挥中心和核电厂	核事故处理救援
森林火灾救援	国家林业局	国家、省、市、县 4 级	7 个武警森林总队近 2 万人,各省市组建自己的森林防火队伍	森林火灾扑救
海事救援体系	交通部	国家、省 2 级	11 个沿海省级搜救中心,长江水上援救中心,3 个海上救助局	海上搜救
矿山救援体系	国家安全生产监管局	国家、省、市(县)、矿山级	区域、重点矿山和矿山救护队和医疗救护中心	矿山事故抢险救助
化学事故救援体系	国家安全生产监管总局	国家、区域 2 级	国家化学事故应急救援指挥中心,8 个区域抢救中心(挂靠国家安全生产监管总局)	化学事故应急管理
医疗救助体系	卫生部	各级行政层级	各级紧急救援中心和医疗救治机构	紧急医疗救助

5.4.5 属地管理为主

属地管理为主主要有两种含义:一是突发事件应急处置工作原则上由地方负责,即由突发事件发生地的县级以上地方人民政府负责。二是法律、行政法规规定由国务院有关部门对特定突发事件的应对工作负责的,就应当由国务院有关部门管理为主。比如,中国人民银行法规定,商业银行已经或者可能发生信用危机,严重影响存款人的利益时,由中国人民银行对该银行实行接管,采取必要措施,以保护存款人利益,恢复商业银行正常经营能力。再比如,《核电厂核事故应急管理条例》规定,全国的核事故应急管理工作由国务院指定的部门负责。

5.5 应急管理机构

应急管理体制是一个由横向机构和纵向机构、政府机构与社会组织相结合的复杂系统，主要包括应急管理的领导机构、办事机构、工作机构、地方机构和专家组。具体组织机构如图 5-1 所示。

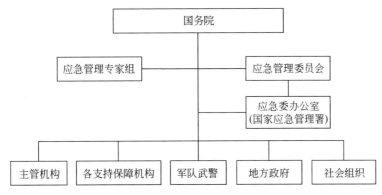

图 5-1　政府应急管理组织结构

5.5.1　应急管理工作机构

1. 统一领导机构

国务院是突发事件应急管理工作的最高行政领导机构。在国务院总理领导下，通过国务院常务会议和国家相关突发公共事件应急指挥机构，负责突发公共事件的应急管理工作；必要时，派出国务院工作组指导有关工作。

突发事件应急管理的统一领导机构一般是突发事件应急管理委员会，它负责应急管理系统的平时和救灾时期的组织领导工作，对上级主管的政府部门和该地区政府领导负责并汇报工作，对下负责整个应急管理系统的组织领导工作，保证系统在平时及灾时的正常运转。

突发公共事件的应急管理往往不是一个部门就能独立解决的，而是一个巨大的社会系统工程，所以常常会涉及不同的部门、不同的区域，这就需要有一个高效的统一领导机构来进行快速反应和调动资源，以适应突发事件突发性和不确定性的需要。各级人民政府是本行政区域内应急管理领导机构，应负责本行政区域内突发公共事件的应急管理工作。成立应急管理委员，并通过人民政府常务会议或专题会议研究、决定和部署较大、重大、特别重大突发公共事件应急管理工作；政府中部分行政人员按照业务分工和在相关突发公共事件应急领导机构中兼任的职务，负责相关类别突发公共事件的应急管理工作；必要时，政府派出工作组指导有关工作。其中政府秘书长、副秘书长协助政府领导处理有关突发事件应急管理的相关工作。

2. 综合办事机构

国务院办公厅设国务院应急管理办公室，履行值守应急、信息汇总和综合协调职责，发挥运转枢纽作用。政府应急管理办公室，作为突发公共事件应急管理委员会的常设机构。它实际上体现了国家最高政治精英层的战略决策效能和危机应变能力，一般作为国家突发事件应急管理工作的常设机构。正如著名的政策科学家叶海尔·德罗尔在《逆境中的政策制定》一书中所说的那样，"危机应对（危机决策）对许多国家具有极大的现实重要性。对所有国家则具有潜在的至关重要性。危机越是普遍，有效的危机应对就越显得关键。危机中做出的决策非常重要并且大多数不可逆转"。因此，必须高度重视指挥决策系统建设，以保证国家安全、制定危机防范、危机状态控制目标和原则、合理选择危机对抗行动、科学制定对抗方案。

办事机构在突发事件的应急管理中处于核心地位，应急决策是一种非程序化的决策，它要求决策指挥机构和人员在有限的时间、资源、人力等约束条件下完成应对危机的重要决策和反应，即在一旦出现预料之外的某种紧急情况下，为了不错失良机，以尽快的速度做出应急决策。

应急管理办事机构的主要职责是：

（1）承担本政府应急决策指挥中心总值班室工作，及时掌握和报告相关重大情况和动态，办理向上级政府上报和报送紧急的重要事项；

（2）办理本政府及突发公共事件应急委员会有关应急工作的决定事项，督促落实政府领导有关批示、指示，承办政府应急管理的专题会议、活动和文电等工作；

（3）协调、组织有关突发事件应急管理方面研究，提出应急管理的政策、法规、规章和规划建议；

（4）指导总体突发公共事件应急体系、应急信息平台建设；

（5）组织编制、修订突发公共事件应急预案，组织审核专项应急预案；

（6）协助政府领导处置特别重大和重大突发公共事件，协调指导特别重大和重大突发公共事件的预防、预警、应急演练、应急处置、调查评估、信息发布、应急保障和宣传培训等相关工作；

（7）负责指导各级政府及各部门的应急体系、应急信息平台建设，协调和督促相关应急管理工作；

（8）承办政府及突发公共事件应急委员会交办的其他事项。

政府应急管理决策办事机构作为高级管理机构，有关信息的获取、有关指示的执行和信息的反馈等需要所辖各级执行部门和机构予以落实。相应地，政府决策指挥中心不可能孤立地存在，而应在行政上与各部门的决策指挥中心形成一个有机的整体，才能充分发挥整体效应：政府的决策办事机构体系如图5-2所示。

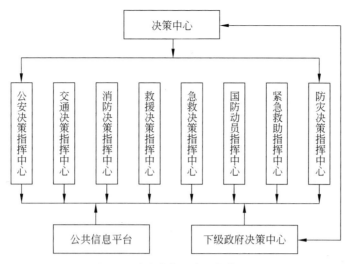

图 5-2 政府决策办事机构体系图

3. 实际工作机构

国务院有关部门依据有关法律、行政法规和各自职责,负责相关类别突发公共事件的应急管理工作。根据应急管理过程中处置工作的需要,政府设立突发公共事件应急管理各专项工作机构,负责相关类别突发公共事件的应急管理工作,具体负责相关类别的突发公共事件专项和部门应急预案的起草与实施,贯彻落实国务院有关决定事项。有关部门包括:外交部、发展改革委、教育部、科技部、国防科工委、国家民委、公安部、国家安全部、民政部、司法部、财政部、劳动保障部、国土资源部、建设部、铁道部、交通部、信息产业部、水利部、农业部、商务部、文化部、卫生部、中国人民银行、国资委、海关总署、工商总局、质检总局、环保总局、民航总局、广电总局、体育总局、林业局、食品药品监管局、安全监管总局、旅游局、宗教局、侨办、港澳办、台办、新闻办、新华通信社、地震局、气象局、电监会、银监会、证监会、保监会、国家信访局、国家粮食局、国家海洋局、国家邮政局、国家外汇局等。

各应急管理工作机构在决策指挥中心统一领导下,分别负责各相关类别突发公共事件的应急管理工作。其负责人由分管该部门的政府行政人员或相关部门主要负责人担任,必要时,由上级政府行政人员担任。各应急管理工作机构的专项指挥部通常设在各综合协调委员会(或领导小组)的办公室所在地,负责专项领域突发公共事件的指挥、处置。专项指挥部拥有第一响应处置力量部门及处置力量,是在原有协调机构上加强职能与信息平台功能,而不是新设的专门机构。

在应急管理体系中,针对现实生活中存在的主要社会突发事件,为适应突发公共事件应急需要,政府应设立下列分指挥机构,如图 5-3 所示。根据突发事件灾害种类、危害范围、涉及部门数量情况,实行分级指挥。

(1) 抗震救灾指挥部。指挥地震救援队和其他临时配属队伍实施破坏性地震应急救援

图 5-3　应急专项工作机构构成

行动。地震主管部门负责制定应急预案。

（2）地质灾害应急指挥部。指挥重大特大山体崩塌、滑坡、泥石流等地质灾害的应急救援行动。国土资源主管部门负责制定应急预案。

（3）抗旱防汛（气象灾害）指挥部。指挥跨市域的旱灾、洪灾、台风、海啸、风暴潮、海冰、冰雹、沙尘暴等灾害的应急救援行动。水利、农业、气象、海洋渔业主管部门负责制定应急预案。

（4）消防灭火指挥部。指挥跨市域的森林、草原特大火灾应急救援行动。公安、动物卫生监管部门、林业主管部门负责制定应急预案。

（5）生产安全事故应急指挥部。指挥生产过程中发生的特大事故应急救援行动。安全生产监管部门负责制定应急预案。

（6）特大危险化学品事故应急指挥部，指挥跨市域的救援行动。安全生产监管部门和公安等有关部门负责制定应急预案。

（7）突发公共卫生事件应急指挥部。指挥跨市域的各种重大、特大公共卫生事件的应急救援行动。卫生主管部门负责制定应急预案。

（8）突发社会安全事件应急指挥部，与反恐协调领导小组是一个机构，指挥重大、特大突发社会安全事件应急救援行动。公安部门会同省武装警察总队制定预案。

（9）交通事故应急指挥部。指挥特大交通、空难、海难、渔业事故应急救援行动。交通主管部门、交通安全主管部门、铁路、民航、海洋渔业主管部门负责制定相关预案。

（10）建筑事故应急指挥部。指挥建筑物爆炸、倒塌特大事故应急救援行动，省建设主管部门制定预案。

（11）农业救灾指挥部。指挥农业生产中发生的重大病虫害、冰雹、洪涝、冻害和灾害性植物的防除等应急救援行动。农业、气象主管部门制定应急预案。

（12）防治重大动物疫病指挥部。指挥各种重大动物疫病的应急防控行动。动物卫生监管部门负责制定应急预案。

政府各有关应急管理工作机构依据各自的职责，负责相关类别突发公共事件应急处置工作，承担相关应急指挥机构办公室的工作。指导和协调下一级政府做好相关突发公共事件的预防、应急准备、应急处置和恢复重建等工作。

4. 地方机构

地方各级人民政府是本行政区域突发公共事件应急管理工作的行政领导机构,负责本行政区域各类突发公共事件的应对工作。

5. 专家组

国务院和各应急管理机构建立各类专业人才库,可以根据实际需要聘请有关专家组成专家组,为应急管理提供决策建议,必要时参加突发公共事件的应急处置工作,充分发挥专家队伍在知识传承、经验总结、理论研究、技术创新等方面的重要作用。成立应急管理专家组,是推进应急管理工作科学民主决策的客观需要,是全面加强应急管理工作的内在需要,是探索应急管理工作规律的实践需要,是建立公共安全科技支撑体系的迫切需要。

应急管理专家组的主要任务是为应急管理工作提供决策建议、专业咨询、理论指导和技术支持,主要包括:对加强应急管理工作的有关重大理论和实践问题开展调查研究,提供对策和建议;受委托对特别重大和重大的突发公共事件进行分析、研判,必要时参加应急处置工作,提供决策建议;参与突发事件预防性项目的项目评估、技术检测和成果审查;参与对突发事件影响的调查评估和分析研判,提供处置措施决策建议,进行公众防护技术咨询;参与应急管理立法调研,参加有关地方性法规、规章、规范、政策的研究、草拟和论证工作;开展应急管理教育培训工作及相关学术交流与合作;办理政府委托的其他工作。

为切实发展发挥应急管理专家组的积极作用:一要充分发挥专业咨询作用。二要充分发挥技术支持作用。三要充分发挥专家权威作用。四要充分发挥理论研究领路人作用。五要充分发挥专家"园丁"作用。各地、各有关单位要建立、健全机制,为专家开展工作创造良好环境。一是完善决策咨询机制。二是完善信息沟通机制。三是完善科技成果转化机制。四是完善服务支持机制。

5.5.2 应急管理组织机构

应急管理组织结构是指应急管理体系组成机构之间的职责划分和相互关系。典型的应急管理组织结构,由指挥、控制和通信三个方面(3C,Command,Control,Communication)组成。一般依照这3方面的需要,组建五个板块:指挥机构、实际操作部门、信息传递部门、物资保障部门和财务管理部门,其中应急管理指挥机构居于核心位置,负责统一指挥、统一协调各个应急管理操作机构的行动;应急管理实际操作机构是主体,负责应急响应的各项作业,按照职责划分履行各自的职责,并相互配合、相互支持,共同应对公共危机,如图5-4所示。

典型的应急管理组织机构可以根据应急管理实际需要,加以扩大、缩小和补充。目前,我国大多数城市没有建立相应的应急管理机构,应急响应过程一般都存在几个指挥中心,如公安"110"指挥中心、消防"119"指挥中心、"120"救护中心等。例如北京市建立了"3+2+1"的应急管理组织体系框架,"3"是指北京市建立的市突发事件应急委员会、市专项应急指挥部和区县应急委(应急指挥中心)三级应急管理机构;"2"是指市紧急报警服务中心(号码

图 5-4 典型的应急管理组织结构

110)和市非紧急救助服务中心(12345)两个服务中心;"1"是指一个"基层应急体系"。不同的中心隶属不同的主管部门,不同行业、部门都是各管各的事,由于权力和利益等方面的问题,各个条块之间矛盾很大,造成联动作战效率较低,地方政府协调难度较大。

基于全过程的应急管理通常包括 4 个逻辑阶段:事故预防、应急准备、应急响应和事故恢复。从 4 个阶段出发并结合应急管理的发展趋势,建立的应急管理组织机构职能划分情况如图 5-5 所示。该应急管理组织机构体系的建立顺应应急管理的发展专业化的趋势,可实现防灾和减灾相结合,实现应急资源和管理的有机整合。

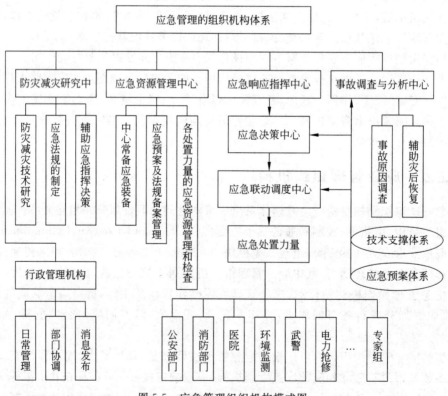

图 5-5 应急管理组织机构模式图

在应急响应指挥中心的建立过程中,确立自上而下的应急决策、应急指挥和处置力量 3

层组成的应急指挥体系,理顺信息上下沟通的渠道。

应急管理工作要"以人为本",因此,在建立应急管理组织机构的基础上,需要对应急管理人员进行全方位教育培训,并结合一定的应急管理目标,组织应急响应组织机构进行应急演练,以提高应急管理体制总体的管理水平和应急响应过程中的实战能力。

5.6 我国现行的应急管理体制优势和存在问题分析

5.6.1 我国应急管理体制优势

我国现行的应急管理体制具有以下三大优势:

1. 政治优势

我国现行的应急管理体制基本框架与我国现有的政治体制是相适应的,具有政治优势。这一体制的最大优势在于有中国共产党的坚强领导,能够在党和政府的统一领导下,整合党、政、军及社会各界力量,共同应对突发性事件;有利于充分体现党中央统一领导、国务院统一指挥、部门和地方分工负责的体制优势;有利于充分发挥社会主义集中力量办大事的优越性;有利于集中力量应对各种紧急状态。

2. 体制优势

我国最大的体制优势就在于有一个坚强有力的中央政府,在整个政府组织系统中,地方政府服从中央政府,中央政府能够对全国各级地方政府进行有效的指挥和协调,集中整合全国各个地方的力量来应对重大突发事件,真正做到"一方有难,八方支援"。

3. 效率优势

对突发性事件进行快速、有效处置,不但要有一个强有力的组织领导系统,还要有一个健全的、高效的动员、参与和响应机制。实践证明,在我国现行的应急管理体制框架下,以政府为主体、军队积极支持、全社会广泛参与的应急动员、参与和响应机制,是健全的、高效率的。在近年来多次应对突发事件的处置中得到了检验,特别是在 2008 年四川汶川地震、2010 年青海玉树地震后,组织开展抗震救灾活动的高效、快速反应,得到了国内外多方面的认可。

5.6.2 应急体制现存问题分析

突发事件应急管理体制是成功预防和处置突发事件的决定性因素。我国政府现行的突发事件应急管理行政体制具有很多优势,使得政府在应对突发事件和处置方面具有相当强大的动员能力,各级政府成功处置了多起重大突发事件,积累了不少处理突发事件、管理非常态社会的经验。但在实践中,现行的政府应急管理体制方面存在的一些问题仍然严重影响突发事件预防的实效及处置的效率,一些本来可以避免的突发事件没能避免,一些可以尽量减少的因突发事件造成的损失没有减少。

1. 各地政府应急办的机构设置和职责划分混乱，职能发挥受限

从目前现状来看在 30 个省（区、市）级应急办中，有正厅级机构 7 个，副厅级 13 个，正处级 10 个。在 20 个正、副厅级应急办中，13 个应急办的负责人由省政府秘书长、副秘书长或办公厅主任、副主任兼任，另外 7 个应急办主任为专职。10 个正处级机构的应急办主任全部为专职。除应急办的级别各不相同外，编制名额差距更大。多者 45 人，少的不到 10 人。目前，各级政府应急办的机构设置和职能大致有如下三种情况：

一是依托于政府日常工作协调机构。多数省（区、市）政府应急办的机构和职能设置与国务院应急办的基本保持一致：应急办设在办公厅内；在应急办（或办设处室）上加挂值班室的牌子；应急办承担应急管理的日常工作和总值班工作，"履行值守应急、信息汇总和综合协调职责，发挥运转枢纽作用"。有的让政府办公厅加挂应急办牌子，应急管理工作仍由厅内相关处室承担。有的应急办承担了与应急相关而且力所能及的其他职能，以便其接近政府领导同志工作，掌握信息，占有应急资源，强化应急办的协调能力。

二是应急办的职责与日常业务脱离。例如浙江、四川两省的应急办没有值班职能，值班工作分别由省委办公厅和政府办公厅办公室承担。深圳市应急办完全脱离了办公厅业务工作，与办公厅享有平级的待遇，但对于全面掌握市政府领导工作的情况、信息和动态打了折扣，干部交流和提升也是问题。其工作的难度大，其权威性受影响。

三是应急办的职责过宽，影响应急办履行其基本职责。例如北京市应急办将协调和指挥、调度权集于一身，削弱了议事协调机构原有的指挥、调度和处置职能，应急办忙得不可开交。

由此可见，目前我国突发事件应急办的机构设置和职责划分没有统一的规范，较为混乱，既使其职能发挥受到很大的限制，同时也难以对其工作进行考核评价。

2. 突发事件指挥部与同级的应急办之间的职责不清、关系不顺

议事协调机构（突发事件指挥部）同办事机构（应急办）职责重叠，关系不顺的问题在突发事件应急处置和常态工作中时有发生。例如，在突发事件应急处置中按照中编办的批复，在危机处置过程中，国务院应急办的职责是"协助国务院领导处置特别重大突发公共事件，协调指导特别重大和重大突发公共事件的预防预警、应急演练、应急处置、调查评估、信息发布、应急保障和国际救援等工作"。即国务院应急办处置权利有限，只能是协助国务院领导处置，临场指挥处置的职责由突发事件指挥部履行；在常态工作中，国务院应急办的职责包括"负责协调和督促检查各省（区、市）人民政府、国务院各部门应急管理工作"，突发事件防控指挥部的任务也包括"对各地防治工作进行指导、检查和督促"。政府突发事件指挥部与同级应急办之间的这种职责上重叠、冲突在各级政府的突发事件应急管理中均存在，并且，这一冲突必将随着应急办在应急管理中发挥的作用日益显著而日渐凸显。

3. 常态管理部门缺失，常态管理力度严重不足

在突发事件发生期间，各部门高度重视、积极配合议事协调机构的工作，议事协调机构(特别是指挥部)的协调能力是强的。但是"指挥部"不是常设机构,只是在突发事件发生的时候才被启动,无法有效组织各部门开展突发事件前的预防、演练、储备等工作。应急办又因其职责的"协助"性而无力开展相关工作,制度安排上的缺陷导致常态管理力度严重不足。

突发事件指挥部与同级的应急办之间的职责不清、关系不顺,常态管理力度严重不足,各地政府应急办的机构设置和职责划分混乱,严重影响其协调、枢纽职能的发挥,以上问题的存在导致以应急办的成立为主的新的应急管理体制仍未能从根本上解决应急管理中存在的问题。这些问题主要表现在以下几方面:

第一,应对突发事件的事前准备不足。往往只有在灾害出现以后,才能号召、动员、组织所有的力量来进行应对,浪费了大量的人、财、物资源,并且不能把灾害控制在萌芽状态或使其造成的损失最小化。虽然在"非典"治理过程中,国务院投资百亿元进行了包括疫情检测报告系统在内的公共卫生事业应急处理的硬件和软件建设,使疫情报告系统一直延伸到街道和乡村,各医疗机构发现疫情可直接上网,把个案资料输入到传染病公共数据库,提高了信息的分级享用,但这只对以后此类(卫生)公共危机事件出现提供保障,其他类别的绝大部分潜在的突发事件的事前应急物资技术保障不足仍是一种普遍现象。

第二,协调机制不完善。应急办与有关部门、应急机构之间的协调联动不够,情况通报、信息共享机制不健全,各部门储备的人、财、物的情况互不了解,影响了综合协调能力的发挥。一旦突发事件发生,往往出现供需不均,资源严重闲置、浪费和资源严重短缺现象并存的情况。

第三,信息报告不及时、不准确和不全面,迟报、漏报和瞒报的问题难以解决,给各级政府和相关主管部门及时掌握情况,部署开展相关处置工作造成不利影响,而各地区、各部门信息报告情况的通报和责任追究制度却一直难以建立。

4. 社会组织能力低下,社会参与性差

由于历史的原因,在国家与社会的二元构建中,国家一直占据强势地位,而社会发育相当薄弱。受社会经济文化条件的制约和社会力量缺位的影响,几千年集权统治中培育出的"权威崇拜""清官思想""与世无争"等以小农意识为特征的政治思想和政治意识,形成了社会文化中臣属型政治文化和普遍的从属性参与倾向,遏制了人们主体意识的生成,抑制了公民的主体地位,阻碍了公民参与的积极性。人们尽管知道自己是"公民",并关注政治,但一般以被动方式卷入社会活动,并把自己视为驯服的客体而非积极的主体。其参与动机是受到他人的命令、动员、暗示乃至强制而成的,公民在突发事件应急管理中的参与带有十分突出的角色困惑。而囿于我国公民教育的滞后,人们难以掌握参与政治、管理国家生活所必需的知识和技能,其相应的政治责任感、民主意识和法律意识也较为欠缺,人民当家做主、管理国家和社会事务的权利难以有效落实,自主参与意识也较弱。我国目前还处于社会主义初级阶段,各地经济发展、社会民主建设很不平衡,各种利益群体不断涌现、分化、组合,使人们更加注重个人和小团体的利益满足,社会成员在占有社会资源、经济资源上的不平等,这种利益分化分散阻断或影响了人们的参与热情。

由于社会发育的成熟度偏低,我国长期缺乏专门规范非营利组织的实体内容的法规条款或政策文件,包括对非营利组织进行规范、监督和培育、扶持的系统完善的政策性文件。政府对民间组织发育引导的不够重视,使非民间组织在我国社会危机治理中的作用一直处于低迷状态。同时,公益性民间组织在我国民间组织中的比例太小,具有正式身份者较少,阻碍了社会公益精神与志愿精神的成长,在危机状态下无法发挥应有的作用,以致每遇到社会突发事件,公民首先想到依靠政府管理的力量,而很少借助民间组织,尤其是公益与志愿组织来解决问题。

我国当前关于应急管理的法律正处于建立和完善的初级阶段,在已经公布实施的一系列用于应急处置的法律文件中,尚没有关于肯定和支持民间公众参与政府危机管理,以及参与的职责、途径方面比较明确的法律规定。这使得公众和各种民间组织的参与不被政府决策机构所重视,公众即使有参与的愿望也无法实现。《中华人民共和国突发事件应对法》更多地规定了政府的责任,对于其他社会组织和公众的责任规定不足,只强调"任何单位和个人不得编造、传播有关突发事件事态发展或者应急处置工作的虚假信息"等。

我国存在庞大的企业群体,员工具有较强的组织性和协调性,在应急状态下理应成为政府突发事件处置的重要参与力量,现实中,企业在参与社会的过程中,其作用发挥与人们的期望还存在较大差距,遇难回避、假捐赠、提供伪劣产品、哄抬物价等令人失望的情况仍有发生,企业的正向积极参与缺位严重。

综上所述,目前,由于我国社会发育程度较低,民间组织成长缓慢,公民参与能力弱,企业正向参与不足,导致突发事件应急管理处置中,总是政府作为单一主体力挽狂澜,独撑天下,但往往面对复杂、频发,甚至灾难性的突发事件应对乏力,社会自己组织能力低下,社会参与缺失已成为突发事件应急管理中一个亟待解决的问题。

5.7　地震应急管理体制

1. 抗震救灾指挥机构

(1) 国家抗震救灾指挥机构

国务院抗震救灾指挥部负责统一领导、指挥和协调全国抗震救灾工作。地震局承担国务院抗震救灾指挥部日常工作。

必要时,成立国务院抗震救灾总指挥部,负责统一领导、指挥和协调全国抗震救灾工作;在地震灾区成立现场指挥机构,在国务院抗震救灾指挥机构的领导下开展工作。

国务院抗震救灾指挥部组成如下:指挥长(国务院领导同志)、副指挥长(中国地震局主要负责同志)、国务院副秘书长、解放军总参谋部作战部负责同志、发展改革委负责同志、民政部负责同志、公安部负责同志。

成员:外交部、教育部、科技部、国防科工委、财政部、国土资源部、建设部、铁道部、交通部、信息产业部、水利部、商务部、卫生部、海关总署、质检总局、环保总局、民航总局、广电总局、食品药品监管局、安全监管总局、旅游局、港澳办、台办、新闻办、保监会、武警总部、中国地震局等有关部门和单位负责同志。国务院抗震救灾指挥部组成如图5-6。

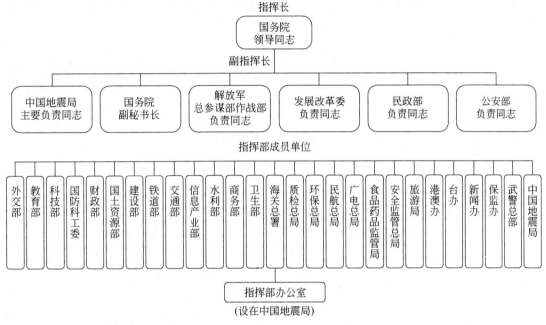

图5-6 国务院抗震救灾指挥部组成图

(2) 国务院抗震救灾指挥部主要职责

国务院抗震救灾指挥部主要职责是：分析、判断地震趋势和确定应急工作方案；部署和组织国务院有关部门和有关地区对受灾地区进行紧急援救；协调解放军总参谋部和武警总部迅速组织指挥部队参加抢险救灾；必要时，提出跨省(区、市)的紧急应急措施以及干线交通管制或者封锁国境等紧急应急措施的建议；承担其他有关地震应急和救灾的重要工作。国务院抗震救灾指挥部办公室设在中国地震局。办公室主任由中国地震局主要负责同志担任，办公室成员为指挥部成员单位的联络员。视情况和应急需要，指挥部办公室下设综合联络、震情信息、灾情信息、信息发布、港澳台和国际联络、条件保障等组。办公室主要职责是：汇集、上报震情灾情和抗震救灾进展情况；提出具体的抗震救灾方案和措施建议；贯彻国务院抗震救灾指挥部的指示和部署，协调有关省(区、市)人民政府、灾区抗震救灾指挥部、国务院抗震救灾指挥部成员单位之间的应急工作，并督促落实；掌握震情监视和分析会商情况；研究制定新闻工作方案，指导抗震救灾宣传，组织信息发布会；起草指挥部文件、简报，负责指挥部各类文书资料的准备和整理归档；承担国务院抗震救灾指挥部日常事务和交办的其他工作。

2. 中国地震局

（1）地震应急组织体系框架

中国地震局负责国务院抗震救灾指挥部办公室的日常事务，汇集地震灾情速报，管理地震灾害调查与损失评估工作，管理地震灾害紧急救援工作。地震应急组织体系框架如图5-7所示。

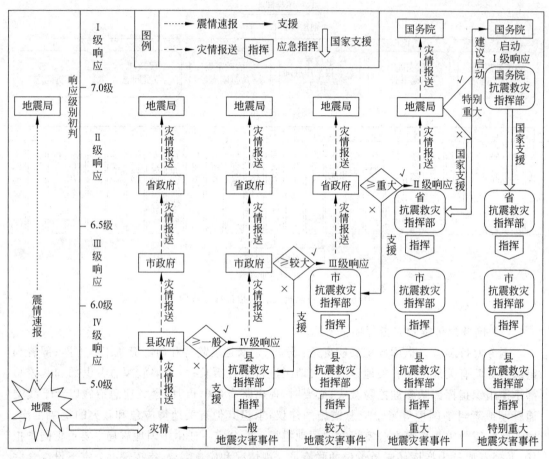

图 5-7 中国地震局应急组织体系框架

（2）中国地震局应急领导机构职能

我国的地震应急领导机构分为平时应急准备和震后应急反应两类。平时应急准备领导机构通常称为防震减灾领导小组或者防震减灾联席会议，属于地震应急协调机构，为常设机构；而震后应急反应领导机构通常称为抗震救灾指挥部，是一种决策指挥机构，为临时性地震应急机构，但在平时已经成立，震后根据启动条件启动运作。我国的地震应急工作组织体系由地震应急管理职能部门、应急抢险救援部门和应急领导指挥机构组成。

3. 县级地震应急机构

县级以上地方人民政府抗震救灾指挥部负责统一领导、指挥和协调本行政区域的抗震救灾工作。地方有关部门和单位、当地解放军、武警部队和民兵组织等,按照职责分工,各负其责,密切配合,共同做好抗震救灾工作。

县级地震机构承担着本级政府抗震救灾指挥部办事机构和依法管理本行政区域防震减灾工作的重要职责,是震后组织协调本行政区域抗震救灾工作的主要责任主体之一。但长期以来,我国县级地震机构由于依法履职能力较弱,震后应急处置的作用发挥并不突出。在属地为主,按需支援的地震应急新机制下,有必要探索建立对县级地震机构的应急支援模式,以利于全面提升县级地震机构的应急处置能力。

由于受体制机制等因素制约,我国县级地震机构应急处置能力难以满足法定职责需求的矛盾长期存在。主要表现在:机构不健全、人才队伍少、经费投入不足、缺少技术支撑、信息获取和共享能力差,等等。汶川地震后,地震重点监视防御区的许多县级地震机构得到健全与加强,但履职能力薄弱的状况没有发生实质改变。非重防区的一些市县尚未设置地震机构,已建立的许多地震机构与其他部门合署。这种状况的长期存在,客观上导致了地震发生后,现场工作主要由省地震局和中国地震局现场工作队"包揽",虽然这种现场工作方式具有现实的合理性与必要性,但导致平常已处于"边缘化"的县级地震机构,在需要"表现"的时候,经常处于有心无力的"尴尬"境地,一定程度上影响了县级地震机构人员的工作主动性和积极性。

县级地震机构震后主体作用不突出,影响的是社会形象和公信力,影响的是县级地震机构人员和队伍的认同感、归属感和责任感,更影响县级地震机构抓住机遇、巩固地位、提升能力。"养兵千日,用兵一时",县级地震机构震后的许多"履职缺位"和"无力作为",也导致了政府社会对县级地震机构作用认识的偏颇。长此以往,将制约地震应急基层基础能力建设,影响防震减灾事业健康发展。

在现有管理体制和属地为主、按需支援的地震应急新机制下,建立对县级地震机构的应急支援模式,对于有效提升县级地震机构的应急处置能力具有积极、重要的作用。

习题

1. 什么是应急管理体制?
2. 《突发事件应对法》规定的我国应急管理体制内容是什么?
3. 简述我国应急管理工作机构的构成。
4. 讨论我国应急管理体制如何改革和完善。

第 6 章

应急管理机制

学习目标：

(1) 掌握什么是应急管理机制及其特征；应急响应阶段的机制；

(2) 理解什么是机制；预测与预警阶段的应急机制；

(3) 了解中国应急管理机制建设的背景；恢复重建阶段的应急机制。

本章知识脉络图

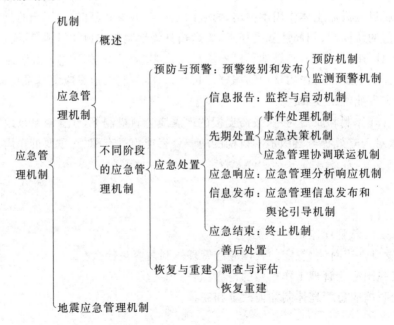

6.1 机制概述

"机制"一词最早源于希腊文。原指机器的构造和工作原理。在《现代汉语名词辞典》中对"机制"的解释是:"对事物变化的枢纽,关键起制衡的限制、协调作用的力量、机构和制度等。"《现代汉语词典》中对"机制"的解释,"机器的构造和工作原理;有机体的构造、功能和相互关系;泛指一个复杂的工作系统和某些自然现象的物理化学规律"等。我国权威的大型综合性工具书《辞海》有一个比较详尽的解释:"原指机器的构造和动作原理,生物学和医学在研究一种生物的功能时,常借指其内在工作方式,包括有关生物结构组成部分的相互关系,及其间发生的各种变化过程的物理、化学性质和相互关系。阐明一种生物功能的机制,意味着对它的认识已从现象的描述上升到质的说明。"

从"机制"的定义分析可以看出,机制从对机器的研究开始,后被引入到生物学、医学等学科,后又扩展到经济、社会、管理领域,如经济机制、管理机制等。现在,机制已成为一个泛指的概念,指系统内部的有机制约关系及其运行机理。

6.2 应急机制概述

6.2.1 应急管理机制的定义及特征

应急管理机制可被定义为:涵盖了事前、事发、事中和事后的突发事件应对全过程中各种制度化、程序化、规范化和理论化的方法与措施,及应急系统内各子系统、各要素之间相互联系、相互作用、相互制约的方式及其应变机理。

应急管理机制的特征:

第一,是人类在总结、积累应急管理实践经验的基础上形成的制度化成果,是对政府在长期应急实践中使用的各种有效方法、手段和措施的总结和提炼,经过实践检验证明有效,并在实践中不断健全和完善。是适用于各种具体突发事件的管理而又凌驾于具体突发事件管理之上的普遍方法,一般要依靠多种方式、方法的集成而起作用。

第二,其实质内涵是一组建立在相关法律、法规和部门规章之上的政府应急工作流程体系,能展现出突发事件管理系统中组织之间及其内部相互作用关系,而外在形式则体现为政府管理突发事件的职责与能力。

第三,从运作流程来看,以应急管理全过程为主线,涵盖事前、事发、事中和事后各个阶段,包括预防与应急准备、监测与预警、应急处置与救援、恢复与重建等多个环节。

6.2.2 中国应急管理机制建设的背景

十六大以来,党中央、国务院在深刻总结历史经验、科学分析公共安全形势的基础上,审时度势，做出了全面加强应急管理工作的重大决策。党的十六届三中、四中、五中、六中全会都对全面加强应急管理工作、提高保障公共安全和处置突发事件的能力，做出部署、提出要求。2003年10月，十六届三中全会通过的《中共中央关于完善社会主义市场经济体制若干问题的决定》，第一次以党的决定的形式明确提出"建立健全各种预警和应急机制，提高政府应对突发事件和风险的能力"。此后，五中全会通过的《中共中央关于制定国民经济和社会发展第十一个五年规划的建议》、六中全会做出的《中共中央关于构建社会主义和谐社会若干重大问题的决定》都相继提出："建立健全分类管理、分级负责、条块结合、属地为主的应急管理体制，形成统一指挥、反应灵敏、协调有序、运转高效的应急管理机制"。党的十七大报告也对进一步健全突发事件应急管理机制提出了明确要求。

此外，在许多政府会议、报告和相关法规与文件中，都对应急管理机制建设的重要性进行了明确与强调。2004年3月5日，温家宝总理在十届全国人大二次会议上所作的政府工作报告中提出，要加快建立、健全各种突发事件应急机制，提高政府应对公共危机的能力，此后每年的政府工作报告都对机制建设的内容作了《十一五期间国家突发公共事件应急体系建设规划》等法律法规文件，都对健全完善应急机制作了具体规定。

应急管理机制建设的重要性也在应急管理系统的内部专题会议中得以体现。在2005年7月22日至23日召开的第一次全国应急管理工作会议上，温家宝总理强调，要加强全国应急体系建设和应急管理工作，必须做好健全组织体系、运行机制、保障制度等工作。随后，在历年的全国应急管理工作会议上，都对机制建设问题进行了反复强调。2007年11月13日，国务委员兼国务院秘书长华建敏在全国贯彻实施《突发事件应对法》的电视电话会议上提出，要充分发挥各级党委、政府的政治优势和组织优势，各级政府应急管理办事机构的综合协调优势，以及各有关部门和机构的职能作用和专业优势，不断建立、健全信息通报、预防预警、应急处置、舆论引导等方面的沟通协作机制，完善统一指挥、上下一致、部门联动、应急办综合协调的工作格局。2008年11月28日，在中央组织部、国务院办公厅和国家行政学院共同主办的省部级领导干部"突发事件应急管理"专题研讨班上，国务委员兼国务院秘书长、国家行政学院院长马凯强调："要注重强化应急工作的综合协调，实现快速反应、高效运转，形成协调有效的应急管理工作机制。"并对隐患排查监控、突发事件监测预警、信息报告和共享、应急处置协调联动、社会动员、信息发布和舆论引导、国际合作等机制的内容进行了详细的阐述。

这一系列举措的实施，都为开展建设有中国特色的应急管理机制奠定了坚实的基础。

6.2.3 应急管理机制研究思路

从整体来看，我国学者大都是从应急机制组成的角度进行研究。我国的《国家突发公共事件总体应急预案》中第三部分对"运行机制"已经做了规定，将其分为四个部分，即预测与预警、应急处置、恢复与重建和信息发布；有的学者认为应急管理机制包含体系运行机制、预警机制、紧急处置机制、善后协调机制和评估机制五大部分；另外还有学者分别从指导思想、工作原则、途径和方法以及需要注意的问题等几个方面研究应急机制建设。

本章的研究是以《国家突发公共事件总体应急预案》作为基本框架,融合整个应急管理全过程作为研究对象。本研究对应于突发事件的事前、事中和事后三个阶段,将应急管理机制分为三大部分预防与预警、应急处置和恢复重建,然后将相关机制和内容归入应急处置过程中。这种分类的科学性体现在:

(1) 体现了以应急管理全过程为主线。整个应急管理机制分为预防与预警、应急处置和恢复重建是以应急管理全过程为主线,涵盖事前、事发、事中和事后各个阶段。应急管理生命周期的各个阶段没有严格的时间限制,有时所处阶段难以识别,应急管理机制贯穿于完整的应急管理系统之中。

(2) 体现了突发事件的性质。突发事件具体突发性、模糊性等特性。这种分类有利于实现在统一全国应对突发事件方法和手段的基础上,全方位调集与整合各方资源,实现应急管理行动的协调统一。

6.3 预防和预警

各地区、各部门要针对各种可能发生的突发公共事件,完善预防机制和预测预警机制,建立预防、预测预警系统,开展风险分析,做到早发现、早报告、早处置。

6.3.1 预防机制

良好的预防机制可以防患于未然,将突发公共事件解决在萌芽之中。预防机制属于事先治理机制,通过一定的措施和办法,阻止突发公共事件的产生和增强抵御突发公共事件产生的能力,达到降低突发公共事件发生的可能性。在某种程度上,突发公共事件的预防比突发公共事件发生后的处置更有意义,可以避免社会财富的浪费,节省人力、物力、财力,更有效地保障社会秩序的稳定。

1. 预防机制的含义

预防机制是指在认识突发公共事件产生规律和发生特性的基础上,利用管理、技术等手段,通过增强抵御突发公共事件产生的能力,从源头上消除其生成的环境条件,为制止其发生而制定的应急活动行为规程。

2. 预防的一般工作程序

预防工作可分为预防风险源的识别、预防措施制定、预防工作落实、预防工作检查和问题总结五个工作步骤,如图6-1所示。

(1) 风险源的识别

预防工作的第一步是选择预防的对象,识别风险源。各种事件因类别的不同而表现出不同的差异,本教材第一章介绍到全部的突发事件有自然灾害、事故灾难、公共卫生事件和

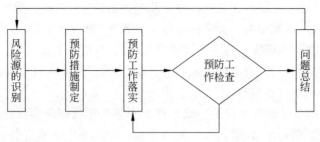

图 6-1　预防的一般工作程序

社会安全四个大的分类,而在这四个类型的事件中,两两之间都会存在交叉的现象。预防机制在这个环节上的主要目的就是分析事件的原则性机理,将事件所涉及的类别分析清楚。不同的事件类别有着不同的特征属性,而事件的特征属性往往是一些规律性的东西,对人们下一步应对事件的发展很有帮助。因此,通过对风险源的识别,可以从特征上对风险事件有一个基本的了解。

(2) 预防措施制定

针对需要重点防范的每类突发公共事件,组织专业人士、管理专家、管理部门和咨询机构,根据每类突发公共事件的产生规律和生成环境条件,在组织、资源、资金、技术和信息等许可范围内,制定出切实可行的预防措施与办法,并对预防工作提出具体明确的要求,以确保预防工作能够得到有效的贯彻和落实,达到良好的预期效果。

(3) 预防工作落实

在完成突发公共事件预防措施制定之后,要进行宣传贯彻、资源配置和任务部署。首先,预防工作必须得到组织和成员的认可,这样才能保证预防工作得到有效落实;其次,预防工作的落实要安排相应的资源配置,在人力、物力、技术和资金等方面给予保障;再次,预防工作要有具体的工作计划和任务安排,每项任务应以责任制的方式落实到承载对象上。

(4) 预防工作检查

由于有些预防工作需要经过大量的宣传、教育、培训工作,以及意识理念的提升,才能改变某些长期以来形成的生活、工作习性;绝大多数预防工作需要追加一定的人力、物力、财力和时间投入,但看不到明显的经济效益。种种原因可能使预防工作不能落实到位,需要通过检查监督确保预防工作得到有效的贯彻和认真的落实,对无视、忽视、轻视、不履行职责的组织和个体,要有相应的惩罚措施。

(5) 问题总结

任何事物都在不断发展、变化,预防工作也不例外。在突发公共事件预防过程中,会出现许多新的问题,会遇到许多新的挑战,会发现解决问题的新方法,会给预防工作带来新的启迪。因此,需要不断地进行总结,及时调整工作方式,不断改进预防工作的内容,使预防工作更有效。

6.3.2 应急管理监测预警机制

1. 监测预警机制的含义和特征

监测预警机制是突发公共事件应急管理的第一道防线,从内容上看,监测预警机制主要包括"监测""预测"和"预警"三个部分,指的是应急管理的主体通过对有关事件现象过去和现在的数据、情报和资料的监测,以先进的信息技术平台,运用逻辑推理和科学预测的方法技术,对某些突发公共事件出现的约束条件、未来发展趋势和演变规律等做出科学的估计与推断,确定相应预警级别,并发出确切的警示信号,使政府和民众提前了解事件发展的状态,以便及时采取相应策略,使造成的损失降至最低。

监测预警机制最主要的目标就是对所有突发公共事件发生因素进行准确监测和有效预警,对可能发生的各种形式的危机有一个事先估计,提前做好应急准备,选择最佳的应对方案。政府管理的目的是"使用少量钱预防,而不是花大量钱治疗",因此危机监测预警显得更为重要而有意义,而要实现这一目标,就必须保证突发公共事件监测预警机制有以下特征:

(1) 及时性

监测预警系统是信息搜集、传递、处理、识别与发布的系统,任何环节之间过程的不迅速,都会导致系统的预警失去意义,从而使其无法发挥"报警器"的作用。

(2) 准确性

监测预警机制不仅要求对信息进行快速搜集与处理,还要在短时间内对复杂的信息做出预警判断,这就要求我们针对各种危机机理制定出科学、实用的信息判断标准和确认程序,并严格按照制定的标准和程序进行判断,避免预警的主观随意性。

(3) 公开性

危机信息一经确认,就必须客观、如实、及时地向社会公开,信息不公开就不能动员全社会力量参与危机应对,还会极大地加剧危机的处置难度。

2. 监测预警系统的组成部分

(1) 信息采集、加工、存储子系统

监测预警需要信息作为基础。及时、准确的预警意味着长期采集和跟踪相关信息,并对信息进行相应的鉴别与处理,从而找到诱发突发公共事件的因素。该系统的任务是对有关危机风险源和危机征兆等信息进行收集、加工整理和存储。

信息采集子系统收集的信息主要包括:第一,监测预警对象及领域选择。此类信息收集应侧重重点对象,以重要类型情况和内容为重点。第二,监测预警目标选择。初步判断这些对象可能引发哪类危机或契机。第三,监测预警的重点选择。即确定哪些对象最为重要或哪些是潜在的危机或风险。

信息加工子系统的任务是对收集的信息进行整理、归类、识别和转化等。危机监测预警系统通过数据库、计算机辅助系统、信息技术网络等多种现代化信息处理手段,对信息进行分类收集、整合与筛选。尤其是在指标性危机预警系统中,信息与危机直接缺乏显而易见的联系,信息的整理和归类就显得更为重要。

信息存储子系统是有组织的信息的一种存在方式。信息收集子系统的工作会源源不断地产生大量有关危机征兆的原始观测数据;与此同时,信息加工子系统也会不断地将这些原始数据加工成为一系列有序信息。把这些数据和信息有效地保持起来,以供当前或将来所用,这就是信息存储子系统的任务。

(2) 预测子系统

科学的预测是应急管理的前提,该子系统通过对信息采集、加工、存储子系统提供的数据进行分析,选取合理的预测方法,预测危机爆发的可能性及危害程度,预测危机的演变、发展和趋势等,为预警决策提供科学的依据。

(3) 决策子系统

这里所说的决策,实际上指的是预警决策。决策子系统的功能是根据信息监测及预测子系统的结果,决定是否发出警报和发出警报的级别,并向警报子系统发出指令。

(4) 警报子系统

警报子系统主要是判断各种指标和因素是否突破了危机警戒线,根据判断结果决定是否发出警报,发出何种程度的警报以及用什么方式发出警报等。

3. 相关内容

预测和预警阶段主要内容是预警级别判定和预警信息的发布。根据预测分析结果,对可能发生和可以预警的突发公共事件进行预警。预警级别依据突发公共事件可能造成的危害程度、紧急程度和发展势态,一般划分为四级:Ⅰ级(特别严重)、Ⅱ级(严重)、Ⅲ级(较重)和Ⅳ级(一般),依次用红色、橙色、黄色和蓝色表示。

预警信息包括突发公共事件的类别、预警级别、起始时间、可能影响范围、警示事项、应采取的措施和发布机关等。

预警信息的发布、调整和解除可通过广播、电视、报刊、通信、信息网络、警报器、宣传车或组织人员逐户通知等方式进行,对老、幼、病、残、孕等特殊人群以及学校等特殊场所和警报盲区应当采取有针对性的公告方式。

6.3.3 预防与预警机制的相互关系

预防机制是通过对可能导致事件的风险源识别和风险初步评估,并且对事件的发生、发展与演化有了基本的了解。根据这些已经掌握信息,对是否发布预警进行决策。若前两个阶段反映的信息显示事件已经达到需要预警的程度,就发布预警信号,提醒相关部门做好突发事件的应急准备;否则,预防机制就继续对事件进行前两个阶段的监控,观察事件的相关信息。如图6-2所示。

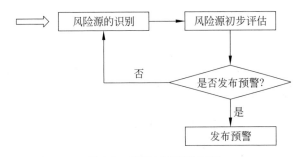

图 6-2　监测与预警关系图

6.4　应急处置

尽管人们采取有效的减缓措施,进行精心的准备,但这并不能完全避免突发事件的发生。所以,我们要时刻准备在时间、资源、资金、能力有限的情况下,根据突发事件的性质、特点和危害程度,对突发事件进行有效的响应与处置,以降低社会公众生命、健康与财产所遭受损失的程度。

6.4.1　信息报告

特别重大或者重大突发公共事件发生后,各地区、各部门要立即报告,最迟不得超过 4 小时,同时通报有关地区和部门。应急处置过程中,要及时续报有关情况。依据预防和监测预警的结果,在对突发事件超过一定的阀值后启动应急管理启动机制。流程如图 6-3 所示。

1. 监测预警机制和启动机制的相互关系

如图 6-3 所示,在应急管理的前一阶段,监测预警机制是保证应急管理体系尽量不进入启动的重要机制设计内容,它融合了风险的识别与评价、风险事件发展规律的预测、预警信号与阈值的确定以及对风险源的连续性或阶段性的监视与风险源的控制。而启动机制则是在可以监控的突发事件本身的参数超过给定阈值,或者突发事件的影响范围或程度满足给定条件时,可以启动相应预案或应急举措。在启动机制之后,就开始进入处置阶段,处置机制随之启动。

对于应急管理的机制来说,监测预警机制与启动机制是决定是否运行应急管理的阀门,对它的设置直接影响整个应急机制的运行。各种突发事件的发生总是存在一个内部能量积累的过程。如图 6-4 所示,当能量积累达到一定的程度时,事件相关系统原有的平衡就会被破坏,此时若再有其他因素的催化,便会发生能量的爆发,也就是事故或灾害的发生。

因此,监测预警机制就是在事故或灾害发生之前,对风险事件进行的一系列监视和控制的方法。当被监控的突发事件参数超过一定阀值,或者突发事件的影响范围或程度满足一

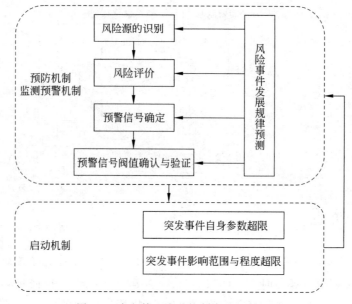

图 6-3　应急管理中监控与启动机制流程

图 6-4　风险事件的发生过程

定条件时,就需要启动相应的应急举措。启动机制就是这样一套判断灾害是否达到一定的危害程度,是否需要启动应急举措的方法。

如图 6-5 所示,应急管理中的监测机制和启动机制就是在突发事件的发生阶段发挥作用的。合理的监测预警机制应该在风险事件的原有平衡状态发生质变之前就开始运行,并贯穿于整个应急过程。就监测机制而言,通过监测相关的专业性数据和分析各种风险因素的原理性机理,对事件做一个基本的评价和判断,必要时发布危机预警,为启动机制和进一步处理事件做准备。

就启动机制而言,其作用时间一般发生在风险事件爆发之后,具体的运行时间因事件启动类型的不同而有所不同。

2. 启动机制

在监测预警机制发挥作用之后,突发事件进入启动机制。启动机制的运行应该在事件发生质变之后,而具体应该在什么时刻运行启动机制却不是一个简单的问题。如果将启动

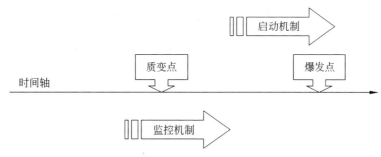

图 6-5 监控与启动机制的运行时间

应急的条件设置得太低,较早地运行启动机制的确对控制某些事件的发展有好处,但是,很多情况下有的事件本来没有必要启动应急机制,这样一来就有可能造成一定的资源浪费;相反,如果将启动应急的条件设置得太高,运行启动机制不及时,也会造成灾害性事件爆发以后仓促启动应急机制的被动局面,从而带来更为严重的损失。鉴于此,需要对事件进行认真分析,根据事件的不同特点来确定事件的启动类型,尽量在最优的时刻启动应急机制。

6.4.2 先期处置

突发公共事件发生后,事发地的省级人民政府或者国务院有关部门在报告特别重大、重大突发公共事件信息的同时,要根据职责和规定的权限启动相关应急预案,及时、有效地进行处置,控制事态。

在境外发生涉及中国公民和机构的突发事件,我驻外使领馆、国务院有关部门和有关地方人民政府要采取措施控制事态发展,组织开展应急救援工作。

在这个阶段主要机制有应急决策机制和应急协调联动机制。

1. 事件处置机制

一旦发生突发公共事件,就要开展突发公共事件的处置工作。需要一整套科学的管理流程和工作程序,以利于问题的迅速解决。如果缺乏良好的突发公共事件处置机制,那么在危害面前,就可能手忙脚乱、不知所措、穷于应付,而只能听天由命、任其宰割。

(1) 事件处置机制的含义

事件处置机制是指在突发公共事件爆发后,为尽快控制和减缓其造成的危害和负面影响所制定的应急活动行为规程。

(2) 制定事件处置机制的原则

做好突发公共事件处置机制工作,需要遵循以下具体原则。

① 属地为主

根据突发公共事件发生地域、影响的范围以及严重程度,以最有利于突发公共事件问题解决的组织为主,组成突发公共事件应急机构。任何其他应急组织都要坚定地服从其领导指挥和任务安排,及时汇报工作进展情况,协助完成突发公共事件的应对工作。

② 快速反应

由于突发公共事件本身具有突发性和不确定性,因此一旦事件发生,就需要在短时间内做出反应。决策者需要在有限的时间内迅速做出果断的决策,调动各个部门的力量,调集所需的各种资源,尽快控制事态的发展,恢复社会秩序。如果能够做到及时、准确地应对,突发公共事件造成的危害、破坏和负面影响就会大大降低。因此,在应急状况下,必须立即响应、快速行动、分秒必争,任何时间的延误和行动的失误,都可能造成不可挽回的损失。

③ 统一指挥

突发公共事件的性质、城市公共安全应急体系的宗旨以及应急活动的特点,都决定了突发公共事件处置应实行统一指挥。只有这样,才能做到统一行动、步调一致,才能有令则行、有禁则止。否则各干各的,不仅工作搞不好,而且会造成更大的混乱,不利于突发公共事件的解决。

④ 分工协作

突发公共事件处置往往需要多个部门的共同参与,既有政府部门,又有社会组织,还可能有周边地区政府、军队、国际组织和志愿者等,如突发公共卫生事件的发生,需要卫生、物资、交通、公安等许多部门共同参与。这些人员和力量需要协同开展工作,既要有明确的分工,也要有相互之间的默契配合,形成一个有机的应急整体。

⑤ 专业处置

突发公共事件引发的问题各式各样,举不胜举。在处理问题和制定各种决策中,必须依靠权威人士的知识、经验和力量,开展各种突发公共事件的处置活动。权威人士可通过专家小组、顾问团队、指导小组、抢险成员等形式参与突发公共事件的处置工作,提高应对突发公共事件的能力和水平。

⑥ 生命优先

生命是不可逆的,对每个人来讲生命只有一次。从某种意义上讲,人类所做的一切都应服务于自身的生存和发展,城市公共安全应急活动也不例外,其最终目的是保护人民生命和财产安全。因此,在突发公共事件处理过程中,应将生命放在第一位。

(3) 事件处置的一般工作程序

突发公共事件爆发之后,应根据突发公共事件分类分级,迅速判定突发公共事件的类型和级别,启动对应的应急预案和与之相关的保障预案,调动应急资源对突发公共事件进行处置。事件处置可划分为应急启动、正式行动、基本恢复和应急响应结束四个过程,如图 6-6 所示。

① 应急启动

突发公共事件一旦爆发,应迅速开展以下几方面的工作:成立临时应对小组,迅速收集相关信息,向上级部门报告,尽最大努力阻止事态的蔓延;对突发公共事件的类型、影响范围、严重性、紧迫性和变动趋势做出快速评估,启动应急预案和配套支持预案;选定报警形

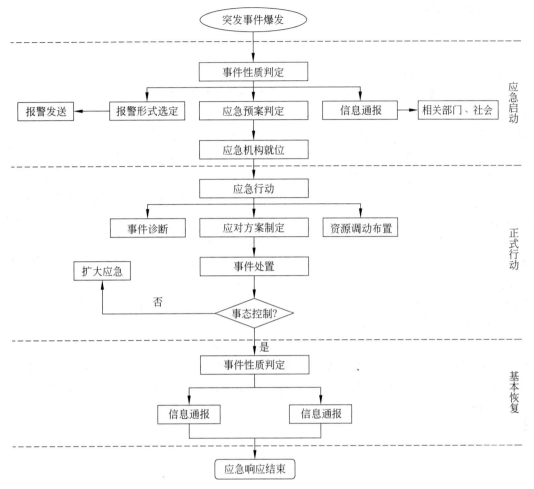

图 6-6 应急处置一般工作程序

式,向社会报警;及时向城市、国家、部门、周边等有关政府部门进行信息通报;启动正式应急机构的工作。

② 正式行动

应急预案启动后,应急机构应迅速做出具体工作安排和各种资源与应急力量部署,依靠权威人士,快速对事件做出判断,制定突发公共事件处置方案,开展事件处置工作。同时,要实时跟踪,监测事态的发展,及时调整应急力量,做好相应的扩大应急准备。向社会及时披露事态进展信息,让公众了解事实真相,遏制流言蜚语的传播。

③ 基本恢复

突发公共事件得到控制后,进入临时应急恢复阶段,该阶段包括现场清理、人员清点和撤离、警戒解除等。

④ 应急响应结束

当突发公共事件得到有效控制之后，应及时向社会和各应急机构宣布应急响应工作结束。

2. 应急管理决策机制

作为一种非常态的社会事件，突发公共事件兼具突发性、破坏性、持续性、衍生性和影响重大等特征。突发公共事件应急决策具有情景高度不确定性和动态性，决策失误将严重影响经济发展、社会稳定和生态健康。有效的应急决策机制有利于提高决策准确性和事件处理效率，发挥应急管理的整体效能，这一切有赖于构建科学的应急决策系统。

（1）突发公共事件应急决策系统分析

作为一个多目标、多变量、非线性的时变系统，突发公共事件应急决策是"情景应对"的特殊决策，其目的是最大限度地降低损失。多目标冲突性、多阶段复杂动态的应急决策受多条件约束，是内外非线性相互作用的过程。突发公共事件的不确定前景造成决策者高度紧张、常规决策方法失效，也考量着应急组织的敏捷性和决策执行能力。依据系统科学原理和决策执行过程，将突发公共事件应急决策系统分为决策目标、约束、中枢和实施四个子系统，各子系统间不断发生耦合作用，并受社会、法律、文化等环境因素的影响，通过相互之间的物质、能量和信息交换，推动决策过程动态发展。

整个系统是一个闭环式的结构。各子系统必须环环相扣、互相支持、全面联动，遵从系统性和统一性原则，使突发公共事件造成的损失和消极影响降至最低。各子系统相互独立，但在整个系统中相互作用、相互制约，并存在大量的信息反馈。系统通过高效、合理的信息反馈机制，促进各子系统的动态协调和规划，实现整体目标的最优化。突发公共事件应急决策系统结构见图6-7。

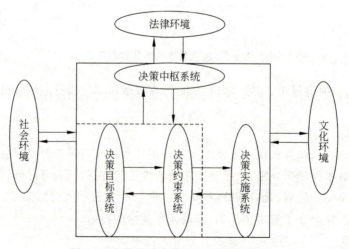

图6-7 突发公共事件应急决策系统结构

突发公共事件应急决策目标系统包括人员伤亡、财产损失、环境破坏、救援时间、救援成本和公众影响等要素。决策目标是决策方案与实施的基础,对决策方案的制定具有决定性作用,也是决策效果评估的重要依据。突发公共事件应急决策目标系统具有递阶控制特点,决策实施过程中需要将总目标分解成局部目标,并利用各级局部决策单元进行控制和协调。同时,决策目标的确定或调整要以事态发展状况和方案实施效果为依据,且因灾害严重程度与灾情发展阶段而异。

突发公共事件应急决策的约束系统包括物资、人力资源、信息及管理、技术等要素。突发公共事件的资源需求具有急迫性与动态时效性,需要根据事件情景变化和前一阶段救援效果动态多阶段调整;应急决策内外环境变动急剧,造成局部关键资源与信息稀缺;突发公共事件的发生规律和演变机理复杂,人们对其认知有限,管理机制及技术水平亦成为应急决策系统的重要约束条件。

决策中枢系统是突发公共事件应急决策系统的核心,具有决策、授权、发布指令和决策辅助的功能,且需要作为整个系统的协调器进行协调和控制。决策中枢系统包括决策主体、辅助决策机构、案例库、预案库等要素。突发公共事件应急决策必须是群体专家决策,任何普通个体都不可能具备决策所需的综合性知识、完备信息和丰富经验等。决策辅助机构为整个系统提供方法支持和决策建议,在应急决策的机制机理、事件的分类分级和决策评价方法等研究的基础上,实现预案库管理,形成资源优化配置方案,进行事件评估和预警分析,提供事件处置的决策资料与决策建议,并对应急决策效果进行评价。

决策实施系统是对决策中枢系统形成的预案和指令进行具体实施行为的系统,包括部门、人员、方案和社会参与机制等组成要素,处置实施即在中枢系统的协调下以及目标系统和约束系统的影响下发挥决策功能的过程。依据突发公共事件的性质和严重程度的不同,具体的处置实施行为涉及的机构、部门和人员也不同。

(2) 突发公共事件动态应急决策机理

突发公共事件的应对是一项复杂的社会经济系统工程,具有规模庞大、结构复杂、功能综合和影响因素众多以及不确知性和不确定性等大系统的典型特征。应急决策过程既包含子系统间的横向反馈和耦合,也包括局部决策单元与协调器之间、执行单元与局部决策单元之间的纵向反馈,通过信息流通形成一个闭环系统,独立于周围环境而存与环境间进行物质、能量与信息的交换。

突发公共事件演化过程是一个复杂系统,突发公共事件应急决策具有明显的动态特性,是阶段性处置结果和突发事件发展趋势的动态博弈过程。应急决策的动态调整即通过横向信息反馈和耦合,在协调器的作用下实现各子系统的协调和稳定;动态应急决策的有效执行,还需要根据大系统控制原理进行递阶控制并接受纵向信息的反馈。突发事件应急决策系统的递阶控制过程具体参见图6-8。

3. 应急管理协调联动机制

应急联动机制是应急管理机制中的一个重要而又复杂的组成部分。建设一个功能齐

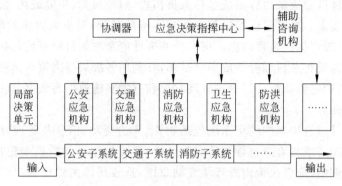

图 6-8 突发公共事件应急决策系统递阶控制

全、设施完善、平战结合、便于组织指挥的协调联动机制,有效整合和发挥各方面社会资源,是适应新形势的迫切需要和切实提高应急管理能力的体制保证。

(1) 协调联动机制的内涵

应急管理协调联动机制是指在公共突发事件应急过程中将政府诸多应急职能部门纳入统一指挥调度系统,以处理突发紧急事件和向公众提供救助服务的应急模式。

学术界和实务部门关于公共突发事件联动应急的含义有两个层面:一者侧重联动技术层面,指通过信息技术的运用实现部门之间的统一行动与互相配合,以提高危机应对反应速度与效率;二者侧重联动机制层面,强调将政府诸多应急职能部门纳入统一指挥调度系统,以处理突发事件和向公众提供救助服务的应急模式,从而取得更强的危机治理能力和更好治理绩效。这里主要讨论的是后者,即从联动体制机制层面的探讨。

应急管理协调联动机制具有如下特征:

① 应急管理协调联动机制的系统化特征

危机诱因多元、种类繁多,这需要相应的协调联动机制。应急管理协调联动机制是多种手段综合的有机系统,它通过对现有机制的规范和协调,整合应急管理各机制的力量而提高应急管理的绩效。在应急管理中,单凭一种协调手段难以达到应急管理协调联动机制建立的目的,必须整合各种手段,使之相互协调、相互配合、相互补充,以完成协调联动的目的。因此,应急管理协调联动机制是一个系统化的有机体。

② 应急管理协调联动机制的全面化特征

危机的发生和发展有其生命周期,危机机理也是一个系统的过程和循环。一个完整的危机管理过程包括危机预警、识别危机、隔离危机、管理危机、危机后处理五个阶段,这几个阶段是相互联系和不断循环的。应急管理协调联动机制,首先是一个全过程的协调体系,在每一个具体的阶段建立相应的规范和手段,准确地预警危机态势,将危机事态控制在某一个特定的阶段,避免进一步恶化。其次,不仅要在危机管理生命周期的各阶段建立协调联动的规范和手段,而且更重要的是如何实现各机制之间的有效运行。应急管理协调联动机制的建立即在宏观层面为危机管理提供制度、组织、资源、技术上的全面保证;又在微观层面上实现了危机管理各机制间的协调运作。因此应急管理协调联动机制是一个全过程、整体化的有机体系。

③ 应急管理协调联动机制的协同化特征

应急管理协调联动机制的建立涉及广泛的组织和人员,应急管理中协同一致的运作尤为重要。应急管理协调联动机制的目的就是要求政府在危机事件发生后,实现与相关职能部门、非政府组织、企业、公众和媒体等的协同治理,明晰上述各利益相关者的责任,优化整合各种社会资源,发挥协同效应,最大可能地减少危机损失。

(2) 基于危机生命周期的协调联动分析

危机问题的形成与发展有着自身的运行规律,公共危机有其发展的生命周期。公共危机的生命周期可划分为潜伏期、爆发期、恢复期与消退期四个阶段。应急管理是对公共危机生命周期全过程的管理,应急管理在不同阶段管理的重点和职能各有侧重,各阶段相互配合,最终形成整合的危机管理一体化系统(如图 6-9 所示)。

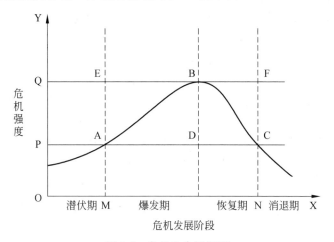

图 6-9　危机生命周期图

从应急管理的生命周期来看,协调联动机制不仅体现在应急处置阶段,而且在突发事件预防阶段就应有更早的协调,即危机爆发前就应该设立相应的协调机制。例如 2008 年南方雪灾。如果能在一些高速公路容易结冰以及容易造成重大损害的路段布网监测,就能获得路面结冰的更详细的情况,结合气象条件,可以改进道路结冰的预警,气象与交通部门联合起来进行跨部门合作,提前应对,也是减轻类似灾害损失的重要途径之一。

如图 6-9 所示,在 OPAM 这个矩形范围内,突发公共事件处于潜伏期,该阶段突发公共事件隐藏在常态管理中,容易被管理者忽略。因此,在这个阶段应急管理者重点要做好突发公共事件的预警工作。预警阶段的协调联动包括:与相关部门及相邻地区签订协调联动协议、建立协调联动信息系统、突发公共事件协调联动的培训与演习等。随着突发事件诱因的逐渐增多和积聚，突发公共事件进入全面爆发期，如图6-9中矩形ADBE所示。突发公共事件的强度大幅度上升并在爆发期达到极致，由P点升至Q点。突发公共事件随之迅速发展至转折点B点。在爆发期，应急管理协调联动的重点工作包括：成立应急管理协调联动指挥中心、建立完备的协调联动组织体系、启动事先签订的协调联动协议、做好应急管理资源的整合与调度等工作。爆发期后，突发公共事件进入恢复期和消退期，突发公共事件的影响逐渐减弱和消失，然而应急管理的协调联动仍需继续。在应急管理善后工作中，要及时总结突发公共事件处理中协调联动的经验和教训，同时做好恢复阶段的协调联动。应急管理生命周期的各个阶段没有严格的时间限制，所处阶段有时难以识别，但是应急管理协调联动机制贯穿于完整的应急管理系统之中。

6.4.3 应急响应

对于先期处置未能有效控制事态的特别重大突发公共事件，要及时启动相关预案，由国务院相关应急指挥机构或国务院工作组统一指挥或指导有关地区、部门开展处置工作。现场应急指挥机构负责现场的应急处置工作。需要多个国务院相关部门共同参与处置的突发公共事件，由该类突发公共事件的业务主管部门牵头，其他部门予以协助。

应急响应环节利用应急管理分级响应机制。

6.3.2节中讲过，我国突发公共事件总体应急预案按照突发公共事件的性质、严重程度、可控性和影响范围等因素，将其一般分为四级：Ⅰ级（特别重大）、Ⅱ级（重大）、Ⅲ级（较大）、Ⅳ级（一般），分别用红色、橙色、黄色和蓝色表示。预警级别的划分有利于政府适当而有效地应对危机，既保证突发公共事件的顺利解决，又不造成资源浪费。

蓝色等级（Ⅳ级）：一般突发公共事件指突然发生，事态比较简单，仅对较小范围内的公共安全、政治稳定和社会经济秩序造成严重危害或威胁，已经或可能造成人员伤亡和财产损失，只需要调度个别部门的力量和资源就能够处置的事件。现实中这类突发公共事件影响局限在社区和基层范围之内，可被县级政府所控制。

黄色等级（Ⅲ级）：较大突发公共事件指突然发生，事态较为复杂，对一定区域内的公共安全、政治稳定和社会经济秩序造成一定危害或威胁，已经或可能造成较大人员伤亡、较大财产损失或生态环境破坏，需要调度一些部门力量和资源进行处置的事件。现实中这类突发公共事件后果严重、影响范围大，发生在一个县以内或是波及两个县以上，超出县级政府应对能力，需要动用市有关部门力量方可控制。

橙色事件（Ⅱ级）：重大突发公共事件指突然发生，事态复杂，对一定区域内的公共安全、政治稳定和社会经济秩序造成严重危害或威胁，已经或可能造成重大人员伤亡、重大财产损失或严重生态环境破坏，需要调度多个部门或相关单位力量和资源进行联合处置的紧急事件。现实中这类突发公共事件规模大、后果特别严重，发生在一个市以内或是波及两个市以上，需要动用省级有关部门力量方可控制。

红色等级（Ⅰ级）：特别重大突发公共事件是指突然发生，事态非常复杂，对公共安全、政治稳定和社会经济秩序带来严重危害或威胁,已经或可能造成特别重大人员伤亡、特别重大财产损失或重大生态环境破坏,需要统一组织协调,调度各方面资源和力量进行应急处置的紧急事件。现实中这类突发公共事件规模极大,后果极其严重,其影响超出本省范围,需要动用全省的力量甚至请求中央政府增援和协助方可控制;其应急处置工作由发生地省级政府统一领导和协调,必要时(超出地方处理能力范围或者影响全国的)由国务院统一领导和协调应急处置工作。

应当根据突发公共事件的危害程度和事发地政府是否有足够的应付能力,来确定应急响应行动的级别和程序。如果省级政府有能力应对已经发生的突发公共事件,就应当由其负责组织应急处置工作,中央部门可予以技术、资金、物资等方面的援助,强化属地管理责任;省级政府感到无力对付或危机规模跨省时,再升级到由中央政府负责组织应对;对于已经发生或经监测预测认为可能发生的跨部门、跨省区的重大突发公共事件;由中央政府负责组织应对,形成以应对危机能力为主要依据的分级响应机制。

6.4.4 信息发布

信息发布主要利用的是应急管理信息发布和舆论引导机制。

政府对突发公共事件的信息发布,主要体现在两个方面:一是对事关公共利益的信息,是应对隐瞒,还是及时公开?这是摆在政府官员面前最难和最现实的选择。二是对事关公共利益的信息,由谁来公开?即公开信息的内容由谁把关、谁来发布?公开后如何引导社会的舆论,从而更好地应对公共危机?这个问题需要用规范的体制来解决,例如,建立日常应急管理机构和建立日常新闻发言人制度等。

1. 政府信息发布和舆论引导在应对突发公共事件中的重要性

由于突发公共事件是在政府猝不及防的情况下出现的一种危机,不少人担心信息的过早披露会造成政府工作的被动,甚至造成社会的某种不稳定,因此形成了几十年几乎一贯的"新闻、旧闻、不闻"的新闻信息传播管理思想。也就是将眼前发生的一些负面事件的信息隐瞒缓报。这种信息发布方式确实也帮助我们社会度过了几次危机,但随着信息化的到来,人们可以利用的传播渠道多元化,用信息屏蔽的方式或用沉默不报的方式来控制舆论、控制社会突发公共事件发生发展已经不太可能了。例如"非典"首先在广州爆发的时候,一方面是真实信息的隐瞒,另一方面是各种传言的喧嚣,使社会大众整天处于惶恐不安的氛围中,为此付出了沉重的代价。而2008年应对汶川大地震工作中,政府明显地从"非典"事件中吸取了经验教训,显得从容与自觉,尤其是政府信息的高度透明化反而安定了人心,稳定了社会,并为政府工作赢得了主动。事实上,无论从实践还是从理论上讲,透明的信息都是社会安定和国家长治久安不可或缺的。

(1) 透明的信息还给了社会公众一个知情权、判断权和选择权,构建了国民信息安全的保障体系。尤其在突发公共事件面前,透明的信息让老百姓了解了危险来自何方,究竟有多大,应当如何规避,而失去真实信息指导的社会公众则只有恐慌与盲动。社会学认为,人的某种情绪或思维倾向在集体环境的传递中会被放大,恐惧心理会在人人传递的过程中被无限扩大,从而变成群体的集体恐惧氛围。毫无疑问,这种集体的恐惧会在对信息无知的环境里不断增强。因此可以说真正的危险并不是来自危险本身,而是存在于对危险的无知之中。

(2) 如果真实信息缺失,传闻就很有可能泛滥成灾。美国社会学者西布塔尼曾经这样总结其对传闻泛滥机制的研究结论:传闻是新闻的代用品。事实上传闻是不能在正常渠道的新闻——对于正常渠道发布新闻的不满足是构成传闻形成乃至肆虐的决定性条件。传播学研究告诉我们,传闻的流量与两个因素有关:一是与传闻事实对公众相关程度成正比,二是跟这一事实公开的权威的渠道所发布信息的充分程度和清晰程度成反比。如果政府能通过大众媒介及时地、有针对性地发布信息,说明情况,这对于制止流言、以正视听、引导社会舆论、降低社会恐慌心理是极为有效的办法。

(3) 透明的信息发布塑造了负责任的政府的形象,由此使政府赢得社会公众的信赖与配合。如果一个政府对事关群众身家性命的大事或与群众切身利益紧密相关的事情隐瞒不报,就会使人们有理由相信政府的不负责任或严重失职。由此导致政府权威的降低,有令难行,有禁不止,社会陷入无序。因此,面对各种危机,政府越是把情况、措施说得及时、清楚明确,其信誉度就越大,社会就越发安定,人们也越能配合政府共同克服困难。所谓政府公信力体现的是政府的信用能力,它反映了公民在何种程度上对政府行为持信任态度。而真正创造出公众信任的政府有三个关键要素:透明度、受托责任和诚信。换句话说,由政府信息的透明、公务人员的受托责任和政府行为的诚信托起了政府的公信力。在这三个要素中,政府信息的透明度又是一个基础性的条件,因为缺乏真实信息的政府工作或政府行为,社会公众是无法判断其工作人员的责任心和诚实度的。

2. 信息发布和舆论引导的途径

信息发布和舆论引导普遍采用制度化的方式来进行,主要包括传统媒体信息发布、移动信息发布、互联网信息发布、举行新闻发布会等。

(1) 传统媒体信息发布

传统媒体信息发布的载体主要是广播和电视,广播和电视作为共用信息平台的一种信息发布方式,其优点是覆盖面广、信息量大且直观、差错率小,而且对公众来说易于接受,其缺点在于广播和电视的信息传输是单向的,使得公众不能及时反馈信息。

(2) 移动通信信息发布

移动通信主要包括移动电话、手机等。移动通信技术的发展使得多种格式的信息(数据、文字、图像等)可双向传输。如3G手机可以由用户选择需要的信息,特别适合突发公共事件发生后向公众传递信息,让公众及时、准确了解突发公共事件进展的情况,稳定公众情绪。但是移动通信也有其局限性,它最初是为语音业务而设计的,其带宽不能满足传输大量数据信息的要求,并且其传播信息受到使用移动通信特定人群的限制。

(3) 互联网信息发布

互联网信息发布是结合网络技术、数据库技术以及浏览器技术来进行信息发布的方式，是最直接的信息发布方式，具有很强的针对性和交互性。公众通过互联网可以方便、快捷地了解突发公共事件的相关信息，并可以在网上开展互动，但是用户必须具有上网条件，而且敏感信息在网上传输的安全性得不到很好的保障。

(4) 新闻发布会信息发布

新闻发布会是政府的职能部门直接向新闻界发布有关组织信息，解释重大事件而举办的活动，通过新闻发言人及时、准确、全面地向社会披露公共危机管理中的公共信息。新闻发言人承担着向媒体和公众提供信息、沟通交流、用政策议程引导媒体和公众议程的公共职能。通过这种制度化、直接化、人性化的方式，政府应急管理部门可以有效确保权威信息的通畅，使主流声音牢固占领宣称阵地。目前在美国各级政府中大约有40 000名的新闻发言人，时刻准备向媒体提供信息，引导舆论；英国政府在应急指导原则中指出：各机构平时就应做好相应准备，在危机发生时及时设立专门部门，委任新闻官，专门处理媒体事务；俄罗斯政府也主动谋求与媒体的合作，通过专门召开新闻发布会的方式，建立和保证与媒体之间交流渠道的通畅，增强危机处置工作的透明度。近年来，我国政府新闻发言人制度建设的步伐也在不断加快。迄今为止，国务院各部门已基本建立了新闻发言人制度，各省市地方政府也已经或正在实施该制度。经过几轮较大规模的培训，我国新闻发言人制度的规范化和专业化建设进展显著，在处置突发公共事件中日益发挥重要作用。

6.4.5 应急结束

特别重大突发公共事件应急处置工作结束，或者相关危险因素消除后，现场应急指挥机构予以撤销。

应急状态即将或已经到达终止阶段，即表示危机大部分或全部解除，处于相对安全的时期。人们从心理上感觉灾难已经过去，于是相关措施不了了之，应急过程没有明显的终止标志，即粗略地认为进入常态。而从很多实例上看，没有终止或者异常终止会引发许多本不应发生的问题，严重影响着救灾的效果。

1. 无终止及非正常终止引发的问题

应急状态的终止作为应急过程的最后一环，必不可少。根据已有的突发事件应对经验，缺失或错误终止带来的主要问题有灾情的反复、资源的浪费、引发新的灾情以及救灾组织不撤销等。

灾情的反复是最基本的问题。例如，在介绍汶川地震及灾损评估情况的发布会上，专家说明，截至9月1日12时，我国地震台网记录到2.7万余次余震，其中6级以上余震8次。可见，灾难出现反复的几率非常大，尤其是自然灾害。这就涉及终止时机选择的问题。过早终止应急状态，则无法应对接下来的灾情反复，但迟迟不终止也会造成极大的浪费。

不能正常终止应急状态的关键问题就是资源的浪费。应对突发事件需要临时调动大量资源,包括人员、物资、社会关注等。突发事件意在突发,并无事先准备,要求在短时间内集结大量资源,这是数量上的问题。另外,灾区对于所需资源一般并无自给自足的能力,应急资源需从各地运送到灾区。如果不能及时发放应急资源,会造成两方的损失,一是资源滞留给灾区带来的消耗;二是影响其他地区对资源的常规使用。

非正常终止还可能引发新的灾情。例如,某次雪灾后,救援人员由于没有接到撤离的命令,而在雪山上滞留数月之久,对救援人员的身体和心理均造成了极大的伤害。原本的灾害是雪灾,雪灾过后,却因没有终止而引发了救援人员困于雪山的新灾情。

针对特定的突发事件,政府会成立相应的救灾组织,具有区域性和灾难类型两个特征,比如汶川地震期间成立的"四川地震灾区抗震救灾领导小组"。这种类型的组织有别于常规,属于任务性组织,为完成特定任务而设置,任务完成后需解散。但实际情况是,人们只看到灾难发生后,政府成立相应组织的通知,而看不到解散的通知。救灾组织的不解散首先是机构臃肿的问题,每一个组织的存在都会有相应的人员和费用支出,也占用一定的资源,不解散违反建设"节约型政府"的原则。其次,救灾工作完成后组织解散,但何时算作完成还需进行评估,组织解散时间点难以确定。若解散时机不恰当,万一灾情反复或者社会出现新的恐慌,往往会适得其反。

在实际的救灾过程中,因为突发事件的种类、严重程度等性质的不同,救灾组织、资源等能力的不同,应急状态的非正常终止会出现各种问题,上述只是其中的主要问题。

2. 终止的条件判断和时机选择

应急终止时机的选择非常重要,因为只存在一个有效的终止时间点。判断是否应该终止,需要有力的依据。根据以往的经验和事例,可以找出一些比较明显的标志。这些标志从灾害本身、资源配置、公众反应三个方面设定。

(1) 灾害本身(D_i)

灾害的等级划分 D_1 可作为其中最重要的一个指标。一般地,突发事件都有相应的等级划分,尤其是自然灾害。比如根据最高持续风速、风暴潮、中心最低气压等不同,可以将飓风划分为五个等级;根据释放的能量不同,地震有 12 个等级,按烈度可分为 12 度。从等级便可看出灾害的严重程度,但不能仅凭一时的数据判断灾害的现状,要参考一段时间的平均状况才能有效应对灾情反复。灾情的波及范围 D_2 可作为灾害本身的第二个指标。灾害盛行时,侵略性大,会向其他地区扩展。灾害不再扩展,或者波及范围不断缩小时,便可说明灾害正在消退。

(2) 资源配置(R_i)

突发事件发生时,需要临时调用大量资源,如果安排不合理,会造成大量囤积。调用的资源可分为两部分,一部分是已分配的资源 R_1;另一部分来自捐助,有捐助允诺却未到账,用 R_2 表示。对于 R_1,决定终止应急状态前,须先确定调用资源的来源、去向和现状,对其进行合理安排,以免造成资源的闲置或丢失;对于 R_2,终止前,尤其应该确定其捐助金额、捐助日期等,以防影响以后的灾后重建,可移交其他相关常规部门管理。

(3) 公众反应（P_i）

突发事件发生，最大的损失不是建筑、设施等财产，而是破坏了公众的正常生活。公众反应针对的是整个社会，而不仅仅是灾区群众。灾区的群众因为遭受意外，无法正常生活，非灾区的群众密切关注救灾，并有捐赠行为。可以从公众的恐慌程度这个角度来考虑公众反应。如果公众恐慌程度低，就代表公众反应已正常或良好，随着公众恐慌程度的增高，代表公众反应越来越不乐观，以致不能终止应急状态。

如图 6-10 所示，以上这些指标之间是"且"的逻辑关系，即不能单凭任一指标来判定是否终止。上述每个方面的指标都可以扩展，将上述指标集成，可以得到更有说服力的综合指标。如用终止指数（S）表示是否满足应急状态终止的条件，则有下式：

$$S = f(D_i, R_i, P_i)$$

上述表达式并未列出具体的函数形式，是因为各影响因素各自所需的函数不同，并且测量单位不统一。通过进一步研究，可将模型建立在统一的基准上，得出终止指数函数：

$$S = \prod_{i=1}^{n} f(D_i) \prod_{i=1}^{n} g(R_i) \prod_{i=1}^{n} h(P_i)$$

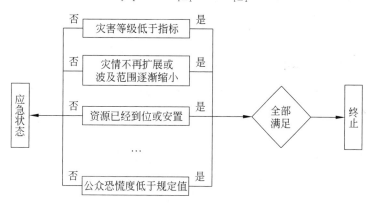

图 6-10　终止指标间的逻辑"且"关系

3. 终止机制的应用

一般而言，终止机制的实际应用包括事前终止预案的制定和事后终止通知的发布与执行两部分。

(1) 终止预案

一般出现在事先规定的应急预案中，包括确定有权发布终止通知的相关人员和机构、参考依据，以及发布终止通知后的实施程序等。预案中的参考依据只是定性说明，没有很强的可操作性，具体实施时还需制订具体方案。比如针对高温中暑事件，一般规定为："高温中暑气象等级预报持续 3 天低于预警所需等级以下，并预测在短期内预报级别不会明显上升，且大部分中暑病人得到有效救治，新发中暑病例数明显下降。"另外，终止程序主要体现在上下级的管理中,下级需向上级申请终止,上级做出决策后由下级执行。终止预案可使应急管理的程序规范化,也表示终止的重要性。

(2) 终止通知

终止通知一般包括现状说明、判断终止的依据以及具体实施的方法。这里需特别说明的是终止通知中具体实施的方法,要求各级各部门确定当地是否可以终止,终止需向上级提出申请。与预案不同的是,终止通知中提出终止后的要求包括:撰写总结报告,改进和建设现有应急体制等。另外,终止通知中判断终止的依据应有真实可靠的数据支持,具有很强的说服力。

6.5 恢复与重建

突发事件的发生干扰了社会生产生活秩序,给社会公众的生命、健康和财产造成了巨大的损失。一般认为:在突发事件的事态基本上得到有效控制后,应急管理从响应阶段过渡为恢复阶段。但实际上响应与恢复之间的界限比较模糊,恢复阶段的开始应该首先是从突发事件响应的善后处置机制开始的。

6.5.1 善后处置

要积极稳妥、深入细致地做好善后处置工作。对突发公共事件中的伤亡人员、应急处置工作人员,以及紧急调集、征用有关单位及个人的物资,要按照规定给予抚恤、补助或补偿,并提供心理及司法援助。有关部门要做好疫病防治和环境污染消除工作。保险监管机构督促有关保险机构及时做好有关单位和个人损失的理赔工作。

1. 善后处理机制和终止机制的关系

一些学者将善后处理机制(或称作善后协调机制)代替终止机制作为应急管理机制中的最后一环。善后处理机制是针对灾情解除后,对灾难造成的创伤进行弥补和恢复,一般包括资源的补偿、灾区重建、总结讨论以及奖惩评估等。但是,终止机制与善后处理机制是联系密切但不相同的两种机制。其共同点在于两者均针对应急状态的结束阶段,不同点在于应急状态的终止意味着已经完成灾后的快速恢复,而善后处理过程指的是全面恢复的阶段:终止是一次灾难的句号,过程十分短暂,可认为只是一个点,而善后处理机制是一项常态下缓慢、具有持续性的工作。

终止活动发生在善后处理之前,只有将应急状态终止,进入常态,才能进行善后处理。可以说,应急状态的终止是进行善后处理的必要条件。

当应急状态终止时,当前的灾害发展态势已经基本被遏制,或者被限制在一定范围内。此时,一般性的应对措施就足以完成对事件的控制,并有望在比较短的时间内消除事件,进入全面恢复阶段。终止机制作为应急状态的终点,是规范应急状态的终止活动,使应急状态转换为平时状态,从而确保应急管理的效果。

2. 善后工作内容

突发公共事件的波峰过去以后,为尽快恢复正常秩序,应在突发公共事件处理方案和对策的指导下有序、有步骤地迅速、全面开展工作,并尽最大努力地做好善后处理。在突发公共事件善后处理阶段:一方面妥善处理有关政治影响、经济损失的恢复性问题;另一方面要总结经验教训,以修正组织的日常决策和应急处理系统。

突发公共事件的恢复,主要是指对突发公共事件进行有效应对后,应急状态已经得到根本控制,需要采取措施缩减突发事件造成的破坏程度,对受到损失的当事人进行补偿,尽力把情况恢复到突发公共事件发生之前。因此,政府应当立足于现实情况,明确善后处理阶段组织工作的目标取向和政策导向,确定和解决两个重要任务:

(1) 启动恢复计划,强调市政、民政、医疗、保险、财政等部门的介入,尽快做好灾后重建恢复。提供灾后救济救助,重建被毁设施,尽快恢复正常的社会生产秩序。政府以突发公共事件的解决为中心和契机,控制一些与突发公共事件相关的、可能导致危机局势再度发生的各种社会问题,巩固应急管理的成果。

(2) 对突发公共事件进行客观的灾后评估,分析总结应急管理的经验教训,从突发公共事件中获益,变危险为机遇。政府通过对突发公共事件发生的原因、应急管理过程中的细致分析,提出在技术、管理、组织机构及运作程序上的改进意见,进行必要的组织变革,综合起来就是做好对人的管理和物资及系统的恢复两方面的工作。恢复工作做得好,不但可以消除突发公共事件产生的根源,还可以增强公众对政府组织的信心,重建政府良好形象。它主要包括以下四个方面:

① 成立恢复小组。突发公共事件得以控制,进入持续阶段,就应该着手善后与恢复工作,这时首先就要建立恢复小组以指导灾难或危机恢复工作。

② 确定恢复目标。恢复小组成立之后,首先要调查危害程度和收集相关信息,以确定恢复目标。信息收集过程中,恢复小组不仅要听取应急小组所提供的详细信息,还要通过对受害者的调查,掌握第一手资料,更要组织专人进入灾害现场调查评估破坏程度,综合各方面的结果,对损失进行分类整理和归纳,对危害、损失予以全面了解。

③ 制订恢复计划。恢复与重建规划的编制应该与灾害前制定的应急预案相结合,尽管恢复预案难以完全切合实际,但在恢复与重建的初期,预案能起到较好的促进作用。制定恢复计划的人员除了恢复工作小组成员,还应该包括组织各个部门的代表、部分应对人员、评估专家、利益相关者的代表等。恢复计划应包括以下一些内容:恢复对象有哪些,恢复对象的重要性排序,为什么要选择这些恢复对象,这些恢复对象重要性排序的理由等;每种恢复对象可以得到哪些资源?这些资源如何进行调动,如何提供给突发公共事件恢复人员?这些资源供应的时间表等;每种恢复对象由哪些人负责,这些人中谁是主要负责人,负责人有什么样的权利和责任等;突发公共事件恢复人员的激励政策是怎样的,突发公共事件恢复人员因额外的付出和努力可以得到什么样的补偿等;整个突发公共事件恢复对象的预算,突发

公共事件恢复的分阶段预算,各种恢复对象有什么样的预算约束;恢复工作中个人与团队之间的协调和沟通政策等。

④ 寻求援助,组织重建。恢复计划制订好后,恢复工作小组应迅速调集各种社会资源,根据有关专家指导,着手基础设施的恢复与重建工作,引导被破坏的工业生产和商业经营秩序步入正轨,稳定社会生活。

总之,突发公共事件的善后处置就是恢复与重建过程中有效地对受灾者进行物质补偿、生活安置、心理抚慰的过程,是对社会进行物质和精神的双重恢复;突发公共事件中孕育着生机,只要对突发公共事件恢复过程加以周密计划、科学管理并获得全方位支持,就能牢牢掌握应对突发公共事件的主动权,促进经济社会的全面恢复与可持续发展。

6.5.2 调查与评估

要对特别重大突发公共事件的起因、性质、影响、责任、经验教训和恢复重建等问题进行调查评估。

1. 灾情调查

(1) 调查手段

灾情调查是对灾害的各种情况进行调查,获取基础数据,然后选用不同的方法和模型进行灾害评估。

调查的主要手段有:

① 灾区实地考察和调研,这是最基本的手段,包括人员的系统考察和地方政府部门的灾情调查;

② 历史资料调查分析;

③ 各部门对各类灾害的各种监测结果;

④ 卫星航空遥感监测分析;

⑤ 计算机模拟。这些方法主要用于对灾害的跟踪监测、灾害快速宏观评估、灾害前兆观测、灾害区位编图等方面。通过实地调查以及各种形式和内容的资料的获取,为灾害的整体评估提供了最为基础的数据资料和依据。

(2) 调查内容

灾情调查是灾害整体评估的一个重要环节,主要是了解灾害整体损害和其他各方面影响,至少包括三个方面的调查:①以制定应急对策为目的的调查;②防止二次灾害扩大的相关调查;③住宅和生活秩序重建的相关调查。

另外,从突发公共事件的整体来看,调查与评估还应包括对精神及心理影响、社会影响以及其他影响的评价等。①心理影响:突发事件情况下不同群体的心理反应是指患者及亲属因疾病所遭受的痛苦、忧虑、社会隔离、不愿工作、失去受教育机会、对抗社会甚至自杀等一系列精神心理反应。由于在突发事件中所处的角色及受事件的影响程度不同,不同群体在突发事件中产生的心理反应也各具特点。②社会影响:比如公众情况、政府公信力考验、社会骚乱、环境破坏及随后可能导致的远期经济损失等,这些影响通常难以定量计算。③其他影响:突发事件不确定性的影响有时甚至高于事件本身的影响,如"非典"对人们信心的影响,特别是对政府的公信力和处理危机事件的能力信任度的影响。"非典"危机给我国的社会、经济、政治与文化等各方面带来的影响是深远的,还牵涉民族的安全、国家的形象等。

以《汶川灾后恢复重建条例》对灾害调查评估的规定为例,地震灾害调查评估应当包括下列事项:①城镇和乡村受损程度和数量;②人员伤亡情况,房屋破坏程度和数量,基础设施、公共服务设施、工农业生产设施与商贸流通设施受损程度和数量,农用地毁损程度和数量等;③需要安置的人口的数量,需要救助的伤残人员的数量,需要帮助的孤寡老人及未成年人的数量,需要提供的房屋的数量,需要恢复重建的基础设施和公共服务设施,需要恢复重建的生产设施,需要整理和复垦的农用地等;④环境污染、生态损害以及自然和历史文化遗产毁损等情况;⑤资源环境承载能力以及地质灾害、地震次生灾害和隐患等情况;⑥水文地质、工程地质、环境地质、地形地貌以及河势和水文情势、重大水利水电工程的受影响情况;⑦突发公共卫生事件及其隐患;⑧编制地震灾后恢复重建规划需要调查评估的其他事项。

将灾情调查的结果纳入灾害评估系统,将有助于对灾害的整体把握和了解,有助于灾后恢复重建规划以及减灾政策的制定。

2. 灾后损失评估

(1) 损失评估的基本内容

危机重建与恢复的行动很大程度上需要依据危机所造成的损失和影响。罗伯特·希斯在危机恢复管理的第一个步骤中强调,危机应对开始后要建立危机恢复小组并负责对受损区域的受损程度进行评估。《中华人民共和国突发事件应对法》规定,突发事件应急处置工作结束后,履行统一领导职责的人民政府应当立即组织对突发事件造成的损失的评估,组织受影响地区尽快恢复生产、生活、工作和社会秩序,制订恢复重建计划,并向上一级人民政府报告。因此,危机恢复与重建阶段的首要任务就是进行损失评估。所谓损失评估,就是明确危机恢复的范围和程度,包括对个人和整个经济社会造成的损失的评估。其中,灾后的损失评估也可称为灾后实测性评估,是在实际灾害管理中应用比较广泛的评估。它是指灾害事故发生后,对其造成的实际损害后果进行计量,目的是客观、真实地反映本次灾害损失的规律和程度,为进一步组织灾后救援工作与恢复重建工作并确定未来的减灾对策提供依据。灾后损失评估的主要内容包括以下几个方面:

① 确定评估对象与时段。确定评估的具体对象与评估时段。一方面应当根据灾害种类的划分,确定评估的具体对象——各种受灾体或可能受灾体。另一方面,确定是灾害发生前的预评估还是灾时评估或实时评估。如对某地区的地震灾害进行实时评估,其具体对象包括人员、建筑物、公共设施等需要在评估前确定。因此,确定评估对象与评估时段是灾害损失评估的第一步。

② 实地勘察事故危害区域。对事故危害区域进行实地勘察的内容，包括灾害事故的种类、起因、发生时间、发生地点，危害的区域范围、具体对象以及与损失后果评估有关的其他情况。在灾害损失勘察中，评估者可以采用抽样调查、重点调查、典型调查和普查等方式。对于大范围的自然灾害，如洪涝、旱灾、风灾、森林火灾、虫灾等，还可以应用卫星遥感技术进行勘察。

③ 从不同角度评估灾害损失。一是从受灾体的角度评价，如人员损害评价（包括生命丧失、健康受损、时间损失等）、物质损害评价（包括财产物资的毁灭、损坏或贬值等）、社会损害评价（包括经济建设发展受挫、环境受损、社会不安定）等；二是从与损失事件的关系角度评价，如国家损失、企业损失、个人及家庭损失的评估等。通过不同角度的评价，对灾害损失就会有一个比较全面的了解。

④ 核实灾害损失。进行损失评估后，为了确保评估结果的真实、准确，还应当对其进行复核。以水稻虫灾为例，假设虫灾已经发生，造成的损失亦已评估，但由于水稻生长过程中受一些生物特性影响，其受虫灾后是否死亡还不易判断，因此需要一个观察期。虫灾造成水稻损失的评估结果是否真实可靠，客观上还要受到观察期水稻生长变化的影响，只有等到观察期满并对水稻虫灾损失进行复查后，评估结果才能真正确定。因此，对灾害损失进行核实是损失评估的最后一道环节，也是十分重要的环节。

(2) 灾害损失评估的主要步骤

由于突发事件具有多样性和复杂性的特点，目前尚无完全适用于所有灾害的集成化的损失评估系统，不过各种常见的突发事件的损失评估已有了比较长足的发展。下面就以地震灾害为例介绍损失评估。

灾害损失评估是地震发生后，在短时间内估算出地震所造成的损失，包括人员伤亡、建筑物和生命线系统的破坏、地震次生灾害、经济损失和无家可归人数等。目前地震灾害损失评估主要包括地震经济损失和社会损失两大部分。地震经济损失包括地震直接经济损失、地震间接经济损失和救灾直接投入。社会损失包括人员生命和健康的损失、对社会生活和政治生活的影响及对人们的家庭和心理健康方面的影响等。在所有评估内容中，地震直接经济损失是地震灾害损失评估的重点。地震灾害损失评估的主要步骤如下：

① 初步了解灾情，确定灾区范围并划分评估子区。以人员伤亡和房屋破坏的严重程度确定灾区范围，划分农村评估区和城市评估区，调查和了解灾区外边界。

② 确定房屋的结构及破坏等级的划分标准。根据现场调查和了解，确定地震灾区房屋的结构类型以及需进行评估的结构类型。针对灾区内需要评估的每一种结构类型选择典型房屋，根据破坏等级分类原则，统一各破坏等级的具体标准。

③ 抽样调查确定损失及破坏情况。通过抽样，分组调查房屋结构的破坏情况，评定破坏等级，计算破坏比，并确定各类结构的损失比。

④ 计算房屋的直接经济损失。根据调查计算的建筑面积、破坏比、损失比及重建单价等计算直接经济损失。

⑤ 计算生命线系统的直接经济损失和室内财产损失。
⑥ 汇总其他直接经济损失和救灾直接投入费用。
⑦ 估计间接经济损失。
⑧ 汇总损失、评定结果和编写报告。

6.5.3 恢复重建机制

在英语中,与"恢复"(recovery)一词同时使用的还有"复原"(restoration)、"复兴"(rehabilitation)、"重建"(reconstruction)、"归还"(restitution)。但是,这些词汇都不足以完整地表示恢复的含义:"复原"主要指恢复到灾前的水平;"复兴"则突出"改进"的含义;"重建"则主要指物理环境与建筑物;"归还"则突出法律意义。我们所使用的"恢复"一词具有恢复原状的含义,也有加强和改进的含义;既包括物理上的重建,也包括经济、环境、社会、心理影响的消除;既关照了法律责任与义务,也包含了社会道义的约束。因此,"恢复"之中包含着"重建"的意思。

在汉语中,恢复与重建放在一起连用。恢复重建是消除突发事件短期、中期和长期影响的过程。它主要包括两类活动:一是恢复,即使社会生产生活运行恢复常态;二是重建,即对于因灾害或灾难影响而不能恢复的设施等进行重新建设,所以重建也是恢复。

归结起来,恢复重建就是一个逐步消除突发事件短期、中期和长期影响的过程,是一个站在新的起点上继往开来的过程。

1. 恢复重建的内容

美国的应急管理专家将恢复重建分为四个阶段,每个阶段的内容如表 6-1 所示。

表 6-1 恢复重建的四个阶段及内容

阶段	名称	内容
第一阶段	灾害评估	形势快速评估(Rapid assessment) 初步损失评估(Preliminary damage assessment) 受灾现场评估(Site assessment) 被害者需求评估(Victim' needs assessment) 应该汲取的教训(Lessons learned)
第二阶段	短期重建	灾害影响区的安全(Impact area security) 临时避难所/住宅(Temporary shelter/housing) 基础设施重建(Infrastructure restoration) 废墟管理(Debris management) 应急事态的破坏(Emergency demolition) 修复许可(Repair permitting) 捐赠管理(Donations management) 灾害援助(Disaster assistance)

续表

阶段	名称	内容
第三阶段	长期重建	危险源控制与区域保护(Hazard source control and area protection) 土地利用规则(Land use practice) 大楼建筑规则(Building construction practice) 公共卫生/心理健康重建(Public health/mental health recovery) 经济发展(Economic development) 基础设施抗灾力(Infrastructure resilience) 历史遗址保护(Historic preservation) 环境重建(Environmental recovery) 灾害纪念(Disaster memorialization)
第四阶段	重建管理	部门告知与动员(Agency notification and mobilization) 重建设施与装备动员(Mobilization of recovery facilities and equipment) 内部指导与控制(Internal direction and control) 外部协调(External coordination) 公共信息(Public information) 重建的执法与资金筹措(Recovery legal authority and financing) 行政与后勤支持(Administrative and logistical support) 档案编撰(Documentation)

2. 恢复重建的关键性问题

恢复重建的关键性问题如图 6-11 所示。

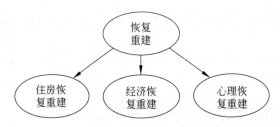

图 6-11 恢复重建的关键性问题

(1) 住房重建

① 住房重建的阶段划分

住房恢复重建需要经历 4 个阶段：

Ⅰ. 应急住处(Emergency Shelter)

应急住处是指社会公众在灾后紧急安身、躲避风雨的场所，如许多家庭在地震等灾害发生后暂时在汽车中休息。

Ⅱ. 临时住处(Temporary Shelter)

临时住处不仅能提供休息的地方，也能满足灾民饮食的需要。比如：灾民投靠亲戚朋友或在宾馆、体育馆中暂时安身，教堂也常常成为灾民的临时住处。

Ⅲ. 临时住房(Temporary Housing)

临时住房是灾民个人拥有的、非长期的安身场所,其不像临时住处那样带有避难场所的色彩,是多人共有的。

Ⅳ. 永久住房(Permanent Housing)

在理想的地址重建长期住宅。在永久住房完工后,灾民乔迁新居。

在我国,关于住房恢复重建的流程,这里用一个案例来说明。下面是福建省将乐县灾区民房恢复重建的工作流程(见图 6-12)。

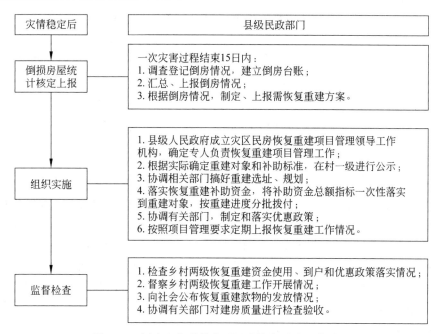

图 6-12　福建省将乐县灾区民房恢复重建工作流程

② 我国的住房重建的政策设计

我国的灾后住房重建是系统性的政府主导工程,其中以汶川地震灾后恢复重建的住房重建最有代表性。

《汶川地震灾后恢复重建总体规划》中规定城乡住房的恢复重建,要针对城乡居民住房建设的不同特点,制定相应的政府补助政策。对可以修复的住房,要尽快查验鉴定,抓紧维修加固;对需要重建的住房,要科学选址、集约用地、合理确定抗震设防标准,尽快组织实施。

Ⅰ. 农村居民住房

农村居民住房的恢复重建,要与新农村建设相结合,充分尊重农民意愿,实行农户自建、政府补助、对口支援、社会帮扶相结合。

改进建筑结构,提高建筑质量,符合抗震设防要求,满足现代生活需要,体现地方特色和民族传统风貌,节约用地,保护生态。

灾区各级人民政府要组织规划设计力量,为农村居民免费提供多样化的住房设计样式和施工技术指导。

Ⅱ.城镇居民住房

城镇居民住房的恢复重建,要按照市场运作、政策支持的原则,依据城镇总体规划和近期建设规划,实行维修加固、原址重建和异址新建相结合。

对一般损坏的住房要进行加固,对倒塌和严重破坏的住房进行新建。

做好与现行城镇住房供应体系的衔接,重点组织好廉租住房和经济适用住房建设,合理安排普通商品住房建设。中央直属机关企事业单位职工的住房,纳入所在地城镇居民住房重建规划。

恢复并完善原址重建居住区的配套设施,异址新建住房原则上应按居住小区或居住组团配套建设公共服务设施、基础设施、商贸网点和公共绿地等。

从上面的规定可以看出,国家关于地震灾后重建的政策设计是科学的,有选择性地吸收了一部分民间或学界的政策建议,坚持了"政府引导、市场运作、政策支持"的原则,也注重了短期和长期目标的协调,坚持了科学发展的思路。

(2)经济恢复重建

突发事件的发生,通常会直接造成大面积的基础设施损毁、工业停产、农业减产、商业活动中断等经济损失,间接还可能造成物价上涨、失业率上升、居民收入下降、物资需求上升等影响。尤其是重大自然灾害,如地震、海啸、台风等发生后,往往会对农业、林业、渔业、畜牧业、养殖业、旅游业等带来灭顶之灾。以刚刚发生的青海玉树地震为例,地震损失预计达8 000亿元。因此,短时间内消除突发带来的经济影响一般很困难。通常,经济恢复重建主要侧重于基础设施和产业两大重要方面。

① 基础设施恢复重建

基础设施恢复重建是指为社会生产和居民生活提供基础性公共服务的设施,是社会赖以生存发展的一般物质条件,是用于保证社会经济活动正常进行的公共服务系统。狭义上,主要包括公路、铁路、机场、通信、水电、煤气等大型工程设施,广义上也包括教育、科技、医疗卫生、体育、文化等公共事业设施。基础设施是国民经济各项事业发展的基础。经济越发展,对基础设施的要求越高;完善的基础设施对加速社会经济运行,促进其经济活动的空间分布形态演变起着巨大的推动作用。因此,基础设施的恢复重建对于灾后整体恢复重建起到先导性和基础性作用,政府通常都会投入巨大的资金支持。

例如,2008年汶川地震发生后,发展改革委、交通运输部、原铁路部、工业和信息化部、水利部、国家能源局联合印发了《汶川地震灾后恢复重建基础设施专项规划》,内容包括交通(高速公路、干线公路、铁路、民航)、通信(通信、邮政)、能源(电网、电源、煤矿、油气)和水利四大方面,涉及四川、甘肃、陕西三省51个严重受灾县市区,规划恢复重建期限为3年,估算总投资1 670亿元。《汶川地震灾后恢复重建总体规划》也对基础设施规划做出了明确的规定:基础设施的恢复重建,要把恢复功能放在首位,根据地质地理条件和城乡分布合理调整布局,与当地经济社会发展规划、城乡规划、土地利用规划相衔接,远近结合,优化结构,合理确定建设标准,增强安全保障能力。

② 产业恢复重建

产业的恢复重建是发展灾区经济、扩大灾区就业、维护灾区稳定、确保灾区可持续发展的关键。例如,《汶川地震灾后恢复重建总体规划》中明确要求"产业的恢复重建,要根据资源环境承载能力、产业政策和就业需要,以市场为导向,以企业为主体,合理引导受灾企业原地恢复重建、异地新建和关停并转、支持发展特色优势产业、推进结构调整,促进发展方式转变,扩大就业机会"。

(3) 心理恢复重建

汶川地震不仅造成巨大的经济损失,更让人的心灵遭遇了巨大而持久的心理创伤。政府主要集中精力大规模投资搞物质重建,却容易忽视心理重建。伴随着物质重建工作的逐步完成,表面上恢复了昔日的生产生活,而实际上"外伤"恢复了,"内伤"却还在长久地经受痛苦的折磨。因此,大灾大难过后,必须高度重视受害者的心理重建。

① 何谓"心理重建"

"心理重建"就是人们的心理状态重新恢复的过程,是指对处在心理危机状态下的个人采取明确有效措施,使之最终战胜危机,重新适应新的生活。其主要目的是避免明确有效措施,使之最终战胜危机,重新适应新的生活。其主要目的是避免自伤或伤及他人,恢复心理的平衡与持续生存的动力。国外学者研究表明,灾害发生之后3个月为"灾后冲击早期",如不及时采取合理的心理干预,灾难发生后3个月,可能出现一些幸存者自杀的高峰。灾后重建并不仅仅意味着重新修起楼房,重新铺平公路,物质的援助可以帮助家园的重建,而只有心理的救援才能抚平心灵的创伤。因此,如果说物质的恢复重建是在第一时间所需进行的重要工作的话,那么心理干预和救助就是灾区社会重建的第一位的工作,也是需要持续进行的一项工作。

② 如何进行"心理重建"

Ⅰ. 初期:善于运用共情策略

共情,又称同感、理心、同情、移情等。作为一种咨询技术,通常指心理咨询工作人员要设身处地地理解来访者知觉外部世界的方式,感受来访者体验到的世界,分享其对外部刺激的心理反应,并将自己的准确理解有效地反馈给来访者,以此促进来访者自我分析、自我感悟、自我认知能力的成长。共情的重要目的在于帮助来访者打开自己的内心世界,正视自己的经验和能力,真实地领悟自己的情绪感受和思维方式,以此促进来访者能力的成长。共情在突发事件发生后初期的心理重建工作中起着非常重要的作用。

Ⅱ. 中期:建立社会支持系统

心理重建,需要建立有效的社会支持系统。面对突发带来的灾难,受害者如果得不到足够的社会支持,创伤就会增加,应激障碍的发生几率会提高;反之,个体对社会支持的满意度越高,创伤后应激障碍发生的危险性越小。研究显示,人们在遭受重大精神刺激时,灾难后人际之间的相互扶持,有助于人们的心理稳定。灾后很多受害者的第一反应就是渴望见到亲人,与家人团聚。灾民极度缺乏安全感,也非常孤独无助。此时,一个问候的电话,一条温情的短信、寸步不离的陪伴等,都是很重要的心理支持。所以,对于失去亲人、爱人或挚友的灾民,一定要有人监护、陪伴,给予必要的鼓励,在一些特殊的日子如哀悼日、忌日等观察他们的情感及生活状态,并积极为他们提供帮助。政府应该尽快帮助灾民恢复基本的生活秩序。灾民的衣、食、住、行、卫生等基本需求必须及时得到满足。这些都是建立社会支持系统必须考虑的方面。

Ⅲ. 后期:自助与引导相结合

通过前两个阶段的心理重建工作,灾民们的心理基本稳定下来,外界的感情也慢慢开始驱动自身的精神动力,为了缅怀失去的亲人、朋友,为了今后持续的生存、发展,灾民这个时候应该将心理自助与外界援助结合起来,不断地坚定自身信念,迈步向前。这个时候,政府和社会都要大力宣传,积极引导,鼓励灾民邻里互助,重建家园。灾民们要学会运用之前心理救援工作者教给自己的一些基本的自助方法,慢慢调适自己的心态,让自己尽快摆脱灾难和刺激在心目中造成的强烈恐惧感和心理创伤,积极投入到正在开展的住房重建、经济重建过程中,让自己运动起来,忙碌起来,通过自己的双手重新建立起一个新的家园,开始新的生活,让新生活慢慢涤荡内心的阴影。

6.6 地震应急机制

按照《国家地震应急预案》,地震应急机制包括响应机制、监测报告、应急响应、指挥协调、恢复重建和保障措施6类。按照地震发生的时间依次发挥着各自的作用。

6.6.1 震前应急机制

震前的地震应急机制有响应机制和监测报告机制。

1. 响应机制

(1) 地震灾害分级

地震灾害分为特别重大、重大、较大、一般四级。

① 特别重大地震灾害是指造成300人以上死亡(含失踪),或者直接经济损失占地震发生地省(区、市)上年国内生产总值1%以上的地震灾害。

当人口较密集地区发生7.0级以上地震,人口密集地区发生6.0级以上地震,初判为特别重大地震灾害。

② 重大地震灾害是指造成50人以上、300人以下死亡(含失踪)或者造成严重经济损失的地震灾害。

当人口较密集地区发生6.0级以上、7.0级以下地震,人口密集地区发生5.0级以上、6.0级以下地震,初判为重大地震灾害。

③ 较大地震灾害是指造成 10 人以上、50 人以下死亡(含失踪)或者造成较重经济损失的地震灾害。

当人口较密集地区发生 5.0 级以上、6.0 级以下地震,人口密集地区发生 4.0 级以上、5.0 级以下地震,初判为较大地震灾害。

④ 一般地震灾害是指造成 10 人以下死亡(含失踪)或者造成一定经济损失的地震灾害。

当人口较密集地区发生 4.0 级以上、5.0 级以下地震,初判为一般地震灾害。

(2) 分级响应

根据地震灾害分级情况,将地震灾害应急响应分为Ⅰ级、Ⅱ级、Ⅲ级和Ⅳ级。

① 应对特别重大地震灾害,启动Ⅰ级响应。由灾区所在省级抗震救灾指挥部领导灾区地震应急工作;国务院抗震救灾指挥机构负责统一领导、指挥和协调全国抗震救灾工作。

② 应对重大地震灾害,启动Ⅱ级响应。由灾区所在省级抗震救灾指挥部领导灾区地震应急工作;国务院抗震救灾指挥部根据情况,组织协调有关部门和单位开展国家地震应急工作。

③ 应对较大地震灾害,启动Ⅲ级响应。在灾区所在省级抗震救灾指挥部的支持下,由灾区所在市级抗震救灾指挥部领导灾区地震应急工作。中国地震局等国家有关部门和单位根据灾区需求,协助做好抗震救灾工作。

④ 应对一般地震灾害,启动Ⅳ级响应。在灾区所在省、市级抗震救灾指挥部的支持下,由灾区所在县级抗震救灾指挥部领导灾区地震应急工作。中国地震局等国家有关部门和单位根据灾区需求,协助做好抗震救灾工作。

地震发生在边疆地区、少数民族聚居地区和其他特殊地区,可根据需要适当提高响应级别。地震应急响应启动后,可视灾情及其发展情况对响应级别及时进行相应调整,避免响应不足或响应过度。

2. 监测报告机制

(1) 地震监测预报

中国地震局负责收集和管理全国各类地震观测数据,提出地震重点监视防御区和年度防震减灾工作意见。各级地震工作主管部门和机构加强震情跟踪监测、预测预报和群测群防工作,及时对地震预测意见和可能与地震有关的异常现象进行综合分析研判。省级人民政府根据预报的震情决策发布临震预报,组织预报区加强应急防范措施。

(2) 震情速报

地震发生后,中国地震局快速完成地震发生时间、地点、震级、震源深度等速报参数的测定,报国务院,同时通报有关部门,并及时续报有关情况。

(3) 灾情报告

地震灾害发生后,灾区所在县级以上地方人民政府及时将震情、灾情等信息报上级人民政府,必要时可越级上报。发生特别重大、重大地震灾害,民政部、中国地震局等部门迅速组织开展现场灾情收集、分析研判工作,报国务院,并及时续报有关情况。公安、安全生产监管、交通、铁道、水利、建设、教育、卫生等有关部门及时将收集了解的情况报国务院。具体工作程序如图 6-13 所示。

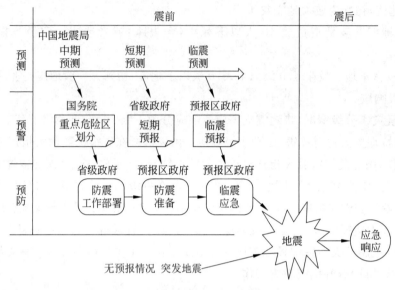

图 6-13 地震预警预防机制示意图

6.6.2 震中应急机制

地震发生后,高效有序的地震应急救援行动对挽救生命,减少或者避免人员伤亡,防止灾害扩大,尽快恢复社会秩序是至关重要的。据地震应急期救人需求,震后 1 天为特急期,2~3 天为突急期(联合国救灾署称震后 3 天内为"黄金时间"),4~10 天为紧急期。救援者须在特急期内到达并进入灾区才能救出更多人。有资料分析显示:1976 年唐山 7.8 级地震,震后第 1 天救出的存活率为 81.6%,第 2 天下降到 33.7%,3~5 天分别为 36.7%、20%和 7%;1995 年日本阪神 7.3 级地震 5 天存活率分别为 80.5%、28.5%、21.8%、5.9%和 5.8%,与唐山地震非常接近。这些数字说明救援力量进入灾区时间越短,越有利于救援工作的开展。

1. 指挥协调机制

(1) 特别重大地震灾害

① 先期保障

特别重大地震灾害发生后,根据中国地震局的信息通报,有关部门立即组织做好灾情航空侦察和机场、通信等先期保障工作。

Ⅰ. 测绘地信局、民航局、总参谋部等迅速组织协调出动飞行器开展灾情航空侦察。

Ⅱ．总参谋部、民航局采取必要措施保障相关机场的有序运转，组织修复灾区机场或开辟临时机场，并实行必要的飞行管制措施，保障抗震救灾工作需要。

Ⅲ．工业和信息化部按照国家通讯保障应急预案及时采取应对措施，抢修受损通信设施，协调应急通信资源，优先保障抗震救灾指挥通信联络和信息传递畅通。自有通信系统的部门尽快恢复本部门受到损坏的通信设施，协助保障应急救援指挥通信畅通。

② 地方政府应急处置

省级抗震救灾指挥部立即组织各类专业抢险救灾队伍开展人员搜救、医疗救护、受灾群众安置等，组织抢修重大关键基础设施，保护重要目标；国务院启动Ⅰ级响应后，按照国务院抗震救灾指挥机构的统一部署，领导和组织实施本行政区域抗震救灾工作。

灾区所在市（地）、县级抗震救灾指挥部立即发动基层干部群众开展自救互救，组织基层抢险救灾队伍开展人员搜救和医疗救护，开放应急避难场所，及时转移和安置受灾群众，防范次生灾害，维护社会治安，同时提出需要支援的应急措施建议；按照上级抗震救灾指挥机构的安排部署，领导和组织实施本行政区域抗震救灾工作。

③ 国家应急处置

中国地震局或灾区所在省级人民政府向国务院提出实施国家地震应急Ⅰ级响应和需采取应急措施的建议，国务院决定启动Ⅰ级响应，由国务院抗震救灾指挥机构负责统一领导、指挥和协调全国抗震救灾工作。必要时，国务院直接决定启动Ⅰ级响应。

国务院抗震救灾指挥机构根据需要设立抢险救援、群众生活保障、医疗救治和卫生防疫、基础设施保障和生产恢复、地震监测和次生灾害防范处置、社会治安、救灾捐赠与涉外事务、涉港澳台事务、国外救援队伍协调事务、地震灾害调查及灾情损失评估、信息发布及宣传报道等工作组，国务院办公厅履行信息汇总和综合协调职责，发挥运转枢纽作用。必要时，国务院抗震救灾指挥机构在地震灾区成立现场指挥机构。

（2）重大地震灾害

① 地方政府应急处置

省级抗震救灾指挥部制订抢险救援力量及救灾物资装备配置方案，协调驻地解放军、武警部队，组织各类专业抢险救灾队伍开展人员搜救、医疗救护、灾民安置、次生灾害防范和应急恢复等工作。需要国务院支持的事项，由省级人民政府向国务院提出建议。

灾区所在市（地）、县级抗震救灾指挥部迅速组织开展自救互救、抢险救灾等先期处置工作，同时提出需要支援的应急措施建议；按照上级抗震救灾指挥机构的安排部署，领导和组织实施本行政区域抗震救灾工作。

② 国家应急处置

中国地震局向国务院抗震救灾指挥部上报相关信息，提出应对措施建议，同时通报有关部门。国务院抗震救灾指挥部根据应对工作需要，或者灾区所在省级人民政府请求或国务院有关部门建议，采取以下一项或多项应急措施：

Ⅰ．派遣公安消防部队、地震灾害紧急救援队、矿山和危险化学品救护队、医疗卫生救援队伍等专业抢险救援队伍,赶赴灾区抢救被压埋幸存者和被困群众,转移救治伤病员,开展卫生防疫等。必要时,协调解放军、武警部队派遣专业队伍参与应急救援。

Ⅱ. 组织调运救灾帐篷、生活必需品等抗震救灾物资。

Ⅲ. 指导、协助抢修通信、广播电视、电力、交通等基础设施。

Ⅳ. 根据需要派出地震监测和次生灾害防范、群众生活、医疗救治和卫生防疫、基础设施恢复等工作组,赴灾区协助、指导开展抗震救灾工作。

Ⅴ. 协调非灾区省级人民政府对灾区进行紧急支援。

Ⅵ. 需要国务院抗震救灾指挥部协调解决的其他事项。

(3) 较大、一般地震灾害

市(地)、县级抗震救灾指挥部组织各类专业抢险救灾队伍开展人员搜救、医疗救护、灾民安置、次生灾害防范和应急恢复等工作。省级抗震救灾指挥部根据应对工作实际需要或下级抗震救灾指挥部请求,协调派遣专业技术力量和救援队伍,组织调运抗震救灾物资装备,指导市(地)、县开展抗震救灾各项工作;必要时,请求国家有关部门予以支持。

根据灾区需求,中国地震局等国家有关部门和单位协助地方做好地震监测、趋势判定、房屋安全性鉴定和灾害损失调查评估,以及支援物资调运、灾民安置和社会稳定等工作。必要时,派遣公安消防部队、地震灾害紧急救援队和医疗卫生救援队伍赴灾区开展紧急救援行动。

2. 应急响应机制

各有关地方和部门根据灾情和抗灾救灾需要,采取以下措施。

(1) 搜救人员

立即组织基层应急队伍和广大群众开展自救互救,同时组织协调当地解放军、武警部队、地震、消防、建筑和市政等各方面救援力量,调配大型吊车、起重机、千斤顶、生命探测仪等救援装备,抢救被掩埋人员。现场救援队伍之间加强衔接和配合,合理划分责任区边界,遇有危险时及时传递警报,做好自身安全防护。

(2) 开展医疗救治和卫生防疫

迅速组织协调应急医疗队伍赶赴现场,抢救受伤群众,必要时建立战地医院或医疗点,实施现场救治。加强救护车、医疗器械、药品和血浆的组织调度,特别是加大对重灾区及偏远地区医疗器械、药品供应,确保被救人员得到及时医治,最大程度减少伤员致死、致残。统筹周边地区的医疗资源,根据需要分流重伤员,实施异地救治。开展灾后心理援助。

加强灾区卫生防疫工作。及时对灾区水源进行监测消毒,加强食品和饮用水卫生监督;妥善处置遇难者遗体,做好死亡动物、医疗废弃物、生活垃圾、粪便等消毒和无害化处理;加强鼠疫、狂犬病的监测、防控和处理,及时接种疫苗;实行重大传染病和突发卫生事件每日报告制度。

(3) 安置受灾群众

开放应急避难场所,组织筹集和调运食品、饮用水、衣被、帐篷、移动厕所等各类救灾物资,解决受灾群众吃饭、饮水、穿衣、住处等问题;在受灾村镇、街道设置生活用品发放点,确保生活用品的有序发放;根据需要组织生产、调运、安装活动板房和简易房;在受灾群众集中安置点配备必要的消防设备器材,严防火灾发生。救灾物资优先保证学校、医院、福利院的需要;优先安置孤儿、孤老及残疾人员,确保其基本生活。鼓励采取投亲靠友等方式,广泛动员社会力量安置受灾群众。

做好遇难人员的善后工作,抚慰遇难者家属;积极创造条件,组织灾区学校复课。

(4) 抢修基础设施

抢通修复因灾损毁的机场、铁路、公路、桥梁、隧道等交通设施,协调运力,优先保证应急抢险救援人员、救灾物资和伤病人员的运输需要。抢修供电、供水、供气、通信、广播电视等基础设施,保障灾区群众基本生活需要和应急工作需要。

(5) 加强现场监测

地震局组织布设或恢复地震现场测震和前兆台站,实时跟踪地震序列活动,密切监视震情发展,对震区及全国震情形势进行研判。气象局加强气象监测,密切关注灾区重大气象变化。灾区所在地抗震救灾指挥部安排专业力量加强空气、水源、土壤污染监测,减轻或消除污染危害。

(6) 防御次生灾害

加强次生灾害监测预警,防范因强余震和降雨形成的滑坡、泥石流、滚石等造成新的人员伤亡和交通堵塞;组织专家对水库、水电站、堤坝、堰塞湖等开展险情排查、评估和除险加固,必要时组织下游危险地区人员转移。

加强危险化学品生产储存设备、输油气管道、输配电线路的受损情况排查,及时采取安全防范措施;对核电站等核工业生产科研重点设施,做好事故防范处置工作。

(7) 维护社会治安

严厉打击盗窃、抢劫、哄抢救灾物资、借机传播谣言制造社会恐慌等违法犯罪行为;在受灾群众安置点、救灾物资存放点等重点地区,增设临时警务站,加强治安巡逻,增强灾区群众的安全感;加强对党政机关、要害部门、金融单位、储备仓库、监狱等重要场所的警戒,做好涉灾矛盾纠纷化解和法律服务工作,维护社会稳定。

(8) 开展社会动员

灾区所在地抗震救灾指挥部明确专门的组织机构或人员,加强志愿服务管理;及时开通志愿服务联系电话,统一接收志愿者组织报名,做好志愿者派遣和相关服务工作;根据灾区需求、交通运输等情况,向社会公布志愿服务需求指南,引导志愿者安全有序参与。

视灾情开展为灾区人民捐款捐物活动,加强救灾捐赠的组织发动和款物接收、统计、分配、使用、公示反馈等各环节工作。

必要时,组织非灾区人民政府,通过提供人力、物力、财力、智力等形式,对灾区群众生活安置、伤员救治、卫生防疫、基础设施抢修和生产恢复等开展对口支援。

(9) 加强涉外事务管理

及时向相关国家和地区驻华机构通报相关情况;协调安排国外救援队入境救援行动,按规定办理外事手续,分配救援任务,做好相关保障;加强境外救援物资的接受和管理,按规定做好检验检疫、登记管理等工作;适时组织安排境外新闻媒体进行采访。

(10) 发布信息

各级抗震救灾指挥机构按照分级响应原则,分别负责相应级别地震灾害信息发布工作,回应社会关心。信息发布要统一、及时、准确、客观。

(11) 开展灾害调查与评估

地震局开展地震烈度、发震构造、地震宏观异常现象、工程结构震害特征、地震社会影响和各种地震地质灾害调查等。民政、地震、国土资源、建设、环境保护等有关部门,深入调查灾区范围、受灾人口、成灾人口、人员伤亡数量、建构筑物和基础设施破坏程度、环境影响程度等,组织专家开展灾害损失评估。

(12) 应急结束

在抢险救灾工作基本结束、紧急转移和安置工作基本完成、地震次生灾害的后果基本消除,以及交通、电力、通信和供水等基本抢修抢通、灾区生活秩序基本恢复后,由启动应急响应的原机关决定终止应急响应。

6.6.3 震后应急机制

应急结束之后就进入震后恢复重建机制。灾区地方各级人民政府应当根据灾后恢复重建规划和当地经济社会发展水平,有计划、分步骤地组织实施本行政区域灾后恢复重建。上级人民政府有关部门对灾区恢复重建规划的实施给予支持和指导。

地震应急工作的根本目的是在地震前采取尽可能有效的措施,保护人民的生命财产安全,保护重要设施不受或少受损失,在地震灾害发生后,尽可能迅速、有效地开展救援活动并采取措施减少和防止灾害的扩大,迅速地恢复社会秩序。由于地震灾害突发性强,破坏性大,应急处理的时效性要求很高,因此地震灾害的应急管理必须将震前预防和应急准备、震时应急响应以及震后的应急救援和恢复重建综合考虑,实现预测、预防及救助相结合的综合管理模式。

习题

1. 什么是应急管理机制?
2. 简述预防与预警机制的关系。
3. 分析突发事件应急决策系统。
4. 应急管理协调联动机制的内涵是什么?
5. 恢复重建关键性问题有哪几种?

第 7 章

一 案 三 制

学习目标:

(1) 掌握应急管理体系的四个核心要素;应急管理各要素之间"四位一体"的关系及优先次序;

(2) 理解《突发事件应对法》中对应急预案、应急管理体制的相关条文。

本章知识脉络图

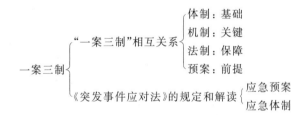

"一案三制"是一个密不可分的有机整体,共同构成了应急管理体系的基本框架。在当前我国应急管理理论研究和实际工作中,部分机构和个人不加区分地混用上述概念,因而理清"一案三制"间的复杂关系对理论研究和实践操作具有重要意义。本章的内容是在前面分别对应急预案、应急法制、应急体制和应急机制单项研究的基础之上,研究它们之间相互关系,从而使错综复杂相互交织的"一案三制"层次清晰,关系明确,有效指导应急管理实践。

7.1 "一案三制"相互关系

7.1.1 "一案三制":四要素之间的关系

1. "一案三制"是应急管理体系的四个核心要素

完备的应急管理体系应包含主体、方法、制度、前提四个要素。

好的应急管理体系，首先要有实现既定目标的主体，这个主体可以是组织也可以是个人。组织目标以及各项制度最终都需要靠组织及其成员来制定、管理和实施。若组织没有专门部门或专人负责，各部门互相推诿，则组织目标只是挂在墙上摆样子，落实不到位。

其次，要有有效的方法和流程来开展工作，实现各种政策、目标等。有效的方法来源于实践，并经过归纳、总结、提高，使机制起到指导、规范日常工作的作用。

第三，要有法律规范和制度保障，确保执行到位。应急管理是不确定性条件下的行为，因此在日常做好规范和程序非常重要。没有制度保障的工作方法，即使再有效也可能因为个人的偏好而被废弃。

第四，要科学制定预案并结合预案进行培训演练提高实际操作水平。应急管理体系必须在模拟场景中经过多次实践检验，才能不断提高其作用和功效。由此可见，"一案三制"四个要素有机互动，共同促进应急管理良性运作、持续发展。总之，最理想的状态是政府在这四方面不仅面面俱到，而且和谐一致。

2. "一案三制"是四位一体相结合

"一案三制"共同构成应急管理体系不可分割的重要组成部分，四个核心要素之间相互作用、互为补充共同构成一个复杂的人机系统。总的来看，如表 7-1 所示，这四个要素之间体制是基础，机制是关键，法制是保障，预案是前提。

表 7-1 "一案三制"的属性特征、功能定位及其相互关系

一案三制	核心	主要内容	所要解决的问题	特征	定位	形态
体制	权力	组织结构	权限划分和隶属关系	结构性	基础	显在
机制	运作	工作流程	运作的动力和活力	功能性	关键	潜在
法制	程序	法律和制度	行为的依据和规范性	规范性	保障	显在
预案	操作	实践操作	应急管理实际操作	使能性	前提	显在

体制属于宏观层次的战略决策，相当于人机系统中的"硬件"，具有先决性和基础性。

体制以权力为核心，以组织结构为主要内容，解决的是应急管理的组织结构、权限划分和隶属关系问题。

机制属于中观层次的战术决策，以运作为核心，以工作流程为主要内容，解决的是应急管理的动力和活力问题。机制相当于人机系统中的"软件"。通过软件的作用，机制能让体制按照既定的工作流程正常运转起来，从而发挥积极功效。

法制属于规范层次，具有程序性，它以程序为核心，以法律保障和制度规范为主要内容，解决的是应急管理的依据和规范问题。法制类似人机系统中的各种强制性规范、程序以及对人和机器的使用、管理、运行的各项规定和指南（如对机器的安全、卫生、操作，对机器操作程序、人员综合素质、教育培训、奖惩等方面的指导性及约束性规定），好的制度应确保战略执行到位。

最后，预案属于微观层次的实际执行，它以操作为主体，以演练为主要内容，解决的是如何化应急管理为常规管理的问题，主要是要通过模拟演练来提高应急管理实战水平。预案具有使能性，相当于人机系统中通过模拟实验得出的紧急应对方案，如对各种外部入侵响应的行动方案，主要是通过日常的模拟演练来不断加强系统应对真实场景的性能。

从表现形态看，"一案三制"中部分是有形的，部分是无形的。具体而言，应急管理体制、法制和应急预案是具体的、有形的、显在的，体现为一系列组织机构、团体以及所制定的法律、政策、规则、章程、规定等，具有清晰可见、真实完整、具体准确等特征。应急管理机制是应急管理各种要素相互作用构成的有机互动关系，具有模糊不清、抽象、迷离、潜在无形等特征，体现为通过系统内部组成要素按照一定方式的相互作用实现其特定功能和结果的诸多运行过程，具有模糊性、隐含性和难感知等特征。应急管理体制和机制对应急管理法制（包括法律法规和具体制度规范）和应急预案具有制约作用，同时，应急管理法制和应急预案建设又对应急管理体制和机制的巩固与发展起着积极的促进作用。

7.1.2 "一案三制"：体制优先

虽然"一案三制"是一个密不可分的系统整体，共同作用于应急管理体系建设的各个层面，但在特定时空条件下，它们仍然具有一定优先和层次关系。同时，"一案三制"也并非一成不变的，它们处在动态演进的变化过程中、具有动态发展的特征。因此，随着时代的发展和环境的变化，应急管理体制、机制、法制和应急预案都具有进化的趋势和调适的过程，并表现出错综复杂的关系。

具体到现阶段我国应急管理体系建设实践，"一案三制"具有一定的优先次序。无疑，在"一案三制"四个核心要素中，体制具有先决性和基础性。目前，我国政府应急管理体系建设正按"一案三制"的思路稳步开展，但正如《国务院关于全面加强应急管理工作的意见》中所指："我国应急管理工作基础仍然比较薄弱，体制、机制、法制尚不完善，预防和处置突发公共事件的能力有待提高"。根据前文对"一案三制"概念的界定及其相互关系的阐述，当前国家应急管理体系建设应坚持体制优先的基本思路。"这是因为，我国应急管理体系建设过程和应急管理工作实践中所出现的各种矛盾和问题，归根结底是体制的问题。我国的应急管理体制是一个由横向和纵向等多种关系构成的错综复杂的整体。从横向看，它涉及不同部门、不同地区之间的关系，部门之间、地方之间存在不同的利益诉求；从纵向看，它是一个涵盖中央、省、市、县和乡（镇）五级架构的多层次结构。"条条"和"块块"间的关系不顺，使得重复建设、资源内耗现象与条块分割、相互独立、互不管辖现行并存，这成为我国应急管理工作中经常出现的现象。当前，很多地方政府在应急管理体系建设过程中，遵循的是技术优先的原则，重点关注的是应急管理工作的技术可行性或技术有效性。但究其根本，应急管理并非一个单一的、表象的技术问题，它更是一个多维的、内在的体制问题和管理问题。因此，必须首先把体制的可行性和有效性作为考虑问题的出发点。

总之，当前应急管理体系建设首先要解决的是应急管理体制问题，在此基础上完善应急管理工作流程，制定相关工作制度，推动应急管理工作循序渐进地稳步向前发展。这需要从更基础、更根本的层面入手，进一步充分整合各级各类应急管理组织机构以及其他应急资源，理顺不同部门、不同地区之间以及政府与社会之间在应急管理方面各自的法律地位、相互间的权力分配关系及其组织形式等，明确不同部门的责、权、利，在此基础上建立、健全应急管理组织领导体制、指挥体系和主要的工作机制，并通过预案演练和实战演练推动应急管理体制迈上常态化、规范化、制度化的轨道，从而为应急管理工作奠定坚实的体制基础。

7.1.3 "一案三制"：机制服务于体制

应急管理体系建设首先要解决的是应急管理体制问题。应急管理体制与机制又是不可分割的两个方面。

应急管理体制与机制的关系体现在：一方面，体制内含机制，应急组织是应急管理机制的"载体"，应急管理体制决定了机制建设的具体内容与特点，机制建设是应急管理体制的一个重要方面，要通过体制和法制的建设与发展来保障其实施。另一方面，应急管理机制的建设对于体制建设具有反作用，体制的建设具有滞后性，尤其当体制还处于完善与发展的情况下，机制的建设能帮助完善相关工作制度，从而有利于弥补体制中的不足并促进体制的发展与完善。

应急管理机制不同于体制的特点在于它是一种内在的功能，是组织体系在遇到突发事件后有效运转的机理性制度，它要使应急管理中的各个利益相关体有机地结合起来并且协调地发挥作用，这就需要机制贯穿其中。总之，应急管理机制是为积极发挥体制作用服务的，同时又与体制有着相辅相成的关系，推动应急管理机制建设，既可以促进应急管理体制的健全和有效运转，也可以弥补体制存在的不足。

综上所述，我国的应急管理体制和机制首先是由我国的社会主义制度决定的，也就是说，我国的应急管理体制与机制的建设要与现阶段国家的相关制度相适应和匹配，同时其内涵与外延还应根据国家的发展得以进一步调整。与根本制度相适应，我国的应急管理体制的核心内容是"统一领导、综合协调、分类管理、分级负责、属地管理为主"。而我国建立应急管理机制的基本要求是："统一指挥、反应灵敏、协调有序、运转高效"。（《中共中央关于构建社会主义和谐社会若干重大问题的决定》）这是我国实行中央统一领导、地方分级负责的管理制度的具体体现，在有效应对突发事件，保障人民生命财产安全和维护社会安全稳定中发挥了重要作用，并在实践中不断完善。

7.2 《突发事件应对法》对"一案三制"的规定与解读

7.2.1 《突发事件应对法》关于应急预案的规定与解读

《突发事件应对法》中应急预案是作为事前预防的手段之一。

1. 相关法规

第十七条　国家建立健全突发事件应急预案体系。

国务院制定国家突发事件总体应急预案,组织制定国家突发事件专项应急预案;国务院有关部门根据各自的职责和国务院相关应急预案,制定国家突发事件部门应急预案。

地方各级人民政府和县级以上地方各级人民政府有关部门根据有关法律、法规、规章、上级人民政府及其有关部门的应急预案以及本地区的实际情况,制定相应的突发事件应急预案。

应急预案制定机关应当根据实际需要和情势变化,适时修订应急预案。应急预案的制定、修订程序由国务院规定。

第十八条　应急预案应当根据本法和其他有关法律、法规的规定,针对突发事件的性质、特点和可能造成的社会危害,具体规定突发事件应急管理工作的组织指挥体系与职责和突发事件的预防与预警机制、处置程序、应急保障措施以及事后恢复与重建措施等内容。

2. 释义

《突发事件应对法》第十七条规定了突发事件的应急预案。根据该条规定,我国突发事件应急预案主要包括国家突发事件总体应急预案、国家突发事件专项应急预案、国家突发事件部门应急预案和地方突发事件总体应急预案、地方突发事件专项应急预案、地方突发事件部门应急预案。

本条第一款是对突发事件应急预案的原则性规定,要求"国家建立健全突发事件应急预案体系"。这里的突发事件应急预案体系,包括了中央和地方的突发事件应急预案。这里提到"建立健全",是指国家要在已有应急预案的基础上不断完善各类突发事件的应急预案。

本条第二款规定了国务院及其有关部门的职责,即制定国家一级的突发事件应急预案。首先,国务院负责制定国家突发事件总体应急预案,总体应急预案用于指导全国的突发事件应对工作,主要是一些原则性的规定。其次,国家突发事件专项应急预案由国务院组织制定。专项应急预案是国务院及其有关部门为应对某一类型或某几种类型突发公共事件而制定的应急预案,这种应急预案的实施往往涉及数个国务院组成部门,因此需要由国务院统一组织协调。再次,国家突发事件部门应急预案由国务院有关部门分别制定。部门应急预案是国务院有关部门根据其职责和国务院相关应急预案(包括国家总体应急预案、国家专项应急预案),为应对突发事件制定的预案。这种预案主要是从各部门的职责分工的角度进行划分,如铁路方面的应急预案、农业方面的应急预案、建设工程方面的应急预案,等等。

本条第三款规定了地方各级人民政府及其有关部门的职责,即制定地方一级的突发事件应急预案。这一规定有两点必须注意:一是地方各级人民政府及政府有关部门制定本地方的突发事件应急预案,必须根据法律、法规、规章、上级人民政府及有关部门的应急预案,如县级人民政府制定本地方的应急预案,必须根据省级、市级人民政府应急预案的相关规定;二是地方各级人民政府和政府有关部门都应当制定本地方的突发事件应急预案。一般来说,地方各级人民政府制定的应急预案为本地方总体应急预案和专项应急预案,政府各部门则制定与本部门职责有关的部门应急预案。

本条第四款规定了应急预案的修订,即根据实际需要和情势变化适时修订应急预案。本款提到的应急预案制定机关包括国务院、国务院有关部门、地方人民政府及其有关部门,因此,各级机关都有适时修订应急预案的义务。

本法第十八条规定的是突发事件应急预案的主要内容,包括突发事件的种类、突发事件应急管理工作机构设置及其职责、突发事件的预防措施、预警措施、处置程序、应急保障措施以及事后恢复与重建措施等。

7.2.2 《突发事件应对法》中关于应急体制的规定与解读

我国公共突发事件的应急体制,其内容由《突发事件应对法》第一章"总则"做出有关规定,具体包括三个部分的内容:一是我国的应急体制和应急机关;二是具体的应急工作机构;三是参与突发事件应对工作的其他主体和力量。

1. 应急体制和应急机关

(1) 相关条文

第四条 国家建立统一领导、综合协调、分类管理、分级负责、属地管理为主的应急管理体制。

第七条 县级人民政府对本行政区域内突发事件的应对工作负责;涉及两个以上行政区域的,由有关行政区域共同的上一级人民政府负责,或者由各有关行政区域的上一级人民政府共同负责。

突发事件发生后,发生地县级人民政府应当立即采取措施控制事态发展,组织开展应急救援和处置工作,并立即向上一级人民政府报告,必要时可以越级上报。

突发事件发生地县级人民政府不能消除或者不能有效控制突发事件引起的严重社会危害的,应当及时向上级人民政府报告。上级人民政府应当及时采取措施,统一领导应急处置工作。

法律、行政法规规定由国务院有关部门对突发事件的应对工作负责的,从其规定;地方人民政府应当积极配合并提供必要的支持。

第九条 国务院和县级以上地方各级人民政府是突发事件应对工作的行政领导机关,其办事机构及其职责由国务院规定。

(2) 释义

《突发事件应对法》第四条、第七条和第九条规定了我国的应急体制和应急机关。其中,第四条规定了我国应急体制的基本原则,第七条规定了应急体制的具体内容,第九条则规定了我国的应急机关。

首先,本法第四条规定了我国应急体制的基本原则。本法在第一次提交审议时,只是规定了应急体制的具体内容,即各级人民政府之间的层级分工,并未对应急体制做出概括性的规定。在第一次审议的草案说明中,也仅仅提到"建立统一领导、分级负责、综合协调的突发事件管理体制",而没有"分类管理""属地管理为主"等内容。在第一次审议之后,有些常委会组成人员、地方和部门提出,现行的若干单行法律对处置特定领域突发事件做了规定,但未对各级政府统一应对各类突发事件的综合应急机制做出规定,本法应在总结这类单行法律实施经验的基础上,着重就建立健全各级政府处置各类突发事件的统一高效机制做出规定。据此,全国人大法律委员会经研究,在本法第二次提交审议时增加了本条,规定:"国家建立统一领导、综合协调、分类管理、分级负责、属地为主的应急管理体制。"这一原则集中体现为本法第七条对各级人民政府和国务院有关部门的分工,也体现在其他具体的应急管理制度当中,如建立统一的突发事件信息系统等。

其次,本法第七条具体规定了我国应急体制的具体内容,其核心是明确了应对各种突发事件的负责机关。本条所规定的应急体制是对第四条所规定原则的具体贯彻,这一规定所确证的应急体制可以概括为两句话:第一,以基层负责为主,上级负责为辅;第二,以属地管理为主,行业管理为辅。

"以基层负责为主,上级负责为辅"体现在本条前三款之间的关系当中。根据前三款的规定,县级人民政府对它本身所管辖的行政区域内所发生的突发事件负责。一旦突发事件发生后,县级人民政府应当立即采取措施控制事态发展,组织开展应急救援和处置工作,并立即向上一级人民政府报告实情,如果事态严重,必要时可以越级上报。如果突发事件涉及两个以上行政区域,则由有关行政区域共同的上一级人民政府负责。也就是说,如果公共突发事件涉及两个以上的行政区域,而这两个行政区域的上级人民政府是相同的,那么突发事件就由它们共同的上一级人民政府负责。但是,如果突发事件所涉及的两个以上行政区域不具有相同的上一级人民政府,那么各个行政区域的,下一级人民政府应共同负责。这些规定表明,我国的突发事件应对工作由居于基层地位的县级人民政府承担主要责任,只有当县级人民政府无力承担时,才由其上级人民政府负责。

"以属地管理为主,行业管理为辅"体现在本条前三款与第四款的关系当中。诚如上述,本条前三款规定由各级人民政府——主要是县级人民政府承担突发事件的应对工作,第四款对此做出例外规定,允许"法律、行政法规规定由国务院有关部门对突发事件的应对工作负责的,从其规定"。也就是说,明确了突发事件应对工作以地方人民政府的属地管理为主,但又允许国务院有关部门的行业管理为例外。实际上,在本法第一、第二次审议时,并无第四款的存在。也就是说,本法原有草案所确立的应急管理体制是以绝对的属地管理为原则的。在第二次审议之后,有的全国人大常委会委员提出,本法在强调属地管理的同时,还应根据民航、铁路、海事、核利用等行业或领域发生突发事件的特殊性,规定有关主管部门在应急管理中的职责,并与有关法律、行政法规的规定相协调。据此,全国人大法律委员会经同国务院法制办研究,决定在这一条中增加一款,规定:"法律、行政法规规定由国务院有关部门对突发事件的应对工作负责的,从其规定;地方人民政府应当积极配合并提供必要的支持。"由此形成了目前的应急体制。

最后,本法第九条进一步明确"国务院和县级以上地方各级人民政府是突发事件应对工作的行政领导机关"。这一规定实际上是对第七条所规定的应急管理体制的进一步明确。在第七条规定各级人民政府和国务院有关部门对突发事件应对工作负责的基础上,明确国务院和县级以上地方各级人民政府是应急工作的行政领导机关。也就是说,国务院和县级以上地方各级人民政府中承担具体应急职能的部门和机构并非应急领导机关,而仅仅是应急工作机构而已。即使依照上述第七条第四款的规定,由国务院有关部门承担特定应急工作的,其行政领导机关也应当是国务院而不是这些部门。

2. 应急机构

(1) 相关法律条文

第八条　国务院在总理领导下研究、决定和部署特别重大突发事件的应对工作;根据实际需要,设立国家突发事件应急指挥机构,负责突发事件应对工作;必要时,国务院可以派出工作组指导有关工作。

县级以上地方各级人民政府设立由本级人民政府主要负责人、相关部门负责人、驻当地中国人民解放军和中国人民武装警察部队有关负责人组成的突发事件应急指挥机构,统一领导、协调本级人民政府各有关部门和下级人民政府开展突发事件应对工作;根据实际需要,设立相关类别突发事件应急指挥机构,组织、协调、指挥突发事件应对工作。

上级人民政府主管部门应当在各自职责范围内,指导、协助下级人民政府及其相应部门做好有关突发事件的应对工作。

(2) 释义

本法第八条是对突发事件应急机构的规定,它明确了应急机构的具体构成和部门,分析如下:

首先,对于特别重大突发事件,国务院是全国应急管理工作的最高行政领导机关,在总理领导下研究、决定和部署应对工作;根据实际需要,设立国家突发事件应急指挥机构,负责突发事件应对工作;在必要时,派出国务院工作组指导有关工作。

其次,对于其他级别的突发事件,县级以上地方各级人民政府是本行政区域应急管理工作的行政领导机关,设立由本级政府负责人、相关部分负责人、驻当地中国人民解放军和中国人民武装警察部队有关负责人组成的突发事件应急指挥机构,统一领导、协调本级政府各有关部门和下级人民政府开展突发事件应对工作;另外根据实际需要,设立相关类别突发事件应急指挥机构,如公共卫生突发事件应急指挥机构、自然灾害公共应急指挥机构等,来组织、协调、指挥该类别突发事件的应对工作。

再次,规定了上级人民政府主管部门必须要在各自职责范围内,指导、协助下级人民政府及其相应部门做好有关突发事件的应对工作。也就是说,在应对突发事件的过程中,按照统一指挥、综合协调的原则,县级以上地方各级人民政府的部门不再像平时一样接受双重领导,而是受本级人民政府的领导,受上级人民政府主管部门的指导、协助。

3. 其他应急主体

(1) 相关条款

第十一条第二款　公民、法人和其他组织有义务参与突发事件应对工作。

第十四条　中国人民解放军、中国人民武装警察部队和民兵组织依照本法和其他有关法律、行政法规、军事法规的规定以及国务院、中央军事委员会的命令,参加突发事件的应急救援和处置工作。

第十五条　中华人民共和国政府在突发事件的预防、监测与预警、应急处置与救援、事后恢复与重建等方面,同外国政府和有关国际组织开展合作与交流。

第十六条　县级以上人民政府作出应对突发事件的决定、命令,应当报本级人民代表大会常务委员会备案;突发事件应急处置工作结束后,应当向本级人民代表大会常务委员会作出专项工作报告。

(2) 释义

本节内容主要规定的是突发事件应对工作中的其他主体,具体包括:

第一,普通公民、法人和其他组织。除了政府机关作为最重要的应急主体之外,公民、法人和其他组织也有义务参与突发事件应对工作:一方面,突发事件的当事人,或者其他个人与组织,在向行政机关报告突发公共事件的同时,就应当依法采取必要的应急措施,以控制突发事件的扩大,不过,大规模的应急处理措施仍然应由行政机关通过各种应急措施加以处置。另一方面,在行政机关组织应对突发事件的过程中,一般个人和单位也有配合、参加的义务,普通公民和单位履行这种义务的方式既可以是亲自参加应急活动,也可以是为应急活动提供必要的物资和工具,或者是允许行政机关因应急活动的需要而使用其财物。

第二,中国人民解放军、中国人民武装警察部队和民兵组织等武装力量也是应急主体的一部分。根据我国有关法律、行政法规、军事法规的规定以及国务院、中央军事委员会的命令,中国人民解放军、中国人民武装警察部队和民兵组织有义务参加突发事件的应急救援和处置工作。为此,国务院和中央军委还在2005年共同颁布了《军队参加抢险救灾条例》。

第三,外国政府和国际组织也是我国突发事件应对工作中可以利用的重要力量。由于突发事件应对任务往往复杂而艰巨,有时仅凭我国单方力量不能解决,因而需要获得国际援助。而且,各国政府在应急处理方面的经验也需要互相学习和借鉴,所以我国政府在突发事件的预防和准备、监测与预警、处置与救援、恢复与重建等方面,都需要同外国政府和有关国际组织开展合作交流。

第四,国家权力机关是突发事件应对工作中最重要的监督者,监督的方式包括备案与报告两种:首先,县级以上人民政府做出应对突发事件的决定、命令,应当报本级人民代表大会常务委员会备案;其次,突发事件应急处置工作结束后,县级以上人民政府应当向本级人民代表大会常务委员会做出专项工作报告。

总之,我国突发事件应急管理体系是围绕"一案三制"展开的:"一案"是应急预案;"三制"是指应急管理的法制、体制和机制。

权限划分对于应急管理而言,体制是应急管理的组织体系及其运行规范;机制是制度化、程序化的方法与措施。体制与机制在概念含义上关系非常密切,简单而言,体制内含机制,机制是体制的软件,而组织是体制的硬件。

法制与体制的关系可以概括为:体制必须法制化,即必须把整个政府应急管理过程纳入法制化轨道。其中,应急预案需要实践性,应急管理法制需要特定的立法程序,应急管理体制具有一定刚性,应急机制具有很大的弹性。

"三制"的关系可概括为:如果法制和体制得以完善,机制则尽在其中,应急机制的实质内涵,是建立在相关法律、法规和部门规章之上的政府应急工作流程体系,并最终体现为政府管理突发事件的职能与能力。应急机制的载体是应急组织、应急预案、应急法律、法规。

简言之,应急体制主要指建立健全集中统一、坚强有力、政令畅通的指挥机构;应急机制建设主要是整理、优化、再造或重新开发各种应急管理流程,逐步形成一个比较完整的流程体系;应急法制建设主要指通过依法行政,使突发公共事件的应急处置逐步走上规范化、制度化和法制化轨道。

习题

为什么说"一案三制"是四位一体的关系呢?

附录 A

法　　律

A.1　国家突发事件应对法（2007年11月）

中华人民共和国主席令

第六十九号

《中华人民共和国突发事件应对法》已由中华人民共和国第十届全国人民代表大会常务委员会第二十九次会议于2007年8月30日通过，现予公布，自2007年11月1日起施行。

中华人民共和国主席　胡锦涛

2007年8月30日

中华人民共和国突发事件应对法

（2007年8月30日第十届全国人民代表大会常务委员会第二十九次会议通过）

目　录

第一章　总则
第二章　预防与应急准备
第三章　监测与预警
第四章　应急处置与救援
第五章　事后恢复与重建
第六章　法律责任
第七章　附则

第一章　总　则

第一条　为了预防和减少突发事件的发生，控制、减轻和消除突发事件引起的严重社会危害，规范突发事件应对活动，保护人民生命财产安全，维护国家安全、公共安全、环境安全和社会秩序，制定本法。

第二条　突发事件的预防与应急准备、监测与预警、应急处置与救援、事后恢复与重建等应对活动，适用本法。

第三条　本法所称突发事件，是指突然发生，造成或者可能造成严重社会危害，需要采取应急处置措施予以应对的自然灾害、事故灾难、公共卫生事件和社会安全事件。

按照社会危害程度、影响范围等因素，自然灾害、事故灾难、公共卫生事件分为特别重大、重大、较大和一般四级。法律、行政法规或者国务院另有规定的，从其规定。

突发事件的分级标准由国务院或者国务院确定的部门制定。

第四条 国家建立统一领导、综合协调、分类管理、分级负责、属地管理为主的应急管理体制。

第五条 突发事件应对工作实行预防为主、预防与应急相结合的原则。国家建立重大突发事件风险评估体系,对可能发生的突发事件进行综合性评估,减少重大突发事件的发生,最大限度地减轻重大突发事件的影响。

第六条 国家建立有效的社会动员机制,增强全民的公共安全和防范风险的意识,提高全社会的避险救助能力。

第七条 县级人民政府对本行政区域内突发事件的应对工作负责;涉及两个以上行政区域的,由有关行政区域共同的上一级人民政府负责,或者由各有关行政区域的上一级人民政府共同负责。

突发事件发生后,发生地县级人民政府应当立即采取措施控制事态发展,组织开展应急救援和处置工作,并立即向上一级人民政府报告,必要时可以越级上报。

突发事件发生地县级人民政府不能消除或者不能有效控制突发事件引起的严重社会危害的,应当及时向上级人民政府报告。上级人民政府应当及时采取措施,统一领导应急处置工作。

法律、行政法规规定由国务院有关部门对突发事件的应对工作负责的,从其规定;地方人民政府应当积极配合并提供必要的支持。

第八条 国务院在总理领导下研究、决定和部署特别重大突发事件的应对工作;根据实际需要,设立国家突发事件应急指挥机构,负责突发事件应对工作;必要时,国务院可以派出工作组指导有关工作。

县级以上地方各级人民政府设立由本级人民政府主要负责人、相关部门负责人、驻当地中国人民解放军和中国人民武装警察部队有关负责人组成的突发事件应急指挥机构,统一领导、协调本级人民政府各有关部门和下级人民政府开展突发事件应对工作;根据实际需要,设立相关类别突发事件应急指挥机构,组织、协调、指挥突发事件应对工作。

上级人民政府主管部门应当在各自职责范围内,指导、协助下级人民政府及其相应部门做好有关突发事件的应对工作。

第九条 国务院和县级以上地方各级人民政府是突发事件应对工作的行政领导机关,其办事机构及具体职责由国务院规定。

第十条 有关人民政府及其部门作出的应对突发事件的决定、命令,应当及时公布。

第十一条 有关人民政府及其部门采取的应对突发事件的措施,应当与突发事件可能造成的社会危害的性质、程度和范围相适应;有多种措施可供选择的,应当选择有利于最大程度地保护公民、法人和其他组织权益的措施。

公民、法人和其他组织有义务参与突发事件应对工作。

第十二条 有关人民政府及其部门为应对突发事件,可以征用单位和个人的财产。被征用的财产在使用完毕或者突发事件应急处置工作结束后,应当及时返还。财产被征用或者征用后毁损、灭失的,应当给予补偿。

第十三条 因采取突发事件应对措施,诉讼、行政复议、仲裁活动不能正常进行的,适用有关时效中止和程序中止的规定,但法律另有规定的除外。

第十四条 中国人民解放军、中国人民武装警察部队和民兵组织依照本法和其他有关法律、行政法规、军事法规的规定以及国务院、中央军事委员会的命令,参加突发事件的应急救援和处置工作。

第十五条 中华人民共和国政府在突发事件的预防、监测与预警、应急处置与救援、事后恢复与重建等方面,同外国政府和有关国际组织开展合作与交流。

第十六条 县级以上人民政府作出应对突发事件的决定、命令,应当报本级人民代表大会常务委员会备案;突发事件应急处置工作结束后,应当向本级人民代表大会常务委员会作出专项工作报告。

第二章 预防与应急准备

第十七条 国家建立健全突发事件应急预案体系。

国务院制定国家突发事件总体应急预案,组织制定国家突发事件专项应急预案;国务院有关部门根据各自的职责和国务院相关应急预案,制定国家突发事件部门应急预案。

地方各级人民政府和县级以上地方各级人民政府有关部门根据有关法律、法规、规章、上级人民政府及其有关部门的应急预案以及本地区的实际情况,制定相应的突发事件应急预案。

应急预案制定机关应当根据实际需要和情势变化,适时修订应急预案。应急预案的制定、修订程序由国务院规定。

第十八条 应急预案应当根据本法和其他有关法律、法规的规定,针对突发事件的性质、特点和可能造成的社会危害,具体规定突发事件应急管理工作的组织指挥体系与职责和突发事件的预防与预警机制、处置程序、应急保障措施以及事后恢复与重建措施等内容。

第十九条 城乡规划应当符合预防、处置突发事件的需要,统筹安排应对突发事件所必需的设备和基础设施建设,合理确定应急避难场所。

第二十条 县级人民政府应当对本行政区域内容易引发自然灾害、事故灾难和公共卫生事件的危险源、危险区域进行调查、登记、风险评估,定期进行检查、监控,并责令有关单位采取安全防范措施。

省级和设区的市级人民政府应当对本行政区域内容易引发特别重大、重大突发事件的危险源、危险区域进行调查、登记、风险评估,组织进行检查、监控,并责令有关单位采取安全防范措施。

县级以上地方各级人民政府按照本法规定登记的危险源、危险区域,应当按照国家规定及时向社会公布。

第二十一条 县级人民政府及其有关部门、乡级人民政府、街道办事处、居民委员会、村民委员会应当及时调解处理可能引发社会安全事件的矛盾纠纷。

第二十二条 所有单位应当建立健全安全管理制度,定期检查本单位各项安全防范措施的落实情况,及时消除事故隐患;掌握并及时处理本单位存在的可能引发社会安全事件的问题,防止矛盾激化和事态扩大;对本单位可能发生的突发事件和采取安全防范措施的情况,应当按照规定及时向所在地人民政府或者人民政府有关部门报告。

第二十三条 矿山、建筑施工单位和易燃易爆物品、危险化学品、放射性物品等危险物品的生产、经营、储运、使用单位,应当制定具体应急预案,并对生产经营场所、有危险物品的建筑物、构筑物及周边环境开展隐患排查,及时采取措施消除隐患,防止发生突发事件。

第二十四条 公共交通工具、公共场所和其他人员密集场所的经营单位或者管理单位应当制定具体应急预案,为交通工具和有关场所配备报警装置和必要的应急救援设备、设施,注明其使用方法,并显著标明安全撤离的通道、路线,保证安全通道、出口的畅通。

有关单位应当定期检测、维护其报警装置和应急救援设备、设施,使其处于良好状态,确保正常使用。

第二十五条 县级以上人民政府应当建立健全突发事件应急管理培训制度,对人民政府及其有关部门负有处置突发事件职责的工作人员定期进行培训。

第二十六条 县级以上人民政府应当整合应急资源,建立或者确定综合性应急救援队伍。人民政府有关部门可以根据实际需要设立专业应急救援队伍。

县级以上人民政府及其有关部门可以建立由成年志愿者组成的应急救援队伍。单位应当建立由本单位职工组成的专职或者兼职应急救援队伍。

县级以上人民政府应当加强专业应急救援队伍与非专业应急救援队伍的合作,联合培训、联合演练,提高合成应急、协同应急的能力。

第二十七条 国务院有关部门、县级以上地方各级人民政府及其有关部门、有关单位应当为专业应急救援人员购买人身意外伤害保险,配备必要的防护装备和器材,减少应急救援人员的人身风险。

第二十八条 中国人民解放军、中国人民武装警察部队和民兵组织应当有计划地组织开展应急救援的专门训练。

第二十九条 县级人民政府及其有关部门、乡级人民政府、街道办事处应当组织开展应急知识的宣传普及活动和必要的应急演练。

居民委员会、村民委员会、企业事业单位应当根据所在地人民政府的要求,结合各自的实际情况,开展有关突发事件应急知识的宣传普及活动和必要的应急演练。

新闻媒体应当无偿开展突发事件预防与应急、自救与互救知识的公益宣传。

第三十条 各级各类学校应当把应急知识教育纳入教学内容,对学生进行应急知识教育,培养学生的安全意识和自救与互救能力。

教育主管部门应当对学校开展应急知识教育进行指导和监督。

第三十一条　国务院和县级以上地方各级人民政府应当采取财政措施,保障突发事件应对工作所需经费。

第三十二条　国家建立健全应急物资储备保障制度,完善重要应急物资的监管、生产、储备、调拨和紧急配送体系。

设区的市级以上人民政府和突发事件易发、多发地区的县级人民政府应当建立应急救援物资、生活必需品和应急处置装备的储备制度。

县级以上地方各级人民政府应当根据本地区的实际情况,与有关企业签订协议,保障应急救援物资、生活必需品和应急处置装备的生产、供给。

第三十三条　国家建立健全应急通信保障体系,完善公用通信网,建立有线与无线相结合、基础电信网络与机动通信系统相配套的应急通信系统,确保突发事件应对工作的通信畅通。

第三十四条　国家鼓励公民、法人和其他组织为人民政府应对突发事件工作提供物资、资金、技术支持和捐赠。

第三十五条　国家发展保险事业,建立国家财政支持的巨灾风险保险体系,并鼓励单位和公民参加保险。

第三十六条　国家鼓励、扶持具备相应条件的教学科研机构培养应急管理专门人才,鼓励、扶持教学科研机构和有关企业研究开发用于突发事件预防、监测、预警、应急处置与救援的新技术、新设备和新工具。

第三章　监测与预警

第三十七条　国务院建立全国统一的突发事件信息系统。

县级以上地方各级人民政府应当建立或者确定本地区统一的突发事件信息系统,汇集、储存、分析、传输有关突发事件的信息,并与上级人民政府及其有关部门、下级人民政府及其有关部门、专业机构和监测网点的突发事件信息系统实现互联互通,加强跨部门、跨地区的信息交流与情报合作。

第三十八条　县级以上人民政府及其有关部门、专业机构应当通过多种途径收集突发事件信息。

县级人民政府应当在居民委员会、村民委员会和有关单位建立专职或者兼职信息报告员制度。

获悉突发事件信息的公民、法人或者其他组织,应当立即向所在地人民政府、有关主管部门或者指定的专业机构报告。

第三十九条　地方各级人民政府应当按照国家有关规定向上级人民政府报送突发事件信息。县级以上人民政府有关主管部门应当向本级人民政府相关部门通报突发事件信息。专业机构、监测网点和信息报告员应当及时向所在地人民政府及其有关主管部门报告突发事件信息。

有关单位和人员报送、报告突发事件信息,应当做到及时、客观、真实,不得迟报、谎报、瞒报、漏报。

第四十条 县级以上地方各级人民政府应当及时汇总分析突发事件隐患和预警信息,必要时组织相关部门、专业技术人员、专家学者进行会商,对发生突发事件的可能性及其可能造成的影响进行评估;认为可能发生重大或者特别重大突发事件的,应当立即向上级人民政府报告,并向上级人民政府有关部门、当地驻军和可能受到危害的毗邻或者相关地区的人民政府通报。

第四十一条 国家建立健全突发事件监测制度。

县级以上人民政府及其有关部门应当根据自然灾害、事故灾难和公共卫生事件的种类和特点,建立健全基础信息数据库,完善监测网络,划分监测区域,确定监测点,明确监测项目,提供必要的设备、设施,配备专职或者兼职人员,对可能发生的突发事件进行监测。

第四十二条 国家建立健全突发事件预警制度。

可以预警的自然灾害、事故灾难和公共卫生事件的预警级别,按照突发事件发生的紧急程度、发展势态和可能造成的危害程度分为一级、二级、三级和四级,分别用红色、橙色、黄色和蓝色标示,一级为最高级别。

预警级别的划分标准由国务院或者国务院确定的部门制定。

第四十三条 可以预警的自然灾害、事故灾难或者公共卫生事件即将发生或者发生的可能性增大时,县级以上地方各级人民政府应当根据有关法律、行政法规和国务院规定的权限和程序,发布相应级别的警报,决定并宣布有关地区进入预警期,同时向上一级人民政府报告,必要时可以越级上报,并向当地驻军和可能受到危害的毗邻或者相关地区的人民政府通报。

第四十四条 发布三级、四级警报,宣布进入预警期后,县级以上地方各级人民政府应当根据即将发生的突发事件的特点和可能造成的危害,采取下列措施:

(一)启动应急预案;

(二)责令有关部门、专业机构、监测网点和负有特定职责的人员及时收集、报告有关信息,向社会公布反映突发事件信息的渠道,加强对突发事件发生、发展情况的监测、预报和预警工作;

(三)组织有关部门和机构、专业技术人员、有关专家学者,随时对突发事件信息进行分析评估,预测发生突发事件可能性的大小、影响范围和强度以及可能发生的突发事件的级别;

(四)定时向社会发布与公众有关的突发事件预测信息和分析评估结果,并对相关信息的报道工作进行管理;

(五)及时按照有关规定向社会发布可能受到突发事件危害的警告,宣传避免、减轻危害的常识,公布咨询电话。

第四十五条 发布一级、二级警报,宣布进入预警期后,县级以上地方各级人民政府除采取本法第四十四条规定的措施外,还应当针对即将发生的突发事件的特点和可能造成的危害，采取下列一项或者多项措施：

（一）责令应急救援队伍、负有特定职责的人员进入待命状态，并动员后备人员做好参加应急救援和处置工作的准备；

（二）调集应急救援所需物资、设备、工具，准备应急设施和避难场所，并确保其处于良好状态、随时可以投入正常使用；

（三）加强对重点单位、重要部位和重要基础设施的安全保卫，维护社会治安秩序；

（四）采取必要措施，确保交通、通信、供水、排水、供电、供气、供热等公共设施的安全和正常运行；

（五）及时向社会发布有关采取特定措施避免或者减轻危害的建议、劝告；

（六）转移、疏散或者撤离易受突发事件危害的人员并予以妥善安置，转移重要财产；

（七）关闭或者限制使用易受突发事件危害的场所，控制或者限制容易导致危害扩大的公共场所的活动；

（八）法律、法规、规章规定的其他必要的防范性、保护性措施。

第四十六条 对即将发生或者已经发生的社会安全事件，县级以上地方各级人民政府及其有关主管部门应当按照规定向上一级人民政府及其有关主管部门报告，必要时可以越级上报。

第四十七条 发布突发事件警报的人民政府应当根据事态的发展，按照有关规定适时调整预警级别并重新发布。

有事实证明不可能发生突发事件或者危险已经解除的，发布警报的人民政府应当立即宣布解除警报，终止预警期，并解除已经采取的有关措施。

第四章 应急处置与救援

第四十八条 突发事件发生后，履行统一领导职责或者组织处置突发事件的人民政府应当针对其性质、特点和危害程度，立即组织有关部门，调动应急救援队伍和社会力量，依照本章的规定和有关法律、法规、规章的规定采取应急处置措施。

第四十九条 自然灾害、事故灾难或者公共卫生事件发生后，履行统一领导职责的人民政府可以采取下列一项或者多项应急处置措施：

（一）组织营救和救治受害人员，疏散、撤离并妥善安置受到威胁的人员以及采取其他救助措施；

（二）迅速控制危险源，标明危险区域，封锁危险场所，划定警戒区，实行交通管制以及其他控制措施；

（三）立即抢修被损坏的交通、通信、供水、排水、供电、供气、供热等公共设施，向受到危害的人员提供避难场所和生活必需品，实施医疗救护和卫生防疫以及其他保障措施；

（四）禁止或者限制使用有关设备、设施，关闭或者限制使用有关场所，中止人员密集的活动或者可能导致危害扩大的生产经营活动以及采取其他保护措施；

（五）启用本级人民政府设置的财政预备费和储备的应急救援物资，必要时调用其他急需物资、设备、设施、工具；

（六）组织公民参加应急救援和处置工作，要求具有特定专长的人员提供服务；

（七）保障食品、饮用水、燃料等基本生活必需品的供应；

（八）依法从严惩处囤积居奇、哄抬物价、制假售假等扰乱市场秩序的行为，稳定市场价格，维护市场秩序；

（九）依法从严惩处哄抢财物、干扰破坏应急处置工作等扰乱社会秩序的行为，维护社会治安；

（十）采取防止发生次生、衍生事件的必要措施。

第五十条 社会安全事件发生后，组织处置工作的人民政府应当立即组织有关部门并由公安机关针对事件的性质和特点，依照有关法律、行政法规和国家其他有关规定，采取下列一项或者多项应急处置措施：

（一）强制隔离使用器械相互对抗或者以暴力行为参与冲突的当事人，妥善解决现场纠纷和争端，控制事态发展；

（二）对特定区域内的建筑物、交通工具、设备、设施以及燃料、燃气、电力、水的供应进行控制；

（三）封锁有关场所、道路，查验现场人员的身份证件，限制有关公共场所内的活动；

（四）加强对易受冲击的核心机关和单位的警卫，在国家机关、军事机关、国家通讯社、广播电台、电视台、外国驻华使领馆等单位附近设置临时警戒线；

（五）法律、行政法规和国务院规定的其他必要措施。

严重危害社会治安秩序的事件发生时，公安机关应当立即依法出动警力，根据现场情况依法采取相应的强制性措施，尽快使社会秩序恢复正常。

第五十一条 发生突发事件，严重影响国民经济正常运行时，国务院或者国务院授权的有关主管部门可以采取保障、控制等必要的应急措施，保障人民群众的基本生活需要，最大限度地减轻突发事件的影响。

第五十二条 履行统一领导职责或者组织处置突发事件的人民政府，必要时可以向单位和个人征用应急救援所需设备、设施、场地、交通工具和其他物资，请求其他地方人民政府提供人力、物力、财力或者技术支援，要求生产、供应生活必需品和应急救援物资的企业组织生产、保证供给，要求提供医疗、交通等公共服务的组织提供相应的服务。

履行统一领导职责或者组织处置突发事件的人民政府，应当组织协调运输经营单位，优先运送处置突发事件所需物资、设备、工具、应急救援人员和受到突发事件危害的人员。

第五十三条 履行统一领导职责或者组织处置突发事件的人民政府，应当按照有关规定统一、准确、及时发布有关突发事件事态发展和应急处置工作的信息。

第五十四条 任何单位和个人不得编造、传播有关突发事件事态发展或者应急处置工作的虚假信息。

第五十五条　突发事件发生地的居民委员会、村民委员会和其他组织应当按照当地人民政府的决定、命令,进行宣传动员,组织群众开展自救和互救,协助维护社会秩序。

第五十六条　受到自然灾害危害或者发生事故灾难、公共卫生事件的单位,应当立即组织本单位应急救援队伍和工作人员营救受害人员,疏散、撤离、安置受到威胁的人员,控制危险源,标明危险区域,封锁危险场所,并采取其他防止危害扩大的必要措施,同时向所在地县级人民政府报告;对因本单位的问题引发的或者主体是本单位人员的社会安全事件,有关单位应当按照规定上报情况,并迅速派出负责人赶赴现场开展劝解、疏导工作。

突发事件发生地的其他单位应当服从人民政府发布的决定、命令,配合人民政府采取的应急处置措施,做好本单位的应急救援工作,并积极组织人员参加所在地的应急救援和处置工作。

第五十七条　突发事件发生地的公民应当服从人民政府、居民委员会、村民委员会或者所属单位的指挥和安排,配合人民政府采取的应急处置措施,积极参加应急救援工作,协助维护社会秩序。

第五章　事后恢复与重建

第五十八条　突发事件的威胁和危害得到控制或者消除后,履行统一领导职责或者组织处置突发事件的人民政府应当停止执行依照本法规定采取的应急处置措施,同时采取或者继续实施必要措施,防止发生自然灾害、事故灾难、公共卫生事件的次生、衍生事件或者重新引发社会安全事件。

第五十九条　突发事件应急处置工作结束后,履行统一领导职责的人民政府应当立即组织对突发事件造成的损失进行评估,组织受影响地区尽快恢复生产、生活、工作和社会秩序,制定恢复重建计划,并向上一级人民政府报告。

受突发事件影响地区的人民政府应当及时组织和协调公安、交通、铁路、民航、邮电、建设等有关部门恢复社会治安秩序,尽快修复被损坏的交通、通信、供水、排水、供电、供气、供热等公共设施。

第六十条　受突发事件影响地区的人民政府开展恢复重建工作需要上一级人民政府支持的,可以向上一级人民政府提出请求。上一级人民政府应当根据受影响地区遭受的损失和实际情况,提供资金、物资支持和技术指导,组织其他地区提供资金、物资和人力支援。

第六十一条　国务院根据受突发事件影响地区遭受损失的情况,制定扶持该地区有关行业发展的优惠政策。

受突发事件影响地区的人民政府应当根据本地区遭受损失的情况,制订救助、补偿、抚慰、抚恤、安置等善后工作计划并组织实施,妥善解决因处置突发事件引发的矛盾和纠纷。

公民参加应急救援工作或者协助维护社会秩序期间,其在本单位的工资待遇和福利不变;表现突出、成绩显著的,由县级以上人民政府给予表彰或者奖励。

县级以上人民政府对在应急救援工作中伤亡的人员依法给予抚恤。

第六十二条 履行统一领导职责的人民政府应当及时查明突发事件的发生经过和原因,总结突发事件应急处置工作的经验教训,制定改进措施,并向上一级人民政府提出报告。

第六章 法律责任

第六十三条 地方各级人民政府和县级以上各级人民政府有关部门违反本法规定,不履行法定职责的,由其上级行政机关或者监察机关责令改正;有下列情形之一的,根据情节对直接负责的主管人员和其他直接责任人员依法给予处分:

(一)未按规定采取预防措施,导致发生突发事件,或者未采取必要的防范措施,导致发生次生、衍生事件的;

(二)迟报、谎报、瞒报、漏报有关突发事件的信息,或者通报、报送、公布虚假信息,造成后果的;

(三)未按规定及时发布突发事件警报、采取预警期的措施,导致损害发生的;

(四)未按规定及时采取措施处置突发事件或者处置不当,造成后果的;

(五)不服从上级人民政府对突发事件应急处置工作的统一领导、指挥和协调的;

(六)未及时组织开展生产自救、恢复重建等善后工作的;

(七)截留、挪用、私分或者变相私分应急救援资金、物资的;

(八)不及时归还征用的单位和个人的财产,或者对被征用财产的单位和个人不按规定给予补偿的。

第六十四条 有关单位有下列情形之一的,由所在地履行统一领导职责的人民政府责令停产停业,暂扣或者吊销许可证或者营业执照,并处五万元以上二十万元以下的罚款;构成违反治安管理行为的,由公安机关依法给予处罚:

(一)未按规定采取预防措施,导致发生严重突发事件的;

(二)未及时消除已发现的可能引发突发事件的隐患,导致发生严重突发事件的;

(三)未做好应急设备、设施日常维护、检测工作,导致发生严重突发事件或者突发事件危害扩大的;

(四)突发事件发生后,不及时组织开展应急救援工作,造成严重后果的。

前款规定的行为,其他法律、行政法规规定由人民政府有关部门依法决定处罚的,从其规定。

第六十五条 违反本法规定,编造并传播有关突发事件事态发展或者应急处置工作的虚假信息,或者明知是有关突发事件事态发展或者应急处置工作的虚假信息而进行传播的,责令改正,给予警告;造成严重后果的,依法暂停其业务活动或者吊销其执业许可证;负有直接责任的人员是国家工作人员的,还应当对其依法给予处分;构成违反治安管理行为的,由公安机关依法给予处罚。

第六十六条 单位或者个人违反本法规定,不服从所在地人民政府及其有关部门发布的决定、命令或者不配合其依法采取的措施,构成违反治安管理行为的,由公安机关依法给予处罚。

第六十七条 单位或者个人违反本法规定,导致突发事件发生或者危害扩大,给他人人身、财产造成损害的,应当依法承担民事责任。

第六十八条 违反本法规定,构成犯罪的,依法追究刑事责任。

第七章 附 则

第六十九条 发生特别重大突发事件,对人民生命财产安全、国家安全、公共安全、环境安全或者社会秩序构成重大威胁,采取本法和其他有关法律、法规、规章规定的应急处置措施不能消除或者有效控制、减轻其严重社会危害,需要进入紧急状态的,由全国人民代表大会常务委员会或者国务院依照宪法和其他有关法律规定的权限和程序决定。

紧急状态期间采取的非常措施,依照有关法律规定执行或者由全国人民代表大会常务委员会另行规定。

第七十条 本法自2007年11月1日起施行。

A.2 国家防震减灾法(2008年12月)

中华人民共和国主席令
第七号

《中华人民共和国防震减灾法》已由中华人民共和国第十一届全国人民代表大会常务委员会第六次会议于2008年12月27日修订通过,现将修订后的《中华人民共和国防震减灾法》公布,自2009年5月1日起施行。

中华人民共和国主席　胡锦涛
2008年12月27日

中华人民共和国防震减灾法

(1997年12月29日第八届全国人民代表大会常务委员会第二十九次会议通过 2008年12月27日第十一届全国人民代表大会常务委员会第六次会议修订)

第一章　总　则

第一条　为了防御和减轻地震灾害,保护人民生命和财产安全,促进经济社会的可持续发展,制定本法。

第二条　在中华人民共和国领域和中华人民共和国管辖的其他海域从事地震监测预报、地震灾害预防、地震应急救援、地震灾后过渡性安置和恢复重建等防震减灾活动,适用本法。

第三条　防震减灾工作,实行预防为主、防御与救助相结合的方针。

第四条　县级以上人民政府应当加强对防震减灾工作的领导,将防震减灾工作纳入本级国民经济和社会发展规划,所需经费列入财政预算。

第五条　在国务院的领导下,国务院地震工作主管部门和国务院经济综合宏观调控、建设、民政、卫生、公安以及其他有关部门,按照职责分工,各负其责,密切配合,共同做好防震减灾工作。

县级以上地方人民政府负责管理地震工作的部门或者机构和其他有关部门在本级人民政府领导下,按照职责分工,各负其责,密切配合,共同做好本行政区域的防震减灾工作。

第六条　国务院抗震救灾指挥机构负责统一领导、指挥和协调全国抗震救灾工作。县级以上地方人民政府抗震救灾指挥机构负责统一领导、指挥和协调本行政区域的抗震救灾工作。

国务院地震工作主管部门和县级以上地方人民政府负责管理地震工作的部门或者机构，承担本级人民政府抗震救灾指挥机构的日常工作。

第七条　各级人民政府应当组织开展防震减灾知识的宣传教育，增强公民的防震减灾意识，提高全社会的防震减灾能力。

第八条　任何单位和个人都有依法参加防震减灾活动的义务。

国家鼓励、引导社会组织和个人开展地震群测群防活动，对地震进行监测和预防。

国家鼓励、引导志愿者参加防震减灾活动。

第九条　中国人民解放军、中国人民武装警察部队和民兵组织，依照本法以及其他有关法律、行政法规、军事法规的规定和国务院、中央军事委员会的命令，执行抗震救灾任务，保护人民生命和财产安全。

第十条　从事防震减灾活动，应当遵守国家有关防震减灾标准。

第十一条　国家鼓励、支持防震减灾的科学技术研究，逐步提高防震减灾科学技术研究经费投入，推广先进的科学研究成果，加强国际合作与交流，提高防震减灾工作水平。

对在防震减灾工作中做出突出贡献的单位和个人，按照国家有关规定给予表彰和奖励。

第二章　防震减灾规划

第十二条　国务院地震工作主管部门会同国务院有关部门组织编制国家防震减灾规划，报国务院批准后组织实施。

县级以上地方人民政府负责管理地震工作的部门或者机构会同同级有关部门，根据上一级防震减灾规划和本行政区域的实际情况，组织编制本行政区域的防震减灾规划，报本级人民政府批准后组织实施，并报上一级人民政府负责管理地震工作的部门或者机构备案。

第十三条　编制防震减灾规划，应当遵循统筹安排、突出重点、合理布局、全面预防的原则，以震情和震害预测结果为依据，并充分考虑人民生命和财产安全及经济社会发展、资源环境保护等需要。

县级以上地方人民政府有关部门应当根据编制防震减灾规划的需要，及时提供有关资料。

第十四条　防震减灾规划的内容应当包括：震情形势和防震减灾总体目标，地震监测台网建设布局，地震灾害预防措施，地震应急救援措施，以及防震减灾技术、信息、资金、物资等保障措施。

编制防震减灾规划，应当对地震重点监视防御区的地震监测台网建设、震情跟踪、地震灾害预防措施、地震应急准备、防震减灾知识宣传教育等作出具体安排。

第十五条　防震减灾规划报送审批前，组织编制机关应当征求有关部门、单位、专家和公众的意见。

防震减灾规划报送审批文件中应当附具意见采纳情况及理由。

第十六条　防震减灾规划一经批准公布，应当严格执行；因震情形势变化和经济社会发展的需要确需修改的,应当按照原审批程序报送审批。

第三章 地震监测预报

第十七条 国家加强地震监测预报工作,建立多学科地震监测系统,逐步提高地震监测预报水平。

第十八条 国家对地震监测台网实行统一规划,分级、分类管理。

国务院地震工作主管部门和县级以上地方人民政府负责管理地震工作的部门或者机构,按照国务院有关规定,制定地震监测台网规划。

全国地震监测台网由国家级地震监测台网、省级地震监测台网和市、县级地震监测台网组成,其建设资金和运行经费列入财政预算。

第十九条 水库、油田、核电站等重大建设工程的建设单位,应当按照国务院有关规定,建设专用地震监测台网或者强震动监测设施,其建设资金和运行经费由建设单位承担。

第二十条 地震监测台网的建设,应当遵守法律、法规和国家有关标准,保证建设质量。

第二十一条 地震监测台网不得擅自中止或者终止运行。

检测、传递、分析、处理、存储、报送地震监测信息的单位,应当保证地震监测信息的质量和安全。

县级以上地方人民政府应当组织相关单位为地震监测台网的运行提供通信、交通、电力等保障条件。

第二十二条 沿海县级以上地方人民政府负责管理地震工作的部门或者机构,应当加强海域地震活动监测预测工作。海域地震发生后,县级以上地方人民政府负责管理地震工作的部门或者机构,应当及时向海洋主管部门和当地海事管理机构等通报情况。

火山所在地的县级以上地方人民政府负责管理地震工作的部门或者机构,应当利用地震监测设施和技术手段,加强火山活动监测预测工作。

第二十三条 国家依法保护地震监测设施和地震观测环境。

任何单位和个人不得侵占、毁损、拆除或者擅自移动地震监测设施。地震监测设施遭到破坏的,县级以上地方人民政府负责管理地震工作的部门或者机构应当采取紧急措施组织修复,确保地震监测设施正常运行。

任何单位和个人不得危害地震观测环境。国务院地震工作主管部门和县级以上地方人民政府负责管理地震工作的部门或者机构会同同级有关部门,按照国务院有关规定划定地震观测环境保护范围,并纳入土地利用总体规划和城乡规划。

第二十四条 新建、扩建、改建建设工程,应当避免对地震监测设施和地震观测环境造成危害。建设国家重点工程,确实无法避免对地震监测设施和地震观测环境造成危害的,建设单位应当按照县级以上地方人民政府负责管理地震工作的部门或者机构的要求,增建抗干扰设施;不能增建抗干扰设施的,应当新建地震监测设施。

对地震观测环境保护范围内的建设工程项目,城乡规划主管部门在依法核发选址意见书时,应当征求负责管理地震工作的部门或者机构的意见;不需要核发选址意见书的,城乡规划主管部门在依法核发建设用地规划许可证或者乡村建设规划许可证时,应当征求负责管理地震工作的部门或者机构的意见。

第二十五条 国务院地震工作主管部门建立健全地震监测信息共享平台,为社会提供服务。

县级以上地方人民政府负责管理地震工作的部门或者机构,应当将地震监测信息及时报送上一级人民政府负责管理地震工作的部门或者机构。

专用地震监测台网和强震动监测设施的管理单位,应当将地震监测信息及时报送所在地省、自治区、直辖市人民政府负责管理地震工作的部门或者机构。

第二十六条 国务院地震工作主管部门和县级以上地方人民政府负责管理地震工作的部门或者机构,根据地震监测信息研究结果,对可能发生地震的地点、时间和震级做出预测。

其他单位和个人通过研究提出的地震预测意见,应当向所在地或者所预测地的县级以上地方人民政府负责管理地震工作的部门或者机构书面报告,或者直接向国务院地震工作主管部门书面报告。收到书面报告的部门或者机构应当进行登记并出具接收凭证。

第二十七条 观测到可能与地震有关的异常现象的单位和个人,可以向所在地县级以上地方人民政府负责管理地震工作的部门或者机构报告,也可以直接向国务院地震工作主管部门报告。

国务院地震工作主管部门和县级以上地方人民政府负责管理地震工作的部门或者机构接到报告后,应当进行登记并及时组织调查核实。

第二十八条 国务院地震工作主管部门和省、自治区、直辖市人民政府负责管理地震工作的部门或者机构,应当组织召开震情会商会,必要时邀请有关部门、专家和其他有关人员参加,对地震预测意见和可能与地震有关的异常现象进行综合分析研究,形成震情会商意见,报本级人民政府;经震情会商形成地震预报意见的,在报本级人民政府前,应当进行评审,作出评审结果,并提出对策建议。

第二十九条 国家对地震预报意见实行统一发布制度。

全国范围内的地震长期和中期预报意见,由国务院发布。省、自治区、直辖市行政区域内的地震预报意见,由省、自治区、直辖市人民政府按照国务院规定的程序发布。

除发表本人或者本单位对长期、中期地震活动趋势的研究成果及进行相关学术交流外,任何单位和个人不得向社会散布地震预测意见。任何单位和个人不得向社会散布地震预报意见及其评审结果。

第三十条 国务院地震工作主管部门根据地震活动趋势和震害预测结果,提出确定地震重点监视防御区的意见,报国务院批准。

国务院地震工作主管部门应当加强地震重点监视防御区的震情跟踪,对地震活动趋势进行分析评估,提出年度防震减灾工作意见,报国务院批准后实施。

地震重点监视防御区的县级以上地方人民政府应当根据年度防震减灾工作意见和当地

的地震活动趋势,组织有关部门加强防震减灾工作。

地震重点监视防御区的县级以上地方人民政府负责管理地震工作的部门或者机构,应当增加地震监测台网密度,组织做好震情跟踪、流动观测和可能与地震有关的异常现象观测以及群测群防工作,并及时将有关情况报上一级人民政府负责管理地震工作的部门或者机构。

第三十一条 国家支持全国地震烈度速报系统的建设。

地震灾害发生后,国务院地震工作主管部门应当通过全国地震烈度速报系统快速判断致灾程度,为指挥抗震救灾工作提供依据。

第三十二条 国务院地震工作主管部门和县级以上地方人民政府负责管理地震工作的部门或者机构,应当对发生地震灾害的区域加强地震监测,在地震现场设立流动观测点,根据震情的发展变化,及时对地震活动趋势作出分析、判定,为余震防范工作提供依据。

国务院地震工作主管部门和县级以上地方人民政府负责管理地震工作的部门或者机构、地震监测台网的管理单位,应当及时收集、保存有关地震的资料和信息,并建立完整的档案。

第三十三条 外国的组织或者个人在中华人民共和国领域和中华人民共和国管辖的其他海域从事地震监测活动,必须经国务院地震工作主管部门会同有关部门批准,并采取与中华人民共和国有关部门或者单位合作的形式进行。

第四章 地震灾害预防

第三十四条 国务院地震工作主管部门负责制定全国地震烈度区划图或者地震动参数区划图。

国务院地震工作主管部门和省、自治区、直辖市人民政府负责管理地震工作的部门或者机构,负责审定建设工程的地震安全性评价报告,确定抗震设防要求。

第三十五条 新建、扩建、改建建设工程,应当达到抗震设防要求。

重大建设工程和可能发生严重次生灾害的建设工程,应当按照国务院有关规定进行地震安全性评价,并按照经审定的地震安全性评价报告所确定的抗震设防要求进行抗震设防。建设工程的地震安全性评价单位应当按照国家有关标准进行地震安全性评价,并对地震安全性评价报告的质量负责。

前款规定以外的建设工程,应当按照地震烈度区划图或者地震动参数区划图所确定的抗震设防要求进行抗震设防;对学校、医院等人员密集场所的建设工程,应当按照高于当地房屋建筑的抗震设防要求进行设计和施工,采取有效措施,增强抗震设防能力。

第三十六条 有关建设工程的强制性标准,应当与抗震设防要求相衔接。

第三十七条 国家鼓励城市人民政府组织制定地震小区划图。地震小区划图由国务院地震工作主管部门负责审定。

第三十八条 建设单位对建设工程的抗震设计、施工的全过程负责。

设计单位应当按照抗震设防要求和工程建设强制性标准进行抗震设计,并对抗震设计的质量以及出具的施工图设计文件的准确性负责。

施工单位应当按照施工图设计文件和工程建设强制性标准进行施工,并对施工质量负责。

建设单位、施工单位应当选用符合施工图设计文件和国家有关标准规定的材料、构配件和设备。

工程监理单位应当按照施工图设计文件和工程建设强制性标准实施监理,并对施工质量承担监理责任。

第三十九条 已经建成的下列建设工程,未采取抗震设防措施或者抗震设防措施未达到抗震设防要求的,应当按照国家有关规定进行抗震性能鉴定,并采取必要的抗震加固措施:

(一)重大建设工程;

(二)可能发生严重次生灾害的建设工程;

(三)具有重大历史、科学、艺术价值或者重要纪念意义的建设工程;

(四)学校、医院等人员密集场所的建设工程;

(五)地震重点监视防御区内的建设工程。

第四十条 县级以上地方人民政府应当加强对农村村民住宅和乡村公共设施抗震设防的管理,组织开展农村实用抗震技术的研究和开发,推广达到抗震设防要求、经济适用、具有当地特色的建筑设计和施工技术,培训相关技术人员,建设示范工程,逐步提高农村村民住宅和乡村公共设施的抗震设防水平。

国家对需要抗震设防的农村村民住宅和乡村公共设施给予必要支持。

第四十一条 城乡规划应当根据地震应急避难的需要,合理确定应急疏散通道和应急避难场所,统筹安排地震应急避难所必需的交通、供水、供电、排污等基础设施建设。

第四十二条 地震重点监视防御区的县级以上地方人民政府应当根据实际需要,在本级财政预算和物资储备中安排抗震救灾资金、物资。

第四十三条 国家鼓励、支持研究开发和推广使用符合抗震设防要求、经济实用的新技术、新工艺、新材料。

第四十四条 县级人民政府及其有关部门和乡、镇人民政府、城市街道办事处等基层组织,应当组织开展地震应急知识的宣传普及活动和必要的地震应急救援演练,提高公民在地震灾害中自救互救的能力。

机关、团体、企业、事业等单位,应当按照所在地人民政府的要求,结合各自实际情况,加强对本单位人员的地震应急知识宣传教育,开展地震应急救援演练。

学校应当进行地震应急知识教育,组织开展必要的地震应急救援演练,培养学生的安全意识和自救互救能力。

新闻媒体应当开展地震灾害预防和应急、自救互救知识的公益宣传。

国务院地震工作主管部门和县级以上地方人民政府负责管理地震工作的部门或者机构,应当指导、协助、督促有关单位做好防震减灾知识的宣传教育和地震应急救援演练等工作。

第四十五条 国家发展有财政支持的地震灾害保险事业,鼓励单位和个人参加地震灾害保险。

第五章　地震应急救援

第四十六条 国务院地震工作主管部门会同国务院有关部门制定国家地震应急预案,报国务院批准。国务院有关部门根据国家地震应急预案,制定本部门的地震应急预案,报国务院地震工作主管部门备案。

县级以上地方人民政府及其有关部门和乡、镇人民政府,应当根据有关法律、法规、规章、上级人民政府及其有关部门的地震应急预案和本行政区域的实际情况,制定本行政区域的地震应急预案和本部门的地震应急预案。省、自治区、直辖市和较大的市的地震应急预案,应当报国务院地震工作主管部门备案。

交通、铁路、水利、电力、通信等基础设施和学校、医院等人员密集场所的经营管理单位,以及可能发生次生灾害的核电、矿山、危险物品等生产经营单位,应当制定地震应急预案,并报所在地的县级人民政府负责管理地震工作的部门或者机构备案。

第四十七条 地震应急预案的内容应当包括：组织指挥体系及其职责,预防和预警机制,处置程序,应急响应和应急保障措施等。

地震应急预案应当根据实际情况适时修订。

第四十八条 地震预报意见发布后,有关省、自治区、直辖市人民政府根据预报的震情可以宣布有关区域进入临震应急期;有关地方人民政府应当按照地震应急预案,组织有关部门做好应急防范和抗震救灾准备工作。

第四十九条 按照社会危害程度、影响范围等因素,地震灾害分为一般、较大、重大和特别重大四级。具体分级标准按照国务院规定执行。

一般或者较大地震灾害发生后,地震发生地的市、县人民政府负责组织有关部门启动地震应急预案;重大地震灾害发生后,地震发生地的省、自治区、直辖市人民政府负责组织有关部门启动地震应急预案;特别重大地震灾害发生后,国务院负责组织有关部门启动地震应急预案。

第五十条 地震灾害发生后,抗震救灾指挥机构应当立即组织有关部门和单位迅速查清受灾情况,提出地震应急救援力量的配置方案,并采取以下紧急措施：

（一）迅速组织抢救被压埋人员,并组织有关单位和人员开展自救互救;

（二）迅速组织实施紧急医疗救护,协调伤员转移和接收与救治;

（三）迅速组织抢修毁损的交通、铁路、水利、电力、通信等基础设施;

（四）启用应急避难场所或者设置临时避难场所,设置救济物资供应点,提供救济物品、

简易住所和临时住所,及时转移和安置受灾群众,确保饮用水消毒和水质安全,积极开展卫生防疫,妥善安排受灾群众生活;

（五）迅速控制危险源,封锁危险场所,做好次生灾害的排查与监测预警工作,防范地震可能引发的火灾、水灾、爆炸、山体滑坡和崩塌、泥石流、地面塌陷,或者剧毒、强腐蚀性、放射性物质大量泄漏等次生灾害以及传染病疫情的发生;

（六）依法采取维持社会秩序、维护社会治安的必要措施。

第五十一条　特别重大地震灾害发生后,国务院抗震救灾指挥机构在地震灾区成立现场指挥机构,并根据需要设立相应的工作组,统一组织领导、指挥和协调抗震救灾工作。

各级人民政府及有关部门和单位、中国人民解放军、中国人民武装警察部队和民兵组织,应当按照统一部署,分工负责,密切配合,共同做好地震应急救援工作。

第五十二条　地震灾区的县级以上地方人民政府应当及时将地震震情和灾情等信息向上一级人民政府报告,必要时可以越级上报,不得迟报、谎报、瞒报。

地震震情、灾情和抗震救灾等信息按照国务院有关规定实行归口管理,统一、准确、及时发布。

第五十三条　国家鼓励、扶持地震应急救援新技术和装备的研究开发,调运和储备必要的应急救援设施、装备,提高应急救援水平。

第五十四条　国务院建立国家地震灾害紧急救援队伍。

省、自治区、直辖市人民政府和地震重点监视防御区的市、县人民政府可以根据实际需要,充分利用消防等现有队伍,按照一队多用、专职与兼职相结合的原则,建立地震灾害紧急救援队伍。

地震灾害紧急救援队伍应当配备相应的装备、器材,开展培训和演练,提高地震灾害紧急救援能力。

地震灾害紧急救援队伍在实施救援时,应当首先对倒塌建筑物、构筑物压埋人员进行紧急救援。

第五十五条　县级以上人民政府有关部门应当按照职责分工,协调配合,采取有效措施,保障地震灾害紧急救援队伍和医疗救治队伍快速、高效地开展地震灾害紧急救援活动。

第五十六条　县级以上地方人民政府及其有关部门可以建立地震灾害救援志愿者队伍,并组织开展地震应急救援知识培训和演练,使志愿者掌握必要的地震应急救援技能,增强地震灾害应急救援能力。

第五十七条　国务院地震工作主管部门会同有关部门和单位,组织协调外国救援队和医疗队在中华人民共和国开展地震灾害紧急救援活动。

国务院抗震救灾指挥机构负责外国救援队和医疗队的统筹调度,并根据其专业特长,科学、合理地安排紧急救援任务。

地震灾区的地方各级人民政府,应当对外国救援队和医疗队开展紧急救援活动予以支持和配合。

第六章 地震灾后过渡性安置和恢复重建

第五十八条 国务院或者地震灾区的省、自治区、直辖市人民政府应当及时组织对地震灾害损失进行调查评估,为地震应急救援、灾后过渡性安置和恢复重建提供依据。

地震灾害损失调查评估的具体工作,由国务院地震工作主管部门或者地震灾区的省、自治区、直辖市人民政府负责管理地震工作的部门或者机构和财政、建设、民政等有关部门按照国务院的规定承担。

第五十九条 地震灾区受灾群众需要过渡性安置的,应当根据地震灾区的实际情况,在确保安全的前提下,采取灵活多样的方式进行安置。

第六十条 过渡性安置点应当设置在交通条件便利、方便受灾群众恢复生产和生活的区域,并避开地震活动断层和可能发生严重次生灾害的区域。

过渡性安置点的规模应当适度,并采取相应的防灾、防疫措施,配套建设必要的基础设施和公共服务设施,确保受灾群众的安全和基本生活需要。

第六十一条 实施过渡性安置应当尽量保护农用地,并避免对自然保护区、饮用水水源保护区以及生态脆弱区域造成破坏。

过渡性安置用地按照临时用地安排,可以先行使用,事后依法办理有关用地手续;到期未转为永久性用地的,应当复垦后交还原土地使用者。

第六十二条 过渡性安置点所在地的县级人民政府,应当组织有关部门加强对次生灾害、饮用水水质、食品卫生、疫情等的监测,开展流行病学调查,整治环境卫生,避免对土壤、水环境等造成污染。

过渡性安置点所在地的公安机关,应当加强治安管理,依法打击各种违法犯罪行为,维护正常的社会秩序。

第六十三条 地震灾区的县级以上地方人民政府及其有关部门和乡、镇人民政府,应当及时组织修复毁损的农业生产设施,提供农业生产技术指导,尽快恢复农业生产;优先恢复供电、供水、供气等企业的生产,并对大型骨干企业恢复生产提供支持,为全面恢复农业、工业、服务业生产经营提供条件。

第六十四条 各级人民政府应当加强对地震灾后恢复重建工作的领导、组织和协调。

县级以上人民政府有关部门应当在本级人民政府领导下,按照职责分工,密切配合,采取有效措施,共同做好地震灾后恢复重建工作。

第六十五条 国务院有关部门应当组织有关专家开展地震活动对相关建设工程破坏机理的调查评估,为修订完善有关建设工程的强制性标准、采取抗震设防措施提供科学依据。

第六十六条 特别重大地震灾害发生后,国务院经济综合宏观调控部门会同国务院有关部门与地震灾区的省、自治区、直辖市人民政府共同组织编制地震灾后恢复重建规划,报国务院批准后组织实施;重大、较大、一般地震灾害发生后,由地震灾区的省、自治区、直辖市人民政府根据实际需要组织编制地震灾后恢复重建规划。

地震灾害损失调查评估获得的地质、勘察、测绘、土地、气象、水文、环境等基础资料和经国务院地震工作主管部门复核的地震动参数区划图,应当作为编制地震灾后恢复重建规划的依据。

编制地震灾后恢复重建规划,应当征求有关部门、单位、专家和公众特别是地震灾区受灾群众的意见;重大事项应当组织有关专家进行专题论证。

第六十七条 地震灾后恢复重建规划应当根据地质条件和地震活动断层分布以及资源环境承载能力,重点对城镇和乡村的布局、基础设施和公共服务设施的建设、防灾减灾和生态环境以及自然资源和历史文化遗产保护等作出安排。

地震灾区内需要异地新建的城镇和乡村的选址以及地震灾后重建工程的选址,应当符合地震灾后恢复重建规划和抗震设防、防灾减灾要求,避开地震活动断层或者生态脆弱和可能发生洪水、山体滑坡和崩塌、泥石流、地面塌陷等灾害的区域以及传染病自然疫源地。

第六十八条 地震灾区的地方各级人民政府应当根据地震灾后恢复重建规划和当地经济社会发展水平,有计划、分步骤地组织实施地震灾后恢复重建。

第六十九条 地震灾区的县级以上地方人民政府应当组织有关部门和专家,根据地震灾害损失调查评估结果,制定清理保护方案,明确典型地震遗址、遗迹和文物保护单位以及具有历史价值与民族特色的建筑物、构筑物的保护范围和措施。

对地震灾害现场的清理,按照清理保护方案分区、分类进行,并依照法律、行政法规和国家有关规定,妥善清理、转运和处置有关放射性物质、危险废物和有毒化学品,开展防疫工作,防止传染病和重大动物疫情的发生。

第七十条 地震灾后恢复重建,应当统筹安排交通、铁路、水利、电力、通信、供水、供电等基础设施和市政公用设施,学校、医院、文化、商贸服务、防灾减灾、环境保护等公共服务设施,以及住房和无障碍设施的建设,合理确定建设规模和时序。

乡村的地震灾后恢复重建,应当尊重村民意愿,发挥村民自治组织的作用,以群众自建为主,政府补助、社会帮扶、对口支援,因地制宜,节约和集约利用土地,保护耕地。

少数民族聚居的地方的地震灾后恢复重建,应当尊重当地群众的意愿。

第七十一条 地震灾区的县级以上地方人民政府应当组织有关部门和单位,抢救、保护与收集整理有关档案、资料,对因地震灾害遗失、毁损的档案、资料,及时补充和恢复。

第七十二条 地震灾后恢复重建应当坚持政府主导、社会参与和市场运作相结合的原则。

地震灾区的地方各级人民政府应当组织受灾群众和企业开展生产自救,自力更生、艰苦奋斗、勤俭节约,尽快恢复生产。

国家对地震灾后恢复重建给予财政支持、税收优惠和金融扶持,并提供物资、技术和人力等支持。

第七十三条 地震灾区的地方各级人民政府应当组织做好救助、救治、康复、补偿、抚慰、抚恤、安置、心理援助、法律服务、公共文化服务等工作。

各级人民政府及有关部门应当做好受灾群众的就业工作,鼓励企业、事业单位优先吸纳符合条件的受灾群众就业。

第七十四条 对地震灾后恢复重建中需要办理行政审批手续的事项,有审批权的人民政府及有关部门应当按照方便群众、简化手续、提高效率的原则,依法及时予以办理。

第七章 监督管理

第七十五条 县级以上人民政府依法加强对防震减灾规划和地震应急预案的编制与实施、地震应急避难场所的设置与管理、地震灾害紧急救援队伍的培训、防震减灾知识宣传教育和地震应急救援演练等工作的监督检查。

县级以上人民政府有关部门应当加强对地震应急救援、地震灾后过渡性安置和恢复重建的物资的质量安全的监督检查。

第七十六条 县级以上人民政府建设、交通、铁路、水利、电力、地震等有关部门应当按照职责分工,加强对工程建设强制性标准、抗震设防要求执行情况和地震安全性评价工作的监督检查。

第七十七条 禁止侵占、截留、挪用地震应急救援、地震灾后过渡性安置和恢复重建的资金、物资。

县级以上人民政府有关部门对地震应急救援、地震灾后过渡性安置和恢复重建的资金、物资以及社会捐赠款物的使用情况,依法加强管理和监督,予以公布,并对资金、物资的筹集、分配、拨付、使用情况登记造册,建立健全档案。

第七十八条 地震灾区的地方人民政府应当定期公布地震应急救援、地震灾后过渡性安置和恢复重建的资金、物资以及社会捐赠款物的来源、数量、发放和使用情况,接受社会监督。

第七十九条 审计机关应当加强对地震应急救援、地震灾后过渡性安置和恢复重建的资金、物资的筹集、分配、拨付、使用的审计,并及时公布审计结果。

第八十条 监察机关应当加强对参与防震减灾工作的国家行政机关和法律、法规授权的具有管理公共事务职能的组织及其工作人员的监察。

第八十一条 任何单位和个人对防震减灾活动中的违法行为,有权进行举报。

接到举报的人民政府或者有关部门应当进行调查,依法处理,并为举报人保密。

第八章 法律责任

第八十二条 国务院地震工作主管部门、县级以上地方人民政府负责管理地震工作的部门或者机构,以及其他依照本法规定行使监督管理权的部门,不依法作出行政许可或者办理批准文件的,发现违法行为或者接到对违法行为的举报后不予查处的,或者有其他未依照本法规定履行职责的行为的,对直接负责的主管人员和其他直接责任人员,依法给予处分。

第八十三条 未按照法律、法规和国家有关标准进行地震监测台网建设的,由国务院地震工作主管部门或者县级以上地方人民政府负责管理地震工作的部门或者机构责令改正，采取相应的补救措施；对直接负责的主管人员和其他直接责任人员，依法给予处分。

第八十四条　违反本法规定，有下列行为之一的，由国务院地震工作主管部门或者县级以上地方人民政府负责管理地震工作的部门或者机构责令停止违法行为，恢复原状或者采取其他补救措施；造成损失的，依法承担赔偿责任：

（一）侵占、毁损、拆除或者擅自移动地震监测设施的；

（二）危害地震观测环境的；

（三）破坏典型地震遗址、遗迹的。

单位有前款所列违法行为，情节严重的，处二万元以上二十万元以下的罚款；个人有前款所列违法行为，情节严重的，处二千元以下的罚款。构成违反治安管理行为的，由公安机关依法给予处罚。

第八十五条　违反本法规定，未按照要求增建抗干扰设施或者新建地震监测设施的，由国务院地震工作主管部门或者县级以上地方人民政府负责管理地震工作的部门或者机构责令限期改正；逾期不改正的，处二万元以上二十万元以下的罚款；造成损失的，依法承担赔偿责任。

第八十六条　违反本法规定，外国的组织或者个人未经批准，在中华人民共和国领域和中华人民共和国管辖的其他海域从事地震监测活动的，由国务院地震工作主管部门责令停止违法行为，没收监测成果和监测设施，并处一万元以上十万元以下的罚款；情节严重的，并处十万元以上五十万元以下的罚款。

外国人有前款规定行为的，除依照前款规定处罚外，还应当依照外国人入境出境管理法律的规定缩短其在中华人民共和国停留的期限或者取消其在中华人民共和国居留的资格；情节严重的，限期出境或者驱逐出境。

第八十七条　未依法进行地震安全性评价，或者未按照地震安全性评价报告所确定的抗震设防要求进行抗震设防的，由国务院地震工作主管部门或者县级以上地方人民政府负责管理地震工作的部门或者机构责令限期改正；逾期不改正的，处三万元以上三十万元以下的罚款。

第八十八条　违反本法规定，向社会散布地震预测意见、地震预报意见及其评审结果，或者在地震灾后过渡性安置、地震灾后恢复重建中扰乱社会秩序，构成违反治安管理行为的，由公安机关依法给予处罚。

第八十九条　地震灾区的县级以上地方人民政府迟报、谎报、瞒报地震震情、灾情等信息的，由上级人民政府责令改正；对直接负责的主管人员和其他直接责任人员，依法给予处分。

第九十条　侵占、截留、挪用地震应急救援、地震灾后过渡性安置或者地震灾后恢复重建的资金、物资的，由财政部门、审计机关在各自职责范围内，责令改正，追回被侵占、截留、挪用的资金、物资；有违法所得的，没收违法所得；对单位给予警告或者通报批评；对直接负责的主管人员和其他直接责任人员,依法给予处分。

第九十一条 违反本法规定,构成犯罪的,依法追究刑事责任。

第九章 附 则

第九十二条 本法下列用语的含义:

(一)地震监测设施,是指用于地震信息检测、传输和处理的设备、仪器和装置以及配套的监测场地。

(二)地震观测环境,是指按照国家有关标准划定的保障地震监测设施不受干扰、能够正常发挥工作效能的空间范围。

(三)重大建设工程,是指对社会有重大价值或者有重大影响的工程。

(四)可能发生严重次生灾害的建设工程,是指受地震破坏后可能引发水灾、火灾、爆炸,或者剧毒、强腐蚀性、放射性物质大量泄漏,以及其他严重次生灾害的建设工程,包括水库大坝和储油、储气设施,储存易燃易爆或者剧毒、强腐蚀性、放射性物质的设施,以及其他可能发生严重次生灾害的建设工程。

(五)地震烈度区划图,是指以地震烈度(以等级表示的地震影响强弱程度)为指标,将全国划分为不同抗震设防要求区域的图件。

(六)地震动参数区划图,是指以地震动参数(以加速度表示地震作用强弱程度)为指标,将全国划分为不同抗震设防要求区域的图件。

(七)地震小区划图,是指根据某一区域的具体场地条件,对该区域的抗震设防要求进行详细划分的图件。

第九十三条 本法自 2009 年 5 月 1 日起施行。

附录 B

预　　案

B.1　国家突发公共事件总体应急预案(2005年1月)

国家突发公共事件总体应急预案

1　总则

1.1　编制目的

提高政府保障公共安全和处置突发公共事件的能力,最大程度地预防和减少突发公共事件及其造成的损害,保障公众的生命财产安全,维护国家安全和社会稳定,促进经济社会全面、协调、可持续发展。

1.2　编制依据

依据宪法及有关法律、行政法规,制定本预案。

1.3　分类分级

本预案所称突发公共事件是指突然发生,造成或者可能造成重大人员伤亡、财产损失、生态环境破坏和严重社会危害,危及公共安全的紧急事件。

根据突发公共事件的发生过程、性质和机理,突发公共事件主要分为以下四类:

(1) 自然灾害。主要包括水旱灾害,气象灾害,地震灾害,地质灾害,海洋灾害,生物灾害和森林草原火灾等。

(2) 事故灾难。主要包括工矿商贸等企业的各类安全事故,交通运输事故,公共设施和设备事故,环境污染和生态破坏事件等。

(3) 公共卫生事件。主要包括传染病疫情,群体性不明原因疾病,食品安全和职业危害,动物疫情,以及其他严重影响公众健康和生命安全的事件。

(4) 社会安全事件。主要包括恐怖袭击事件,经济安全事件和涉外突发事件等。

各类突发公共事件按照其性质、严重程度、可控性和影响范围等因素,一般分为四级:Ⅰ级(特别重大)、Ⅱ级(重大)、Ⅲ级(较大)和Ⅳ级(一般)。

1.4　适用范围

本预案适用于涉及跨省级行政区划的,或超出事发地省级人民政府处置能力的特别重大突发公共事件应对工作。

本预案指导全国的突发公共事件应对工作。

1.5　工作原则

(1) 以人为本,减少危害。切实履行政府的社会管理和公共服务职能,把保障公众健康和生命财产安全作为首要任务,最大程度地减少突发公共事件及其造成的人员伤亡和危害。

(2) 居安思危,预防为主。高度重视公共安全工作,常抓不懈,防患于未然。增强忧患意识,坚持预防与应急相结合,常态与非常态相结合,做好应对突发公共事件的各项准备工作。

(3) 统一领导,分级负责。在党中央、国务院的统一领导下,建立、健全分类管理、分级负责,条块结合、属地管理为主的应急管理体制,在各级党委领导下,实行行政领导责任制,充分发挥专业应急指挥机构的作用。

(4) 依法规范,加强管理。依据有关法律和行政法规,加强应急管理,维护公众的合法权益,使应对突发公共事件的工作规范化、制度化、法制化。

(5) 快速反应,协同应对。加强以属地管理为主的应急处置队伍建设,建立联动协调制度,充分动员和发挥乡镇、社区、企事业单位、社会团体和志愿者队伍的作用,依靠公众力量,形成统一指挥、反应灵敏、功能齐全、协调有序、运转高效的应急管理机制。

(6) 依靠科技,提高素质。加强公共安全科学研究和技术开发,采用先进的监测、预测、预警、预防和应急处置技术及设施,充分发挥专家队伍和专业人员的作用,提高应对突发公共事件的科技水平和指挥能力,避免发生次生、衍生事件;加强宣传和培训教育工作,提高公众自救、互救和应对各类突发公共事件的综合素质。

1.6 应急预案体系

全国突发公共事件应急预案体系包括:

(1) 突发公共事件总体应急预案。总体应急预案是全国应急预案体系的总纲,是国务院应对特别重大突发公共事件的规范性文件。

(2) 突发公共事件专项应急预案。专项应急预案主要是国务院及其有关部门为应对某一类型或某几种类型突发公共事件而制定的应急预案。

(3) 突发公共事件部门应急预案。部门应急预案是国务院有关部门根据总体应急预案、专项应急预案和部门职责为应对突发公共事件制定的预案。

(4) 突发公共事件地方应急预案。具体包括:省级人民政府的突发公共事件总体应急预案、专项应急预案和部门应急预案;各市(地)、县(市)人民政府及其基层政权组织的突发公共事件应急预案。上述预案在省级人民政府的领导下,按照分类管理、分级负责的原则,由地方人民政府及其有关部门分别制定。

(5) 企事业单位根据有关法律法规制定的应急预案。

(6) 举办大型会展和文化体育等重大活动,主办单位应当制定应急预案。

各类预案将根据实际情况变化不断补充、完善。

2 组织体系

2.1 领导机构

国务院是突发公共事件应急管理工作的最高行政领导机构。在国务院总理领导下,由国务院常务会议和国家相关突发公共事件应急指挥机构(以下简称相关应急指挥机构)负责突发公共事件的应急管理工作;必要时,派出国务院工作组指导有关工作。

2.2 办事机构

国务院办公厅设国务院应急管理办公室,履行值守应急、信息汇总和综合协调职责,发挥运转枢纽作用。

2.3 工作机构

国务院有关部门依据有关法律、行政法规和各自的职责,负责相关类别突发公共事件的应急管理工作。具体负责相关类别的突发公共事件专项和部门应急预案的起草与实施,贯彻落实国务院有关决定事项。

2.4 地方机构

地方各级人民政府是本行政区域突发公共事件应急管理工作的行政领导机构,负责本行政区域各类突发公共事件的应对工作。

2.5 专家组

国务院和各应急管理机构建立各类专业人才库,可以根据实际需要聘请有关专家组成专家组,为应急管理提供决策建议,必要时参加突发公共事件的应急处置工作。

3 运行机制

3.1 预测与预警

各地区、各部门要针对各种可能发生的突发公共事件,完善预测预警机制,建立预测预警系统,开展风险分析,做到早发现、早报告、早处置。

3.1.1 预警级别和发布

根据预测分析结果,对可能发生和可以预警的突发公共事件进行预警。预警级别依据突发公共事件可能造成的危害程度、紧急程度和发展势态,一般划分为四级:Ⅰ级(特别严重)、Ⅱ级(严重)、Ⅲ级(较重)和Ⅳ级(一般),依次用红色、橙色、黄色和蓝色表示。

预警信息包括突发公共事件的类别、预警级别、起始时间、可能影响范围、警示事项、应采取的措施和发布机关等。

预警信息的发布、调整和解除可通过广播、电视、报刊、通信、信息网络、警报器、宣传车或组织人员逐户通知等方式进行,对老、幼、病、残、孕等特殊人群以及学校等特殊场所和警报盲区应当采取有针对性的公告方式。

3.2 应急处置

3.2.1 信息报告

特别重大或者重大突发公共事件发生后,各地区、各部门要立即报告,最迟不得超过4小时,同时通报有关地区和部门。应急处置过程中,要及时续报有关情况。

3.2.2 先期处置

突发公共事件发生后,事发地的省级人民政府或者国务院有关部门在报告特别重大、重大突发公共事件信息的同时,要根据职责和规定的权限启动相关应急预案,及时、有效地进行处置,控制事态。

在境外发生涉及中国公民和机构的突发事件,我驻外使领馆、国务院有关部门和有关地方人民政府要采取措施控制事态发展,组织开展应急救援工作。

3.2.3 应急响应

对于先期处置未能有效控制事态的特别重大突发公共事件,要及时启动相关预案,由国务院相关应急指挥机构或国务院工作组统一指挥或指导有关地区、部门开展处置工作。

现场应急指挥机构负责现场的应急处置工作。

需要多个国务院相关部门共同参与处置的突发公共事件,由该类突发公共事件的业务主管部门牵头,其他部门予以协助。

3.2.4 应急结束

特别重大突发公共事件应急处置工作结束,或者相关危险因素消除后,现场应急指挥机构予以撤销。

3.3 恢复与重建

3.3.1 善后处置

要积极稳妥、深入细致地做好善后处置工作。对突发公共事件中的伤亡人员、应急处置工作人员,以及紧急调集、征用有关单位及个人的物资,要按照规定给予抚恤、补助或补偿,并提供心理及司法援助。有关部门要做好疫病防治和环境污染消除工作。保险监管机构督促有关保险机构及时做好有关单位和个人损失的理赔工作。

3.3.2 调查与评估

要对特别重大突发公共事件的起因、性质、影响、责任、经验教训和恢复重建等问题进行调查评估。

3.3.3 恢复重建

根据受灾地区恢复重建计划组织实施恢复重建工作。

3.4 信息发布

突发公共事件的信息发布应当及时、准确、客观、全面。事件发生的第一时间要向社会发布简要信息,随后发布初步核实情况、政府应对措施和公众防范措施等,并根据事件处置情况做好后续发布工作。

信息发布形式主要包括授权发布、散发新闻稿、组织报道、接受记者采访、举行新闻发布会等。

4 应急保障

各有关部门要按照职责分工和相关预案做好突发公共事件的应对工作,同时根据总体预案切实做好应对突发公共事件的人力、物力、财力、交通运输、医疗卫生及通信保障等工作,保证应急救援工作的需要和灾区群众的基本生活,以及恢复重建工作的顺利进行。

4.1 人力资源

公安(消防)、医疗卫生、地震救援、海上搜救、矿山救护、森林消防、防洪抢险、核与辐射、环境监控、危险化学品事故救援、铁路事故、民航事故、基础信息网络和重要信息系统事故处置,以及水、电、油、气等工程抢险救援队伍是应急救援的专业队伍和骨干力量。地方各级人民政府和有关部门、单位要加强应急救援队伍的业务培训和应急演练,建立联动协调机制,提高装备水平;动员社会团体、企事业单位以及志愿者等各种社会力量参与应急救援工作;增进国际间的交流与合作。要加强以乡镇和社区为单位的公众应急能力建设,发挥其在应对突发公共事件中的重要作用。

中国人民解放军和中国人民武装警察部队是处置突发公共事件的骨干和突击力量,按照有关规定参加应急处置工作。

4.2 财力保障

要保证所需突发公共事件应急准备和救援工作资金。对受突发公共事件影响较大的行业、企事业单位和个人要及时研究提出相应的补偿或救助政策。要对突发公共事件财政应急保障资金的使用和效果进行监管和评估。

鼓励自然人、法人或者其他组织(包括国际组织)按照《中华人民共和国公益事业捐赠法》等有关法律、法规的规定进行捐赠和援助。

4.3 物资保障

要建立健全应急物资监测网络、预警体系和应急物资生产、储备、调拨及紧急配送体系,完善应急工作程序,确保应急所需物资和生活用品的及时供应,并加强对物资储备的监督管理,及时予以补充和更新。

地方各级人民政府应根据有关法律、法规和应急预案的规定,做好物资储备工作。

4.4 基本生活保障

要做好受灾群众的基本生活保障工作,确保灾区群众有饭吃、有水喝、有衣穿、有住处、有病能得到及时医治。

4.5 医疗卫生保障

卫生部门负责组建医疗卫生应急专业技术队伍,根据需要及时赴现场开展医疗救治、疾病预防控制等卫生应急工作。及时为受灾地区提供药品、器械等卫生和医疗设备。必要时,组织动员红十字会等社会卫生力量参与医疗卫生救助工作。

4.6 交通运输保障

要保证紧急情况下应急交通工具的优先安排、优先调度、优先放行,确保运输安全畅通;要依法建立紧急情况社会交通运输工具的征用程序,确保抢险救灾物资和人员能够及时、安全送达。

根据应急处置需要,对现场及相关通道实行交通管制,开设应急救援"绿色通道",保证应急救援工作的顺利开展。

4.7 治安维护

要加强对重点地区、重点场所、重点人群、重要物资和设备的安全保护,依法严厉打击违法犯罪活动。必要时,依法采取有效管制措施,控制事态,维护社会秩序。

4.8 人员防护

要指定或建立与人口密度、城市规模相适应的应急避险场所,完善紧急疏散管理办法和程序,明确各级责任人,确保在紧急情况下公众安全、有序地转移或疏散。

要采取必要的防护措施,严格按照程序开展应急救援工作,确保人员安全。

4.9 通信保障

建立健全应急通信、应急广播、电视保障工作体系,完善公用通信网,建立有线和无线相结合、基础电信网络与机动通信系统相配套的应急通信系统,确保通信畅通。

4.10 公共设施

有关部门要按照职责分工,分别负责煤、电、油、气、水的供给,以及废水、废气、固体废弃物等有害物质的监测和处理。

4.11 科技支撑

要积极开展公共安全领域的科学研究;加大公共安全监测、预测、预警、预防和应急处置技术研发的投入,不断改进技术装备,建立、健全公共安全应急技术平台,提高我国公共安全科技水平;注意发挥企业在公共安全领域的研发作用。

5 监督管理

5.1 预案演练

各地区、各部门要结合实际,有计划、有重点地组织有关部门对相关预案进行演练。

5.2 宣传和培训

宣传、教育、文化、广电、新闻出版等有关部门要通过图书、报刊、音像制品和电子出版物、广播、电视、网络等,广泛宣传应急法律法规和预防、避险、自救、互救、减灾等常识,增强公众的忧患意识、社会责任意识和自救、互救能力。各有关方面要有计划地对应急救援和管理人员进行培训,提高其专业技能。

5.3 责任与奖惩

突发公共事件应急处置工作实行责任追究制。

对突发公共事件应急管理工作中做出突出贡献的先进集体和个人要给予表彰和奖励。

对迟报、谎报、瞒报和漏报突发公共事件重要情况或者应急管理工作中有其他失职、渎职行为的,依法对有关责任人给予行政处分;构成犯罪的,依法追究刑事责任。

6 附则

6.1 预案管理

根据实际情况的变化,及时修订本预案。

本预案自发布之日起实施。

B.2 破坏性地震应急条例

中华人民共和国国务院令

第172号

现发布《破坏性地震应急条例》，自1995年4月1日起施行。

总理 李 鹏

一九九五年二月十一日

破坏性地震应急条例

第一章 总 则

第一条 为了加强对破坏性地震应急活动的管理，减轻地震灾害损失，保障国家财产和公民人身、财产安全，维护社会秩序，制定本条例。

第二条 在中华人民共和国境内从事破坏性地震应急活动，必须遵守本条例。

第三条 地震应急工作实行政府领导、统一管理和分级、分部门负责的原则。

第四条 各级人民政府应当加强地震应急的宣传、教育工作，提高社会防震减灾意识。

第五条 任何组织和个人都有参加地震应急活动的义务。

中国人民解放军和中国人民武装警察部队是地震应急工作的重要力量。

第二章 应急机构

第六条 国务院防震减灾工作主管部门指导和监督全国地震应急工作。国务院有关部门按照各自的职责，具体负责本部门的地震应急工作。

第七条 造成特大损失的严重破坏性地震发生后，国务院设立抗震救灾指挥部，国务院防震减灾工作主管部门为其办事机构；国务院有关部门设立本部门的地震应急机构。

第八条 县级以上地方人民政府防震减灾工作主管部门指导和监督本行政区域内地震应急工作。

破坏性地震发生后，有关县级以上地方人民政府应当设立抗震救灾指挥部，对本行政区域内的地震应急工作实行集中领导，其办事机构设在本级人民政府防震减灾工作主管部门或者本级人民政府指定的其他部门；国务院另有规定的，从其规定。

第三章 应急预案

第九条 国家的破坏性地震应急预案，由国务院防震减灾工作主管部门会同国务院有关部门制定,报国务院批准。

第十条 国务院有关部门应当根据国家的破坏性地震应急预案,制定本部门的破坏性地震应急预案,并报国务院防震减灾工作主管部门备案。

第十一条 根据地震灾害预测,可能发生破坏性地震地区的县级以上地方人民政府防震减灾工作主管部门应当会同同级有关部门以及有关单位,参照国家破坏性地震应急预案,制定本行政区域内的破坏性地震应急预案,报本级人民政府批准;省、自治区和人口在100万以上的城市的破坏性地震应急预案,还应当报国务院防震减灾工作主管部门备案。

第十二条 部门和地方制定破坏性地震应急预案,应当从本部门或者本地区的实际情况出发,做到切实可行。

第十三条 破坏性地震应急预案应当包括下列主要内容:

(一)应急机构的组成和职责;

(二)应急通信保障;

(三)抢险救援的人员、资金、物资准备;

(四)灾害评估准备;

(五)应急行动方案。

第十四条 制定破坏性地震应急预案的部门和地方,应当根据震情的变化以及实施中发现的问题,及时对其制定的破坏性地震应急预案进行修订、补充;涉及重大事项调整的,应当报经原批准机关同意。

第四章 临震应急

第十五条 地震临震预报,由省、自治区、直辖市人民政府依照国务院有关发布地震预报的规定统一发布,其他任何组织或者个人不得发布地震预报。

任何组织或者个人都不得传播有关地震的谣言。发生地震谣传时,防震减灾工作主管部门应当协助人民政府迅速予以平息和澄清。

第十六条 破坏性地震临震预报发布后,有关省、自治区、直辖市人民政府可以宣布预报区进入临震应急期,并指明临震应急期的起止时间。

临震应急期一般为10日;必要时,可以延长10日。

第十七条 在临震应急期,有关地方人民政府应当根据震情,统一部署破坏性地震应急预案的实施工作,并对临震应急活动中发生的争议采取紧急处置措施。

第十八条 在临震应急期,各级防震减灾工作主管部门应当协助本级人民政府对实施破坏性地震应急预案工作进行检查。

第十九条 在临震应急期,有关地方人民政府应当根据实际情况,向预报区的居民以及其他人员提出避震撤离的劝告;情况紧急时,应当有组织地进行避震疏散。

第二十条 在临震应急期,有关地方人民政府有权在本行政区域内紧急调用物资、设备、人员和占用场地,任何组织或者个人都不得阻拦;调用物资、设备或者占用场地的,事后应及时归还或者给予补偿。

第二十一条 在临震应急期,有关部门应当对生命线工程和次生灾害源采取紧急防护措施。

第五章 震 后 应 急

第二十二条 破坏性地震发生后,有关的省、自治区、直辖市人民政府应当宣布灾区进入震后应急期,并指明震后应急期的起止时间。

震后应急期一般为 10 日;必要时,可以延长 20 日。

第二十三条 破坏性地震发生后,抗震救灾指挥部应当及时组织实施破坏性地震应急预案,及时将震情、灾情及其发展趋势等信息报告上一级人民政府。

第二十四条 防震减灾工作主管部门应当加强现场地震监测预报工作,并及时会同有关部门评估地震灾害损失;灾情调查结果,应当及时报告本级人民政府抗震救灾指挥部和上一级防震减灾工作主管部门。

第二十五条 交通、铁路、民航等部门应当尽快恢复被损毁的道路、铁路、水港、空港及有关设施,并优先保证抢险救援人员、物资的运输和灾民的疏散。其他部门有交通运输工具的应当无条件服从抗震救灾指挥部的征用或者调用。

第二十六条 通信部门应当尽快恢复被破坏的通信设施,保证抗震救灾通信畅通。其他部门有通信设施的,应当优先为破坏性地震应急工作服务。

第二十七条 供水、供电部门应当尽快恢复被破坏的供水、供电设施,保证灾区用水、用电。

第二十八条 卫生部门应当立即组织急救队伍,利用各种医疗设施或者建立临时治疗点,抢救伤员,及时检查、监测灾区的饮用水源、食品等,采取有效措施防止和控制传染病的暴发流行,并向受灾人员提供精神、心理卫生方面的帮助。医药部门应当及时提供救灾所需药品。其他部门应当配合卫生、医药部门,做好卫生防疫以及伤亡人员的抢救、处理工作。

第二十九条 民政部门应当迅速设置避难场所和救济物资供应点,提供救济物品等,保障灾民的基本生活,做好灾民的转移和安置工作。其他部门应当支持、配合民政部门妥善安置灾民。

第三十条 公安部门应当加强灾区的治安管理和安全保卫工作,预防和制止各种破坏活动,维护社会治安,保证抢险救灾工作顺利进行,尽快恢复社会秩序。

第三十一条 石油、化工、水利、电力、建设等部门和单位以及危险品生产、储运等单位,应当按照各自的职责,对可能发生或者已经发生次生灾害的地点和设施采取紧急处置措施,并加强监视、控制,防止灾害扩展。

公安消防机构应当严密监视灾区火灾的发生;出现火灾时,应当组织力量抢救人员和物资,并采取有效防范措施,防止火势扩大、蔓延。

第三十二条 广播电台、电视台等新闻单位应当根据抗震救灾指挥部提供的情况,按照规定及时向公众发布震情、灾情等有关信息,并做好宣传、报道工作。

第三十三条 抗震救灾指挥部可以请求非灾区的人民政府接受并妥善安置灾民和提供其他救援。

第三十四条 破坏性地震发生后,国内非灾区提供的紧急救援,由抗震救灾指挥部负责接受和安排;国际社会提供的紧急救援,由国务院民政部门负责接受和安排;国外红十字会和国际社会通过中国红十字会提供的紧急救援,由中国红十字会负责接受和安排。

第三十五条 因严重破坏性地震应急的需要,可以在灾区实行特别管制措施。省、自治区、直辖市行政区域内的特别管制措施,由省、自治区、直辖市人民政府决定;跨省、自治区、直辖市的特别管制措施,由有关省、自治区、直辖市人民政府共同决定或者由国务院决定;中断干线交通或者封锁国境的特别管制措施,由国务院决定。

特别管制措施的解除,由原决定机关宣布。

第六章 奖励和处罚

第三十六条 在破坏性地震应急活动中有下列事迹之一的,由其所在单位、上级机关或者防震减灾工作主管部门给予表彰或者奖励:

(一)出色完成破坏性地震应急任务的;

(二)保护国家、集体和公民的财产或者抢救人员有功的;

(三)及时排除险情,防止灾害扩大,成绩显著的;

(四)对地震应急工作提出重大建议,实施效果显著的;

(五)因震情、灾情测报准确和信息传递及时而减轻灾害损失的;

(六)及时供应用于应急救灾的物资和工具或者节约经费开支,成绩显著的;

(七)有其他特殊贡献的。

第三十七条 有下列行为之一的,对负有直接责任者的主管人员和其他直接责任人员依法给予行政处分;属于违反治安管理行为的,依照治安管理处罚条例的规定给予处罚;构成犯罪的,依法追究刑事责任;

(一)不按照本条例规定制定破坏性地震应急预案的;

(二)不按照破坏性地震应急预案的规定和抗震救灾指挥部的要求实施破坏性地震应急预案的;

(三)违抗抗震救灾指挥部命令,拒不承担地震应急任务的;

(四)阻挠抗震救灾指挥部紧急调用物资、人员或者占用场地的;

(五)贪污、挪用、盗窃地震应急工作经费或者物资的;

(六)有特定责任的国家工作人员在临震应急期或震后应急期不坚守岗位,不及时掌握震情、灾情,临阵脱逃或者玩忽职守的;

(七)在临震应急期或者震后应急期哄抢国家、集体或者公民的财产的;

(八)阻碍抗震救灾人员执行职务或者进行破坏活动的;

(九)不按照规定和实际情况报告灾情的;

（十）散布谣言,扰乱社会秩序,影响破坏性地震应急工作的;

（十一）有对破坏性地震应急工作造成危害的其他行为的。

第七章 附 则

第三十八条 本条例下列用语的含义:

（一）"地震应急",是指为了减轻地震灾害而采取的不同于正常工作程序的紧急防灾和抢险行动。

（二）"破坏性地震",是指造成一定数量的人员伤亡和经济损失的地震事件。

（三）"严重破坏性地震",是指造成严重的人员伤亡和经济损失,使灾区丧失或部分丧失自我恢复能力,需要国家采取对抗行动的地震事件。

（四）生命线工程,是指对社会生活、生产有重大影响的交通、通信、供水、排水、供电、供气、输油等工程系统。

（五）"次生灾害源",是指因地震可能引发水灾、火灾、爆炸等灾害的易燃易爆物品、有毒物质贮存设施、水坝、堤岸等。

第三十九条 本条例自1995年4月1日起施行。

B.3 国家地震应急预案(2006年1月修订)

国家地震应急预案

1 总则

1.1 编制目的

使地震应急能够协调、有序和高效进行,最大程度地减少人员伤亡、减轻经济损失和社会影响。

1.2 编制依据

依据《中华人民共和国防震减灾法》《破坏性地震应急条例》和《国家突发公共事件总体应急预案》,制定本预案。

1.3 适用范围

本预案适用于我国处置地震灾害事件(含火山灾害事件)的应急活动。

1.4 工作原则

地震灾害事件发生后,有关各级人民政府立即自动按照预案实施地震应急,处置本行政区域地震灾害事件。

省级人民政府是处置本行政区域重大、特别重大地震灾害事件的主体。视省级人民政府地震应急的需求,国家地震应急给予必要的协调和支持,发生特别重大地震灾害事件由国务院实施国家地震应急,发生重大地震灾害事件由中国地震局实施国家地震应急,国务院有关部门和单位按照职责分工密切配合、信息互通、资源共享、协同行动。

地震应急依靠人民群众并建立广泛的社会动员机制,依靠和发挥人民解放军和武警部队在处置地震灾害事件中的骨干作用和突击队作用,依靠科学决策和先进技术手段。

2 组织指挥体系及职责

2.1 国务院抗震救灾指挥部

发生特别重大地震灾害,经国务院批准,由平时领导和指挥调度防震减灾工作的国务院防震减灾工作联席会议,转为国务院抗震救灾指挥部,统一领导、指挥和协调地震应急与救灾工作。国务院抗震救灾指挥部办公室设在中国地震局。

2.2 中国地震局

中国地震局负责国务院抗震救灾指挥部办公室的日常事务,汇集地震灾情速报,管理地震灾害调查与损失评估工作,管理地震灾害紧急救援工作。

3 预警和预防机制

3.1 信息监测与报告

各级地震监测台网对地震监测信息(含火山监测信息)进行检测、传递、分析、处理、存贮和报送;群测群防网观测地震宏观异常并及时上报。中国地震台网中心对全国各类地震观测信息进行接收、质量监控、存储、常规分析处理,进行震情跟踪。

3.2 预警预防行动

中国地震局在划分地震重点危险区的基础上,组织震情跟踪工作,提出短期地震预测意见,报告预测区所在的省(区、市)人民政府;省(区、市)人民政府决策发布短期地震预报,及时做好防震准备。

在短期地震预报的基础上,中国地震局组织震情跟踪工作,提出临震预测意见,报告预测区所在的省(区、市)人民政府;省(区、市)人民政府决策发布临震预报,宣布预报区进入临震应急期。预报区所在的市(地、州、盟)、县(市、区、旗)人民政府采取应急防御措施,主要内容是:地震部门加强震情监视,随时报告震情变化;根据震情发展和建筑物抗震能力以及周围工程设施情况,发布避震通知,必要时组织避震疏散;要求有关部门对生命线工程和次生灾害源采取紧急防护措施;督促检查抢险救灾的准备工作;平息地震谣传或误传,保持社会安定。

4 应急响应

4.1 分级响应

4.1.1 地震灾害事件分级

特别重大地震灾害,是指造成300人以上死亡,或直接经济损失占该省(区、市)上年国内生产总值1%以上的地震;发生在人口较密集地区7.0级以上地震,可初判为特别重大地震灾害。

重大地震灾害,是指造成50人以上、300人以下死亡,或造成一定经济损失的地震;发生在人口较密集地区6.5~7.0级地震,可初判为重大地震灾害。

较大地震灾害,是指造成20人以上、50人以下死亡,或造成一定经济损失的地震;发生在人口较密集地区6.0~6.5级地震,可初判为较大地震灾害。

一般地震灾害,是指造成20人以下死亡,或造成一定经济损失的地震;发生在人口较密集地区5.0~6.0级地震,可初判为一般地震灾害。

4.1.2 地震应急响应分级和启动条件

应对特别重大地震灾害,启动Ⅰ级响应。由灾区所在省(区、市)人民政府领导灾区的地震应急工作;国务院抗震救灾指挥部统一组织领导、指挥和协调国家地震应急工作。

应对重大地震灾害,启动Ⅱ级响应。由灾区所在省(区、市)人民政府领导灾区的地震应急工作;中国地震局在国务院领导下,组织、协调国家地震应急工作。

应对较大地震灾害，启动Ⅲ级响应。在灾区所在省（区、市）人民政府的领导和支持下，由灾区所在市（地、州、盟）人民政府领导灾区的地震应急工作；中国地震局组织、协调国家地震应急工作。

应对一般地震灾害，启动Ⅳ级响应。在灾区所在省（区、市）人民政府和市（地、州、盟）人民政府的领导和支持下，由灾区所在县（市、区、旗）人民政府领导灾区的地震应急工作；中国地震局组织、协调国家地震应急工作。

如果地震灾害使灾区丧失自我恢复能力、需要上级政府支援，或者地震灾害发生在边疆地区、少数民族聚居地区和其他特殊地区，应根据需要相应提高响应级别。

4.2 信息报送和处理

震区地方各级人民政府迅速调查了解灾情，向上级人民政府报告并抄送地震部门；重大地震灾害和特别重大地震灾害情况可越级报告。

国务院民政、公安、安全生产监管、交通、铁道、水利、建设、教育、卫生等有关部门迅速了解震情灾情，及时报国务院办公厅并抄送国务院抗震救灾指挥部办公室、中国地震局和民政部。

中国地震局负责汇总灾情、社会影响等情况，收到特别重大、重大地震信息后，应在4小时内报送国务院办公厅并及时续报；同时向新闻宣传主管部门通报情况。

国务院抗震救灾指挥部办公室、中国地震局和有关省（区、市）地震局依照有关信息公开规定，及时公布震情和灾情信息。在地震灾害发生1小时内，组织关于地震时间、地点和震级的公告；在地震灾害发生24小时内，根据初步掌握的情况，组织灾情和震情趋势判断的公告；适时组织后续公告。

4.3 通信

及时开通地震应急通信链路，利用公共网络、通信卫星等，实时获得地震灾害现场的情况。

地震现场工作队携带海事卫星、VSAT卫星地面站等设备赶赴灾害现场，并架通通信链路，保持灾害现场与国务院抗震救灾指挥部的实时联络。灾区信息产业部门派出移动应急通信车，及时采取措施恢复地震破坏的通信线路和设备，确保灾区通信畅通。

4.4 指挥与协调

4.4.1 Ⅰ级响应

由灾区所在省（区、市）人民政府领导灾区的地震应急工作；国务院抗震救灾指挥部统一组织领导、指挥和协调国家地震应急工作。

（1）灾区所在省（区、市）人民政府领导灾区的地震应急工作

省（区、市）人民政府了解震情和灾情，确定应急工作规模，报告国务院并抄送国务院抗震救灾指挥部办公室、中国地震局和民政部，同时通报当地驻军领导机关；宣布灾区进入震后应急期；启动抗震救灾指挥部部署本行政区域内的地震应急工作；必要时决定实行紧急应

急措施。

省(区、市)抗震救灾指挥部组织指挥部成员单位和非灾区对灾区进行援助,组成现场抗震救灾指挥部直接组织灾区的人员抢救和工程抢险工作。

(2) 国务院抗震救灾指挥部统一组织领导、指挥和协调国家地震应急工作

中国地震局向国务院报告震情和灾情并建议国务院抗震救灾指挥部开始运作;经国务院批准,由国务院抗震救灾指挥部统一组织领导、指挥和协调国家地震应急工作。中国地震局履行国务院抗震救灾指挥部办公室职责;国务院有关部门设立部门地震应急机构负责本部门的地震应急工作,派出联络员参加国务院抗震救灾指挥部办公室工作。

4.4.2 Ⅱ级响应

由灾区所在省(区、市)人民政府领导灾区的地震应急工作;中国地震局在国务院领导下,组织、协调国家地震应急工作。

(1) 灾区所在省(区、市)人民政府领导灾区的地震应急工作

省(区、市)人民政府了解震情和灾情,确定应急工作规模,报告国务院并抄送中国地震局和民政部,同时通报当地驻军领导机关;宣布灾区进入震后应急期;启动抗震救灾指挥部部署本行政区域内的地震应急工作;必要时决定实行紧急应急措施。

省(区、市)抗震救灾指挥部组织指挥部成员单位和非灾区对灾区进行援助,组成现场抗震救灾指挥部直接组织灾区的人员抢救和工程抢险工作。

(2) 中国地震局在国务院领导下,组织、协调国家地震应急工作

中国地震局向国务院报告震情和灾情、提出地震趋势估计并抄送国务院有关部门;派出中国地震局地震现场应急工作队;向国务院建议派遣国家地震灾害紧急救援队,经批准后,组织国家地震灾害紧急救援队赴灾区;及时向国务院报告地震应急工作进展情况。

根据灾区的需求,调遣公安消防部队等灾害救援队伍和医疗救护队伍赴灾区、组织有关部门对灾区紧急支援。

当地震造成大量人员被压埋,调遣解放军和武警部队参加抢险救灾。

当地震造成两个以上省(区、市)受灾,或者地震发生在边疆地区、少数民族聚居地区并造成严重损失,国务院派出工作组前往灾区。

中国地震局对地震灾害现场的国务院有关部门工作组和各级各类救援队伍、支援队伍、保障队伍的活动进行协调。

4.4.3 Ⅲ级响应

在灾区所在省(区、市)人民政府的领导和支持下,由灾区所在市(地、州、盟)人民政府领导灾区的地震应急工作;中国地震局组织、协调国家地震应急工作。

(1) 灾区所在市(地、州、盟)人民政府领导灾区的地震应急工作

市(地、州、盟)人民政府了解震情和灾情,确定应急工作规模,报告省(区、市)人民政府并抄送地震局和民政厅,同时通报当地驻军领导机关;启动抗震救灾指挥部部署本行政区域

内的地震应急工作。

市(地、州、盟)抗震救灾指挥部组织人员抢救和工程抢险工作;组织指挥部成员单位和非灾区对灾区进行援助。

(2)中国地震局组织、协调国家地震应急工作

中国地震局向国务院报告震情灾情、提出地震趋势估计并抄送国务院有关部门;派出中国地震局地震现场应急工作队;适时向国务院报告地震应急工作进展情况。

当地震造成较多人员被压埋并且难以营救,派遣国家地震灾害紧急救援队;经批准后,组织国家地震灾害紧急救援队赴灾区。

视地震灾区的需求,中国地震局与有关部门协商对灾区紧急支援。

中国地震局对地震灾害现场的国务院有关部门工作组和各级各类救援队伍、支援队伍、保障队伍的活动进行协调。

4.4.4 Ⅳ级响应

在灾区所在省(区、市)人民政府和市(地、州、盟)人民政府的领导和支持下,由灾区所在县(市、区、旗)人民政府领导灾区的地震应急工作;中国地震局组织、协调国家地震应急工作。

(1)灾区所在县(市、区、旗)人民政府领导灾区的地震应急工作

县(市、区、旗)人民政府了解震情和灾情,确定应急工作规模,报告市(地、州、盟)人民政府并抄送地震局和民政局;启动抗震救灾指挥部部署本行政区域内的地震应急工作。

(2)中国地震局组织、协调国家地震应急工作

中国地震局向国务院报告震情灾情、提出地震趋势估计并抄送国务院有关部门;派出中国地震局地震现场应急工作队;应急结束后,向国务院汇报地震应急工作。

中国地震局对地震灾害现场的国务院有关部门工作组的活动进行协调。

4.5 紧急处置

地震灾害现场实行政府统一领导、地震部门综合协调、各部门参与的应急救援工作体制。

现场紧急处置的主要内容是:沟通汇集并及时上报信息,包括地震破坏、人员伤亡和被压埋的情况、灾民自救互救成果、救援行动进展情况;分配救援任务、划分责任区域,协调各级各类救援队伍的行动;组织查明次生灾害危害或威胁;组织采取防御措施,必要时疏散居民;组织力量消除次生灾害后果;组织协调抢修通信、交通、供水、供电等生命线设施;估计救灾需求的构成与数量规模,组织援助物资的接收与分配;组织建筑物安全鉴定工作;组织灾害损失评估工作。各级各类救援队伍要服从现场指挥部的指挥与协调。

4.6 人员抢救与工程抢险

中国地震局协调组织地震灾害紧急救援队开展灾区搜救工作;协调国际搜救队的救援行动。

解放军和武警部队赶赴灾区,抢救被压埋人员,进行工程抢险。

公安部门组织调动公安消防部队赶赴灾区,扑灭火灾和抢救被压埋人员。

卫生部门组织医疗救护和卫生防病队伍抢救伤员。

不同救援队伍之间要积极妥善地处理各种救援功能的衔接与相互配合；相邻队伍之间要划分责任区边界，同时关注结合部；区块内各队伍之间要协商解决道路、电力、照明、有线电话、网络、水源等现场资源的共享或分配；各队伍之间保持联系，互通有无，互相支援，遇有危险时传递警报并共同防护。

4.7 应急人员的安全防护

对震损建筑物能否进入、能否破拆进行危险评估；探测泄漏危险品的种类、数量、泄漏范围、浓度，评估泄漏的危害性，采取处置措施；监视余震、火灾、爆炸、放射性污染、滑坡崩塌等次生灾害、损毁高大构筑物继续坍塌的威胁和因破拆建筑物而诱发的坍塌危险，及时向救援人员发出警告，采取防范措施。

4.8 群众的安全防护

民政部门做好灾民的转移和安置工作。

当地政府具体制定群众疏散撤离的方式、程序的组织指挥方案，规定疏散撤离的范围、路线、避难场所和紧急情况下保护群众安全的必要防护措施。

4.9 次生灾害防御

公安部门协助灾区采取有效措施防止火灾发生，处置地震次生灾害事故。

水利部、国防科工、建设、信息产业、民航部门对处在灾区的易于发生次生灾害的设施采取紧急处置措施并加强监控；防止灾害扩展，减轻或消除污染危害。

环保总局加强环境的监测、控制。

国土资源部门会同建设、水利、交通等部门加强对地质灾害险情的动态监测。

发展改革、质检、安全监管部门督导和协调灾区易于发生次生灾害的地区、行业和设施采取紧急处置。

4.10 地震现场监测与分析预报

中国地震局向震区派出地震现场工作队伍，布设或恢复地震现场测震和前兆台站，增强震区的监测能力，协调震区与邻省的监测工作，对震区地震类型、地震趋势、短临预报提出初步判定意见。

4.11 社会力量动员与参与

特别重大地震灾害事件发生后，地震灾区的各级人民政府组织各方面力量抢救人员，组织基层单位和人员开展自救和互救；灾区所在的省(区、市)人民政府动员非灾区的力量，对灾区提供救助；邻近的省(区、市)人民政府根据灾情，组织和动员社会力量，对灾区提供救助；其他省(区、市)人民政府视情况开展为灾区人民捐款捐物的活动。

重大地震灾害事件发生后，地震灾区的各级人民政府组织各方面力量抢救人员，并组织基层单位和人员开展自救和互救；灾区所在的市(地、州、盟)人民政府动员非灾区的力量，对灾区提供救助；邻近灾区的市(地、州、盟)人民政府根据灾情，组织和动员社会力量，对灾区提供救助；灾区所在的省(区、市)人民政府视情况开展为灾区人民捐款捐物的活动。

4.12 地震灾害调查与灾害损失评估

中国地震局开展地震烈度调查,确定发震构造,调查地震宏观异常现象、工程结构震害特征、地震社会影响和各种地震地质灾害等。

中国地震局负责会同国务院有关部门,在地方各级政府的配合下,共同开展地震灾害损失评估。

4.13 信息发布

信息发布要坚持实事求是、及时准确的工作原则,中国地震局、民政部按照《国家突发公共事件新闻发布应急预案》和本部门职责做好信息发布工作。

4.14 应急结束

应急结束的条件是:地震灾害事件的紧急处置工作完成;地震引发的次生灾害的后果基本消除;经过震情趋势判断,近期无发生较大地震的可能;灾区基本恢复正常社会秩序。达到上述条件,由宣布灾区进入震后应急期的原机关宣布灾区震后应急期结束。有关紧急应急措施的解除,由原决定机关宣布。

5 后期处置

5.1 善后处置

因救灾需要临时征用的房屋、运输工具、通信设备等应当及时归还;造成损坏或者无法归还的,按照国务院有关规定给予适当补偿或者作其他处理。

5.2 社会救助

民政部门负责接受并安排社会各界的捐赠。

5.3 保险

保险监管机构依法做好灾区有关保险理赔和给付的监管。

5.4 调查和总结

由中国地震局负责对地震灾害事件进行调查,总结地震应急响应工作并提出改进建议,及时上报。

6 保障措施

6.1 通信与信息保障

建设并完善通信网络,存储指挥部成员单位和应急救灾相关单位的通信录并定期更新。各级信息产业部门做好灾时启用应急机动通信系统的准备。

电信运营企业尽快恢复受到破坏的通信设施,保证抗震救灾通信畅通。自有通信系统的部门尽快恢复本部门受到破坏的通信设施,协助保障抗震救灾通信畅通。

6.2 应急支援与装备保障

6.2.1 地震救援和工程抢险装备保障

中国地震局储备必要的地震救援和工程抢险装备,建立救援资源数据库储存重点监视防御区和重点监视防御城市所拥有的云梯车、挖掘机械、起重机械、顶升设备及特种救援设备的性能、数量、存放位置等数据并定期更新。

6.2.2 应急队伍保障

应急队伍资源及其组织方案如下表：

	先期处置队伍	第一支援梯队	第二支援梯队
人员抢救队伍	社区志愿者队伍	地方救援队 国家地震救援队 当地驻军部队	邻省地震救援队
工程抢险队伍	当地抢险队伍	行业专业抢险队伍	邻省抢险队伍
次生灾害特种救援队伍	消防部队	行业特种救援队伍	邻省特种救援队伍
医疗救护队伍	当地的急救医疗队伍	当地医院的后备医疗队	附近军队医疗队
地震现场应急队伍	省地震局现场应急队伍	中国地震局现场应急队伍	邻省地震局现场应急队伍
建筑物安全鉴定队伍	省地震局建设厅建筑物安全鉴定队伍	中国地震局和建设部建筑物安全鉴定队伍	邻省地震局和建设厅建筑物安全鉴定队伍

6.2.3 交通运输保障

铁道、交通、民航部门组织对被毁坏的铁道、公路、港口、空港和有关设施的抢险抢修；协调运力，保证应急抢险救援人员、物资的优先运输和灾民的疏散。

6.2.4 电力保障

发展改革部门指导、协调、监督灾区所在省级电力主管部门尽快恢复被破坏的电力设施和电力调度通信系统功能等，保障灾区电力供应。

6.2.5 城市基础设施抢险与应急恢复

建设部门组织力量对灾区城市中被破坏的给排水、燃气热力、公共客货交通、市政设施进行抢排险，尽快恢复上述基础设施功能。

6.2.6 医疗卫生保障

卫生部门对灾区可能发生的传染病进行预警并采取有效措施防止和控制暴发流行；检查、监测灾区的饮用水源、食品等。

发展改革部门协调灾区所需药品、医疗器械的紧急调用。

食品药品监管部门组织、协调相关部门对灾区进行食品安全监督；对药品、医药器械的生产、流通、使用进行监督和管理。

其他部门应当配合卫生、医药部门，做好卫生防疫以及伤亡人员的抢救、处理工作，并向受灾人员提供精神、心理卫生方面的帮助。

6.2.7 治安保障

武警部队加强对首脑机关、要害部门、金融单位、救济物品集散点、储备仓库、监狱等重要目标的警戒。

公安部门、武警部队协助灾区加强治安管理和安全保卫工作,预防和打击各种违法犯罪活动,维护社会治安,维护道路交通秩序,保证抢险救灾工作顺利进行。

6.2.8 物资保障

发展改革、粮食部门调运粮食,保障灾区粮食供应。

商务部门组织实施灾区生活必需品的市场供应。

民政部门调配救济物品,保障灾民的基本生活。

6.2.9 经费保障

财政部门负责中央应急资金以及应急拨款的准备。

民政部门负责中央应急救济款的发放。

6.2.10 社会动员保障

地方人民政府建立应对突发公共事件社会动员机制。

6.2.11 紧急避难场所保障

重点地震监视防御城市和重点地震监视防御区的城市结合旧城改造和新区建设,利用城市公园、绿地、广场、体育场、停车场、学校操场和其他空地设立紧急避难所;公共场所和家庭配置避险救生设施和应急物品。

6.2.12 呼吁与接受外援

外交、民政、商务部门按照国家有关规定呼吁国际社会提供援助。

民政部负责接受国际社会提供的紧急救助款物。

中国地震局、外交部负责接受和安排国际社会提供的紧急救援队伍。

中国红十字会总会向国际对口组织发出提供救灾援助的呼吁;接受境外红十字总会和国际社会通过中国红十字会总会提供的紧急救助。

6.3 技术储备与保障

地震应急专家队伍作为地震应急的骨干技术力量,包括各级抗震救灾指挥部技术系统和地震现场应急工作队、地震灾害紧急救援队以及后备队伍的专家群体,服务于应急指挥辅助决策、地震监测和趋势判断、地震灾害紧急救援、灾害损失评估、地震烈度考察、房屋安全鉴定。

各级抗震救灾指挥部技术系统是地震应急指挥的技术平台,综合利用自动监测、通信、计算机、遥感等高新技术,实现震情灾情快速响应、应急指挥决策、灾害损失快速评估与动态跟踪、地震趋势判断的快速反馈,保障各级人民政府在抗震救灾中进行合理调度、科学决策和准确指挥。

中国地震局各研究机构开展地震监测、地震预测、地震区划、防灾规划、应急处置技术、搜索与营救等方面的研究;中国建筑设计研究院等的有关研究机构负责建筑物抗震技术研究。

6.4 宣传、培训和演习

公众信息交流：各级地震、科技、教育、文化、出版、广播电视、新闻等相关部门通力协作，开展防震减灾科学知识普及和宣传教育，使公众树立科学的灾害观。在提高公众减灾意识和心理承受能力的基础上，逐步实行把地震重点监视防御区和地震重点危险区的判定信息向社会发布，动员社会公众积极参与防震减灾活动。最大程度公布地震应急预案信息，宣传和解释地震应急预案以及相关的地震应急法律法规，增强社会公众的地震应急意识，提高自防、自救、互救能力。

培训：各级人民政府定期组织各级应急管理、救援人员和志愿者进行业务知识及技能的培训。

演习：各级人民政府和各有关部门、行业、单位要按照预案要求，协调整合各种应急救援力量，根据各自的实际情况开展不同形式和规模的地震应急演习。

6.5 监督检查

由中国地震局会同国务院有关部门，对《国家地震应急预案》实施的全过程进行监督检查，保证应急措施到位。

7 对香港、澳门和台湾发生地震的应急反应

7.1 国家对香港澳门特别行政区发生地震的应急反应

当香港、澳门发生地震以及珠江三角洲地区发生对于香港或澳门有较大影响的地震时，中国地震局向国务院报告震情并组织地震趋势判断。港澳办了解灾情并询问特别行政区的请求；国务院组织有关部门和省份进行紧急支援。

7.2 祖国大陆对台湾发生地震的应急反应

当台湾发生特别重大地震灾害事件，祖国大陆对台湾地震灾区人民表示慰问，视地震灾区需求提供地震监测信息和趋势判断意见，派遣救援队和医疗队，援助款物，为有关国家和地区对台湾地震灾区的人道主义援助提供便利。

8 其他地震事件处置

包括有感地震应急、平息地震谣言、特殊时期戒备、应对毗邻震灾。

9 火山灾害预防和应急反应

当火山喷发或出现多种强烈临喷异常现象，中国地震局派出火山现场应急工作队，进行火山喷发实时监测和地球物理、地球化学监测，判定火山灾害类型和影响范围，划定隔离带，必要时向灾区所在县（市、区、旗）人民政府提出人口迁移的建议，开展火山灾害损失评估。灾区所在县（市、区、旗）人民政府组织火山灾害预防和救援工作，必要时组织人口迁移，保持社会秩序的稳定。

10 附则

10.1 名词术语、缩写语和编码的定义与说明

- 次生灾害：地震造成工程结构、设施和自然环境破坏而引发的灾害。如火灾、爆炸、瘟疫、有毒有害物质污染以及水灾、泥石流和滑坡等对居民生产和生活的破坏。
- 生命线设施：指电力、供水、排水、燃气、热力、供油系统以及通信、交通等公用设施。
- 直接经济损失：指地震及地震地质灾害、地震次生灾害造成的物质破坏，包括房屋和其他工程结构设施、物品等破坏引起的经济损失，建筑物和其他工程结构、设施、设备、财物等破坏而引起的经济损失，以重置所需费用计算。不包括文物古迹和非实物财产，如货币、有价证券等损失。场地和文物古迹破坏不折算为经济损失，只描述破坏状态。
- 本预案有关数量的表述中"以上"含本数，"以下"不含本数。

10.2 预案管理与更新

适应地震灾害事件应急对策的不断完善和地震应急机构的调整，需及时对预案进行修订。预案的更新期限为5年。

地震应急预案的日常管理工作由中国地震局承担。

10.3 国际沟通与协作

地震救援行动中需要与有关国际机构和组织进行沟通和协作。

10.4 奖励与责任

依据《中华人民共和国防震减灾法》和《破坏性地震应急条例》的有关规定，对本预案实施中的行为进行奖惩。

10.5 预案实施时间

本预案自印发之日起施行。

B.4 国家地震应急预案(2012年8月修订)

国家地震应急预案

(2012年8月28日修订)

1 总则

1.1 编制目的

依法科学统一、有力有序有效地实施地震应急,最大程度减少人员伤亡和经济损失,维护社会正常秩序。

1.2 编制依据

《中华人民共和国突发事件应对法》《中华人民共和国防震减灾法》等法律法规和国家突发事件总体应急预案等。

1.3 适用范围

本预案适用于我国发生地震及火山灾害和国外发生造成重大影响地震及火山灾害的应对工作。

1.4 工作原则

抗震救灾工作坚持统一领导、军地联动、分级负责、属地为主,资源共享、快速反应的工作原则。地震灾害发生后,地方人民政府和有关部门立即自动按照职责分工和相关预案开展前期处置工作。省级人民政府是应对本行政区域特别重大、重大地震灾害的主体。视省级人民政府地震应急的需求,国家地震应急给予必要的协调和支持。

2 组织体系

2.1 国家抗震救灾指挥机构

国务院抗震救灾指挥部负责统一领导、指挥和协调全国抗震救灾工作。地震局承担国务院抗震救灾指挥部日常工作。

必要时,成立国务院抗震救灾总指挥部,负责统一领导、指挥和协调全国抗震救灾工作;在地震灾区成立现场指挥机构,在国务院抗震救灾指挥机构的领导下开展工作。

2.2 地方抗震救灾指挥机构

县级以上地方人民政府抗震救灾指挥部负责统一领导、指挥和协调本行政区域的抗震救灾工作。地方有关部门和单位、当地解放军、武警部队和民兵组织等,按照职责分工,各负其责,密切配合,共同做好抗震救灾工作。

3 响应机制

3.1 地震灾害分级

地震灾害分为特别重大、重大、较大、一般四级。

(1) 特别重大地震灾害是指造成 300 人以上死亡(含失踪),或者直接经济损失占地震发生地省(区、市)上年国内生产总值1%以上的地震灾害。

当人口较密集地区发生 7.0 级以上地震,人口密集地区发生 6.0 级以上地震,初判为特别重大地震灾害。

(2) 重大地震灾害是指造成 50 人以上、300 人以下死亡(含失踪)或者造成严重经济损失的地震灾害。

当人口较密集地区发生 6.0 级以上、7.0 级以下地震,人口密集地区发生 5.0 级以上、6.0 级以下地震,初判为重大地震灾害。

(3) 较大地震灾害是指造成 10 人以上、50 人以下死亡(含失踪)或者造成较重经济损失的地震灾害。

当人口较密集地区发生 5.0 级以上、6.0 级以下地震,人口密集地区发生 4.0 级以上、5.0 级以下地震,初判为较大地震灾害。

(4) 一般地震灾害是指造成 10 人以下死亡(含失踪)或者造成一定经济损失的地震灾害。

当人口较密集地区发生 4.0 级以上、5.0 级以下地震,初判为一般地震灾害。

3.2 分级响应

根据地震灾害分级情况,将地震灾害应急响应分为Ⅰ级、Ⅱ级、Ⅲ级和Ⅳ级。

应对特别重大地震灾害,启动Ⅰ级响应。由灾区所在省级抗震救灾指挥部领导灾区地震应急工作;国务院抗震救灾指挥机构负责统一领导、指挥和协调全国抗震救灾工作。

应对重大地震灾害,启动Ⅱ级响应。由灾区所在省级抗震救灾指挥部领导灾区地震应急工作;国务院抗震救灾指挥部根据情况,组织协调有关部门和单位开展国家地震应急工作。

应对较大地震灾害,启动Ⅲ级响应。在灾区所在省级抗震救灾指挥部的支持下,由灾区所在市级抗震救灾指挥部领导灾区地震应急工作。中国地震局等国家有关部门和单位根据灾区需求,协助做好抗震救灾工作。

应对一般地震灾害,启动Ⅳ级响应。在灾区所在省、市级抗震救灾指挥部的支持下,由灾区所在县级抗震救灾指挥部领导灾区地震应急工作。中国地震局等国家有关部门和单位根据灾区需求,协助做好抗震救灾工作。

地震发生在边疆地区、少数民族聚居地区和其他特殊地区,可根据需要适当提高响应级别。地震应急响应启动后,可视灾情及其发展情况对响应级别及时进行相应调整,避免响应不足或响应过度。

4 监测报告

4.1 地震监测预报

中国地震局负责收集和管理全国各类地震观测数据,提出地震重点监视防御区和年度防震减灾工作意见。各级地震工作主管部门和机构加强震情跟踪监测、预测预报和群测群防工作,及时对地震预测意见和可能与地震有关的异常现象进行综合分析研判。省级人民政府根据预报的震情决策发布临震预报,组织预报区加强应急防范措施。

4.2 震情速报

地震发生后,中国地震局快速完成地震发生时间、地点、震级、震源深度等速报参数的测定,报国务院,同时通报有关部门,并及时续报有关情况。

4.3 灾情报告

地震灾害发生后,灾区所在县级以上地方人民政府及时将震情、灾情等信息报上级人民政府,必要时可越级上报。发生特别重大、重大地震灾害,民政部、中国地震局等部门迅速组织开展现场灾情收集、分析研判工作,报国务院,并及时续报有关情况。公安、安全生产监管、交通、铁道、水利、建设、教育、卫生等有关部门及时将收集了解的情况报国务院。

5 应急响应

各有关地方和部门根据灾情和抗灾救灾需要,采取以下措施。

5.1 搜救人员

立即组织基层应急队伍和广大群众开展自救互救,同时组织协调当地解放军、武警部队、地震、消防、建筑和市政等各方面救援力量,调配大型吊车、起重机、千斤顶、生命探测仪等救援装备,抢救被掩埋人员。现场救援队伍之间加强衔接和配合,合理划分责任区边界,遇有危险时及时传递警报,做好自身安全防护。

5.2 开展医疗救治和卫生防疫

迅速组织协调应急医疗队伍赶赴现场,抢救受伤群众,必要时建立战地医院或医疗点,实施现场救治。加强救护车、医疗器械、药品和血浆的组织调度,特别是加大对重灾区及偏远地区医疗器械、药品供应,确保被救人员得到及时医治,最大程度减少伤员致死、致残。统筹周边地区的医疗资源,根据需要分流重伤员,实施异地救治。开展灾后心理援助。

加强灾区卫生防疫工作。及时对灾区水源进行监测消毒,加强食品和饮用水卫生监督;妥善处置遇难者遗体,做好死亡动物、医疗废弃物、生活垃圾、粪便等消毒和无害化处理;加强鼠疫、狂犬病的监测、防控和处理,及时接种疫苗;实行重大传染病和突发卫生事件每日报告制度。

5.3 安置受灾群众

开放应急避难场所,组织筹集和调运食品、饮用水、衣被、帐篷、移动厕所等各类救灾物资,解决受灾群众吃饭、饮水、穿衣、住处等问题;在受灾村镇、街道设置生活用品发放点,确保生活用品的有序发放;根据需要组织生产、调运、安装活动板房和简易房;在受灾群众集中安置点配备必要的消防设备器材,严防火灾发生。救灾物资优先保证学校、医院、福利院的需要;优先安置孤儿、孤老及残疾人员,确保其基本生活。鼓励采取投亲靠友等方式,广泛动员社会力量安置受灾群众。

做好遇难人员的善后工作,抚慰遇难者家属;积极创造条件,组织灾区学校复课。

5.4 抢修基础设施

抢通修复因灾损毁的机场、铁路、公路、桥梁、隧道等交通设施,协调运力,优先保证应急抢险救援人员、救灾物资和伤病人员的运输需要。抢修供电、供水、供气、通信、广播电视等基础设施,保障灾区群众基本生活需要和应急工作需要。

5.5 加强现场监测

地震局组织布设或恢复地震现场测震和前兆台站,实时跟踪地震序列活动,密切监视震情发展,对震区及全国震情形势进行研判。气象局加强气象监测,密切关注灾区重大气象变化。灾区所在地抗震救灾指挥部安排专业力量加强空气、水源、土壤污染监测,减轻或消除污染危害。

5.6 防御次生灾害

加强次生灾害监测预警,防范因强余震和降雨形成的滑坡、泥石流、滚石等造成新的人员伤亡和交通堵塞;组织专家对水库、水电站、堤坝、堰塞湖等开展险情排查、评估和除险加固,必要时组织下游危险地区人员转移。

加强危险化学品生产储存设备、输油气管道、输配电线路的受损情况排查,及时采取安全防范措施;对核电站等核工业生产科研重点设施,做好事故防范处置工作。

5.7 维护社会治安

严厉打击盗窃、抢劫、哄抢救灾物资、借机传播谣言制造社会恐慌等违法犯罪行为;在受灾群众安置点、救灾物资存放点等重点地区,增设临时警务站,加强治安巡逻,增强灾区群众的安全感;加强对党政机关、要害部门、金融单位、储备仓库、监狱等重要场所的警戒,做好涉灾矛盾纠纷化解和法律服务工作,维护社会稳定。

5.8 开展社会动员

灾区所在地抗震救灾指挥部明确专门的组织机构或人员,加强志愿服务管理;及时开通志愿服务联系电话,统一接收志愿者组织报名,做好志愿者派遣和相关服务工作;根据灾区需求、交通运输等情况,向社会公布志愿服务需求指南,引导志愿者安全有序参与。

视情开展为灾区人民捐款捐物活动,加强救灾捐赠的组织发动和款物接收、统计、分配、使用、公示反馈等各环节工作。

必要时,组织非灾区人民政府,通过提供人力、物力、财力、智力等形式,对灾区群众生活安置、伤员救治、卫生防疫、基础设施抢修和生产恢复等开展对口支援。

5.9 加强涉外事务管理

及时向相关国家和地区驻华机构通报相关情况;协调安排国外救援队入境救援行动,按规定办理外事手续,分配救援任务,做好相关保障;加强境外救援物资的接受和管理,按规定做好检验检疫、登记管理等工作;适时组织安排境外新闻媒体进行采访。

5.10 发布信息

各级抗震救灾指挥机构按照分级响应原则,分别负责相应级别地震灾害信息发布工作,回应社会关切。信息发布要统一、及时、准确、客观。

5.11 开展灾害调查与评估

地震局开展地震烈度、发震构造、地震宏观异常现象、工程结构震害特征、地震社会影响和各种地震地质灾害调查等。民政、地震、国土资源、建设、环境保护等有关部门,深入调查灾区范围、受灾人口、成灾人口、人员伤亡数量、建构筑物和基础设施破坏程度、环境影响程度等,组织专家开展灾害损失评估。

5.12 应急结束

在抢险救灾工作基本结束、紧急转移和安置工作基本完成、地震次生灾害的后果基本消除,以及交通、电力、通信和供水等基本抢修抢通、灾区生活秩序基本恢复后,由启动应急响应的原机关决定终止应急响应。

6 指挥与协调

6.1 特别重大地震灾害

6.1.1 先期保障

特别重大地震灾害发生后,根据中国地震局的信息通报,有关部门立即组织做好灾情航空侦察和机场、通信等先期保障工作。

(1)测绘地信局、民航局、总参谋部等迅速组织协调出动飞行器开展灾情航空侦察。

(2)总参谋部、民航局采取必要措施保障相关机场的有序运转,组织修复灾区机场或开辟临时机场,并实行必要的飞行管制措施,保障抗震救灾工作需要。

(3)工业和信息化部按照国家通讯保障应急预案及时采取应对措施,抢修受损通信设施,协调应急通信资源,优先保障抗震救灾指挥通信联络和信息传递畅通。自有通信系统的部门尽快恢复本部门受到损坏的通信设施,协助保障应急救援指挥通信畅通。

6.1.2 地方政府应急处置

省级抗震救灾指挥部立即组织各类专业抢险救灾队伍开展人员搜救、医疗救护、受灾群众安置等,组织抢修重大关键基础设施,保护重要目标;国务院启动Ⅰ级响应后,按照国务院抗震救灾指挥机构的统一部署,领导和组织实施本行政区域抗震救灾工作。

灾区所在市(地)、县级抗震救灾指挥部立即发动基层干部群众开展自救互救,组织基层抢险救灾队伍开展人员搜救和医疗救护,开放应急避难场所,及时转移和安置受灾群众,防范次生灾害,维护社会治安,同时提出需要支援的应急措施建议;按照上级抗震救灾指挥机构的安排部署,领导和组织实施本行政区域抗震救灾工作。

6.1.3 国家应急处置

中国地震局或灾区所在省级人民政府向国务院提出实施国家地震应急Ⅰ级响应和需采取应急措施的建议,国务院决定启动Ⅰ级响应,由国务院抗震救灾指挥机构负责统一领导、指挥和协调全国抗震救灾工作。必要时,国务院直接决定启动Ⅰ级响应。

国务院抗震救灾指挥机构根据需要设立抢险救援、群众生活保障、医疗救治和卫生防疫、基础设施保障和生产恢复、地震监测和次生灾害防范处置、社会治安、救灾捐赠与涉外事务、涉港澳台事务、国外救援队伍协调事务、地震灾害调查及灾情损失评估、信息发布及宣传报道等工作组,国务院办公厅履行信息汇总和综合协调职责,发挥运转枢纽作用。国务院抗震救灾指挥机构组织有关地区和部门开展以下工作:

(1) 派遣公安消防部队、地震灾害紧急救援队、矿山和危险化学品救护队、医疗卫生救援队伍等各类专业抢险救援队伍,协调解放军和武警部队派遣专业队伍,赶赴灾区抢救被压埋幸存者和被困群众。

(2) 组织跨地区调运救灾帐篷、生活必需品等救灾物资和装备,支援灾区保障受灾群众的吃、穿、住等基本生活需要。

(3) 支援灾区开展伤病员和受灾群众医疗救治、卫生防疫、心理援助工作,根据需要组织实施跨地区大范围转移救治伤员,恢复灾区医疗卫生服务能力和秩序。

(4) 组织抢修通信、电力、交通等基础设施,保障抢险救援通信、电力以及救灾人员和物资交通运输的畅通。

(5) 指导开展重大危险源、重要目标物、重大关键基础设施隐患排查与监测预警,防范次生衍生灾害。对于已经受到破坏的,组织快速抢险救援。

(6) 派出地震现场监测与分析预报工作队伍,布设或恢复地震现场测震和前兆台站,密切监视震情发展,指导做好余震防范工作。

(7) 协调加强重要目标警戒和治安管理,预防和打击各种违法犯罪活动,指导做好涉灾矛盾纠纷化解和法律服务工作,维护社会稳定。

(8) 组织有关部门和单位、非灾区省级人民政府以及企事业单位、志愿者等社会力量对灾区进行紧急支援。

(9) 视情实施限制前往或途经灾区旅游、跨省(区、市)和干线交通管制等特别管制措施。

(10) 组织统一发布灾情和抗震救灾信息,指导做好抗震救灾宣传报道工作,正确引导国内外舆论。

(11) 其他重要事项。

必要时,国务院抗震救灾指挥机构在地震灾区成立现场指挥机构,负责开展以下工作:

(1) 了解灾区抗震救灾工作进展和灾区需求情况,督促落实国务院抗震救灾指挥机构工作部署。

(2) 根据灾区省级人民政府请求,协调有关部门和地方调集应急物资、装备。

（3）协调指导国家有关专业抢险救援队伍以及各方面支援力量参与抗震救灾行动。

（4）协调公安、交通运输、铁路、民航等部门和地方提供交通运输保障。

（5）协调安排灾区伤病群众转移治疗。

（6）协调相关部门支持协助地方人民政府处置重大次生衍生灾害。

（7）国务院抗震救灾指挥机构部署的其他任务。

6.2 重大地震灾害

6.2.1 地方政府应急处置

省级抗震救灾指挥部制订抢险救援力量及救灾物资装备配置方案，协调驻地解放军、武警部队，组织各类专业抢险救灾队伍开展人员搜救、医疗救护、灾民安置、次生灾害防范和应急恢复等工作。需要国务院支持的事项，由省级人民政府向国务院提出建议。

灾区所在市（地）、县级抗震救灾指挥部迅速组织开展自救互救、抢险救灾等先期处置工作，同时提出需要支援的应急措施建议；按照上级抗震救灾指挥机构的安排部署，领导和组织实施本行政区域抗震救灾工作。

6.2.2 国家应急处置

中国地震局向国务院抗震救灾指挥部上报相关信息，提出应对措施建议，同时通报有关部门。国务院抗震救灾指挥部根据应对工作需要，或者灾区所在省级人民政府请求或国务院有关部门建议，采取以下一项或多项应急措施：

（1）派遣公安消防部队、地震灾害紧急救援队、矿山和危险化学品救护队、医疗卫生救援队伍等专业抢险救援队伍，赶赴灾区抢救被压埋幸存者和被困群众，转移救治伤病员，开展卫生防疫等。必要时，协调解放军、武警部队派遣专业队伍参与应急救援。

（2）组织调运救灾帐篷、生活必需品等抗震救灾物资。

（3）指导、协助抢修通信、广播电视、电力、交通等基础设施。

（4）根据需要派出地震监测和次生灾害防范、群众生活、医疗救治和卫生防疫、基础设施恢复等工作组，赴灾区协助、指导开展抗震救灾工作。

（5）协调非灾区省级人民政府对灾区进行紧急支援。

（6）需要国务院抗震救灾指挥部协调解决的其他事项。

6.3 较大、一般地震灾害

市（地）、县级抗震救灾指挥部组织各类专业抢险救灾队伍开展人员搜救、医疗救护、灾民安置、次生灾害防范和应急恢复等工作。省级抗震救灾指挥部根据应对工作实际需要或下级抗震救灾指挥部请求，协调派遣专业技术力量和救援队伍，组织调运抗震救灾物资装备，指导市（地）、县开展抗震救灾各项工作；必要时，请求国家有关部门予以支持。

根据灾区需求，中国地震局等国家有关部门和单位协助地方做好地震监测、趋势判定、房屋安全性鉴定和灾害损失调查评估，以及支援物资调运、灾民安置和社会稳定等工作。必要时，派遣公安消防部队、地震灾害紧急救援队和医疗卫生救援队伍赴灾区开展紧急救援行动。

7 恢复重建

7.1 恢复重建规划

特别重大地震灾害发生后,按照国务院决策部署,国务院有关部门和灾区省级人民政府组织编制灾后恢复重建规划;重大、较大、一般地震灾害发生后,灾区省级人民政府根据实际工作需要组织编制地震灾后恢复重建规划。

7.2 恢复重建实施

灾区地方各级人民政府应当根据灾后恢复重建规划和当地经济社会发展水平,有计划、分步骤地组织实施本行政区域灾后恢复重建。上级人民政府有关部门对灾区恢复重建规划的实施给予支持和指导。

8 保障措施

8.1 队伍保障

国务院有关部门、解放军、武警部队、县级以上地方人民政府加强地震灾害紧急救援、公安消防、陆地搜寻与救护、矿山和危险化学品救护、医疗卫生救援等专业抢险救灾队伍建设,配备必要的物资装备,经常性开展协同演练,提高共同应对地震灾害的能力。

城市供水、供电、供气等生命线工程设施产权单位、管理或者生产经营单位加强抢险抢修队伍建设。

乡(镇)人民政府、街道办事处组织动员社会各方面力量,建立基层地震抢险救灾队伍,加强日常管理和培训。各地区、各有关部门发挥共青团和红十字会作用,依托社会团体、企事业单位及社区建立地震应急救援志愿者队伍,形成广泛参与地震应急救援的社会动员机制。

各级地震工作主管部门加强地震应急专家队伍建设,为应急指挥辅助决策、地震监测和趋势判断、地震灾害紧急救援、灾害损失评估、地震烈度考察、房屋安全鉴定等提供人才保障。各有关研究机构加强地震监测、地震预测、地震区划、应急处置技术、搜索与营救、建筑物抗震技术等方面的研究,提供技术支撑。

8.2 指挥平台保障

各级地震工作主管部门综合利用自动监测、通信、计算机、遥感等技术,建立健全地震应急指挥技术系统,形成上下贯通、反应灵敏、功能完善、统一高效的地震应急指挥平台,实现震情灾情快速响应、应急指挥决策、灾害损失快速评估与动态跟踪、地震趋势判断的快速反馈,保障各级人民政府在抗震救灾中进行合理调度、科学决策和准确指挥。

8.3 物资与资金保障

国务院有关部门建立健全应急物资储备网络和生产、调拨及紧急配送体系,保障地震灾害应急工作所需生活救助物资、地震救援和工程抢险装备、医疗器械和药品等的生产供应。县级以上地方人民政府及其有关部门根据有关法律法规,做好应急物资储备工作,并通过与有关生产经营企业签订协议等方式,保障应急物资、生活必需品和应急处置装备的生产、供给。

县级以上人民政府保障抗震救灾工作所需经费。中央财政对达到国家级灾害应急响应、受地震灾害影响较大和财政困难的地区给予适当支持。

8.4 避难场所保障

县级以上地方人民政府及其有关部门,利用广场、绿地、公园、学校、体育场馆等公共设施,因地制宜设立地震应急避难场所,统筹安排所必需的交通、通信、供水、供电、排污、环保、物资储备等设备设施。

学校、医院、影剧院、商场、酒店、体育场馆等人员密集场所设置地震应急疏散通道,配备必要的救生避险设施,保证通道、出口的畅通。有关单位定期检测、维护报警装置和应急救援设施,使其处于良好状态,确保正常使用。

8.5 基础设施保障

工业和信息化部门建立健全应急通信工作体系,建立有线和无线相结合、基础通信网络与机动通信系统相配套的应急通信保障系统,确保地震应急救援工作的通信畅通。在基础通信网络等基础设施遭到严重损毁且短时间难以修复的极端情况下,立即启动应急卫星、短波等无线通信系统和终端设备,确保至少有一种以上临时通信手段有效、畅通。

广电部门完善广播电视传输覆盖网,建立完善国家应急广播体系,确保群众能及时准确地获取政府发布的权威信息。

发展改革和电力监管部门指导、协调、监督电力运营企业加强电力基础设施、电力调度系统建设,保障地震现场应急装备的临时供电需求和灾区电力供应。

公安、交通运输、铁道、民航等主管部门建立健全公路、铁路、航空、水运紧急运输保障体系,加强统一指挥调度,采取必要的交通管制措施,建立应急救援"绿色通道"机制。

8.6 宣传、培训与演练

宣传、教育、文化、广播电视、新闻出版、地震等主管部门密切配合,开展防震减灾科学、法律知识普及和宣传教育,动员社会公众积极参与防震减灾活动,提高全社会防震避险和自救互救能力。学校把防震减灾知识教育纳入教学内容,加强防震减灾专业人才培养,教育、地震等主管部门加强指导和监督。

地方各级人民政府建立健全地震应急管理培训制度,结合本地区实际,组织应急管理人员、救援人员、志愿者等进行地震应急知识和技能培训。

各级人民政府及其有关部门要制订演练计划并定期组织开展地震应急演练。机关、学校、医院、企事业单位和居委会、村委会、基层组织等,要结合实际开展地震应急演练。

9 对港澳台地震灾害应急

9.1 对港澳地震灾害应急

香港、澳门发生地震灾害后,中国地震局向国务院报告震情,向国务院港澳办等部门通报情况,并组织对地震趋势进行分析判断。国务院根据情况向香港、澳门特别行政区发出慰问电;根据特别行政区的请求,调派地震灾害紧急救援队伍、医疗卫生救援队伍协助救援,组织有关部门和地区进行支援。

9.2 对台湾地震灾害应急

台湾发生地震灾害后,国务院台办向台湾有关方面了解情况和对祖国大陆的需求。根据情况,祖国大陆对台湾地震灾区人民表示慰问。国务院根据台湾有关方面的需求,协调调派地震灾害紧急救援队伍、医疗卫生救援队伍协助救援,援助救灾款物,为有关国家和地区对台湾地震灾区的人道主义援助提供便利。

10 其他地震及火山事件应急

10.1 强有感地震事件应急

当大中城市和大型水库、核电站等重要设施场地及其附近地区发生强有感地震事件并可能产生较大社会影响,中国地震局加强震情趋势研判,提出意见报告国务院,同时通报国务院有关部门。省(区、市)人民政府督导有关地方人民政府做好新闻及信息发布与宣传工作,保持社会稳定。

10.2 海域地震事件应急

海域地震事件发生后,有关地方人民政府地震工作主管部门及时向本级人民政府和当地海上搜救机构、海洋主管部门、海事管理部门等通报情况。国家海洋局接到海域地震信息后,立即开展分析,预测海域地震对我国沿海可能造成海啸灾害的影响程度,并及时发布相关的海啸灾害预警信息。当海域地震造成或可能造成船舶遇险、原油泄漏等突发事件时,交通运输部、国家海洋局等有关部门和单位根据有关预案实施海上应急救援。当海域地震造成海底通信电缆中断时,工业和信息化部等部门根据有关预案实施抢修。当海域地震波及陆地造成灾害事件时,参照地震灾害应急响应相应级别实施应急。

10.3 火山灾害事件应急

当火山喷发或出现多种强烈临喷异常现象,中国地震局和有关省(区、市)人民政府要及时将有关情况报国务院。中国地震局派出火山现场应急工作队伍赶赴灾区,对火山喷发或临喷异常现象进行实时监测,判定火山灾害类型和影响范围,划定隔离带,视情向灾区人民政府提出转移居民的建议。必要时,国务院研究、部署火山灾害应急工作,国务院有关部门进行支援。灾区人民政府组织火山灾害预防和救援工作,必要时组织转移居民。

10.4 对国外地震及火山灾害事件应急

国外发生造成重大影响的地震及火山灾害事件,外交部、商务部、中国地震局等部门及时将了解到的受灾国的灾情等情况报国务院,按照有关规定实施国际救援和援助行动。根据情况,发布信息,引导我国出境游客避免赴相关地区旅游,组织有关部门和地区协助安置或撤离我境外人员。当毗邻国家发生地震及火山灾害事件造成我国境内灾害时,按照我国相关应急预案处置。

11　附则

11.1　奖励与责任

对在抗震救灾工作中作出突出贡献的先进集体和个人,按照国家有关规定给予表彰和奖励;对在抗震救灾工作中玩忽职守造成损失的,严重虚报、瞒报灾情的,依据国家有关法律法规追究当事人的责任,构成犯罪的,依法追究其刑事责任。

11.2　预案管理与更新

中国地震局会同有关部门制订本预案,报国务院批准后实施。预案实施后,中国地震局会同有关部门组织预案宣传、培训和演练,并根据实际情况,适时组织修订完善本预案。

地方各级人民政府制订本行政区域地震应急预案,报上级人民政府地震工作主管部门备案。各级人民政府有关部门结合本部门职能制订地震应急预案或包括抗震救灾内容的应急预案,报同级地震工作主管部门备案。交通、铁路、水利、电力、通信、广播电视等基础设施的经营管理单位和学校、医院,以及可能发生次生灾害的核电、矿山、危险物品等生产经营单位制订地震应急预案或包括抗震救灾内容的应急预案,报所在地县级地震工作主管部门备案。

11.3　以上、以下的含义

本预案所称以上包括本数,以下不包括本数。

11.4　预案解释

本预案由国务院办公厅负责解释。

11.5　预案实施时间

本预案自印发之日起实施。

参 考 文 献

1. 胡锋.地震不可预测与自组织临界性思想[R/OL].http://bbs.sciencenet.cn/blog-43547-422023.html,2011-03-13.
2. Bak P,Tang C,Wiesenfeld K. Self-organized criticality：an explanation of $1/f$ noise[J]. Physical Review Letters,1987,59(4)：381-384.
3. 迟娜娜,邓云峰.俄罗斯国家应急救援管理政策及相关法律法规[J].中国职业安全卫生管理体系认证,2004(5)：8-11.
4. 陈安.现代应急管理理论与方法[M].北京：科学出版社,2010.
5. UNISDR Hyogo Framework for Action 2005-2015：Building the Resilience of Nations and Communities to Disaster[R/OL]. http://www.unisdr.orgl 2005.
6. 张沛,潘锋.现代城市公共安全应急管理概论[M].北京：清华大学出版社,2007.
7. 战俊红,张晓辉.中国公共安全管理概论[M].北京：当代中国出版社,2007.
8. [美]罗伯特·希斯.危机管理[M].北京：中信出版社,2003.
9. 黄顺康.论公共危机预控制[J].理论界,2006(5)：81-82.
10. 肖鹏英.危机管理[M].广州：华南理工大学出版社,2008.
11. 林鸿潮.公共应急管理机制的法治化[M].武汉：华中科技大学出版社,2009.
12. [美]托马斯·D·费伦.应急管理操作实务[M].林毓铭,等译.北京：知识产权出版社,2012.
13. 李宁,等.自然灾害应急管理导论[M].北京：北京大学出版社,2011(6).
14. UNISDR (United Nations International Strategy for Disaster Reduction). Living with risk：A global review of disaster reduction initiatives. Geneva：UNISDR,2004.
15. UNISDR (United Nations International Strategy for Disaster Reduction). Terminology on disaster risk reduction. Geneva：UNISDR,2009.
16. 陈安.现代应急管理理论与方法[M].北京：科学出版社,2009.
17. [美]林德尔,等.应急管理概论[M].王宏伟,译.北京：中国人民大学出版社,2011.
18. 乔治·D·哈岛.应急管理概论[M].北京：知识产权出版社,2011.
19. 连玉明.汶川案例(应急篇)[M].北京：中国时代出版社,2009.
20. 刘新立.风险管理[M].北京：北京大学出版社.2010.
21. 高庆华.论地震风险[M].北京：气象出版社,2011.
22. George H,Jane B. Introduction to Emergency Management [M]. Oxford：Elsevier Butterworth-Heinemann,2003.
23. Blanchard B W. Emergency Management Higher Education Project Presentation[R/OL]. 2005,http://training.fema.gov/EMIWeb/downloads/highedbrief_course2.pdf.
24. 黄崇福.从应急管理到风险管理若干问题的探讨[J].行政管理改革,2012(5)：72-75.
25. 李宏仓.中国地震灾害应急管理机制研究[D].西安：长安大学,2010.
26. 陈维锋,王云基,顾建华,等.地震灾害搜索救援理论与方法[M].北京：地震出版社,2008.
27. GB/T 28921—2012 自然灾害分类与代码[S].北京：中国标准出版社,2012.

28. 王公学,穆萍.浅谈城市地震应急工作[J].城市与减灾,2002(02):5-12.
29. 中国地震局震灾应急救援司.地震应急[M].北京:地震出版社,2004.
30. 邹福肇,曹康泰,陈章立.中华人民共和国防震减灾法释义[S].北京:法律出版社,1998.
31. 崔秋文,苗崇刚.国际地震应急与救援概览[M].北京:气象出版社,2005.
32. 赵要军,陈安.地震类突发事件中公共财政应急机制分析[J].灾害学,2007,22(4):124-124,142.
33. 史培军.三论灾害研究的理论与实践[J].自然灾害学报,2002,11(3):1-9.
34. 陈安,陈宁,倪慧荟.现代应急管理理论与方法[M].科学出版社,2009.
35. 何永年.我国的城市防震减灾[J].灾害学,2008,23(增刊):1-4.
36. 高庆华,等.论防震应急系统工程[J].灾害学,2009,24(1):127-131.
37. 龚鹏飞.突发事件与应急管理相关概念辨析[J].城市与减灾,2015(4):26-29.
38. 陈章立,李志雄.我国地震应急的回眸和启示[J].中国应急救援,2015(2):17-24.
39. 唐益民.完善突发公共事件政府应急管理机制的对策研究[D].湖南:湘潭大学,2008.
40. 姜安鹏,沙勇忠.应急管理实务——理念与策略指导[M].兰州:兰州大学出版社,2010.
41. 王佃利,沈荣华.城市应急管理体制的构建与发展[J].中国行政管理,2004(8):68-72.
42. 滕五晓,加藤孝明,小出治编著.日本灾害对策体制[M].北京:中国建筑工业出版社,2003.
43. 王王强.构建以政府为核心的公共危机应对网络[J].行政论坛,2005(6):21-23.
44. 闪淳昌,周玲,方曼.美国应急管理机制建设的发展过程及对我国的启示[J].中国行政管理,2010(8):100-105.
45. 姚国章.日本灾害管理体系:研究与借鉴.北京:北京大学出版社,2009.
46. 唐承沛.中小城市突发公共事件应急管理体系与方法[M].上海:同济大学出版社,2007.
47. 赵兵.日本灾后重建的经验教训及对我国的启示[J].西南民族大学学报(人文社科版),2008(9):33-35.
48. 申瑞瑞,融燕.日本自然灾害应急机制对我国政府的启示——以3·11大地震应急措施为例[J].北京电子科技学院学报,2011,19(3):55-61,75.
49. 杨新红.美国减灾的应急及社会联动机制研究——以卡特里娜飓风为例[J].中国安全生产科学技术,2012,08(1):118-122.
50. 王宏伟.重大突发事件应急机制研究[M].北京:中国人民大学出版社,2010.
51. 赵红蕊,王涛,石丽梅,等.芦山7.0级地震震后道路损毁风险评估方法研究[J].灾害学,2014,29(2):33-37.
52. 如何处理好防震减灾工作的几个关系[J/OL]. http://zhidao.baidu.com/link?url=aPurRIdWngbfUfCC_YSqnE7lR3xhR8wa2ITRXX-inz2ricOMel4AX8qhC-9rgr-mxqvwZjAiM0lV9Gubh6rIffAOLftpVT5QS3Nwu2vkUu.
53. 李宁,吴吉东.自然灾害管理导论[M].北京:北京大学出版社,2011.
54. 莫于川.中华人民共和国突发事件应对法释义[M].北京:中国法制出版社,2007.
55. Michael K L,Prater C,Ronald W P. Interduction to Emergency Management[M].北京:中国人民大学出版社,2001.
56. 张维平.政府应急管理——"一案三制"创新研究[M].合肥:安徽大学出版社,2010.
57. 陈安,马建华,李季梅,亓菁晶等.现代应急管理应用与实践[M].北京:科学出版社,2010.

58. 陈安,陈宁,武艳南等.现代应急管理技术与系统[M].北京:科学出版社,2010.
59. 陈建宏,杨立兵.现代应急管理理论与技术[M].湖南:中南大学出版社,2013.
60. 苗金明.事故应急救援与处置[M].北京:清华大学出版社,2012.
61. 徐敬海,聂高众.城市地震应急处置技术研究[J].地震地质,2014,36(1):196-205.
62. 王海鹰,欧阳春,孙刚.地震应急期关键应急处置业务的时序特征[J].华北地震科学,2014,32(1):59-64.
63. 计雷,等.突发事件应急管理[M].北京:高等教育出版社,2007.
64. 张沛,潘峰.现代城市公共安全应急管理概论[M].北京:清华大学出版社,2007.
65. 关于《中华人民共和国防震减灾法(修订草案)》的说明[DB/OL]. http://news.xinhuanet.com/newscenter/2008-10/29/content_10269599.htm.
66. 《防震减灾法》修订基本情况(一)[DB/OL]. http://www.cea.gov.cn/manage/html/8a8587881632fa5c0116674a018300cf/_content/09_03/11/1236732337137.html.
67. 申文庄.我国地震应急救援法律法规体系初步探究[J].中国应急救援,2015(4):13-15.
68. 陈安,陈宁,倪慧荟,等.现代应急管理理论与方法[M].北京:科学出版社,2011.
69. 龙艳,等.我国突发事件应急管理体制的现存问题分析[J].云南警官学院学报,2015(5):68-70.
70. 胡象明,黄敏.我国应急管理体制的特色与改革模式的选择[J].中国机构改革与管理,2011(3):34-39,13.
71. 张新梅,陈国华,张晖,等.我国应急管理体制的问题及其发展对策的研究[J].中国安全科学学报,2006,16(2):79-84.
72. 高小平.综合化:政府应急管理体制改革的方向[J].行政论坛,2007(2):24-30.
73. 孟祥瑞.我国应急管理体制的弊端与优势[J].赤峰学院学报(汉文哲学社会科学版),2013,34(3):66-67.
74. 王宏伟,李贺楼.我国应急管理体制性弊端探因[J].中国减灾,2010(6):40-42.
75. 朱陆民,陈丽斌.中国应急管理体制困境解构[J].大连干部学刊,2011,27(2):32-34,38.
76. 唐彦东,于汐,刘春平.北京市民防融入城市应急管理体系障碍性因素分析[J].灾害学,2014,29(3):197-201.
77. 申文庄.建立县级地震机构应急支援模式的探讨[J].中国应急救援,2015(4):30-31.
78. 北京日本学研究中心,神户大学.日本阪神大地震研究[M].北京:北京大学出版社,2009.
79. Sorensen J. Hazard warning systems: Review of 20 years of progress[J]. Natural Hazards Review,2000,2(1):119-125.
80. 黄典剑,蒋仲安,邓云峰.SARS全球化与城市应急机制发展研究[J].城市发展研究,2003,9(4):8-12.
81. 徐玖平.地震救援·恢复·重建系统工程[M].北京:科学出版社,2011.
82. 仇保兴.借鉴日本经验求解四川灾后规划重建的若干难题[J].城市规划学刊,2008(6):13-23.
83. 陈静,翟国芳,李莎莎."3·11"东日本大地震灾后重建思路、措施与进展[J].国际城市规划,2012,27(1):123-127.
84. 王岱,张文忠.国际多元合作推动灾区重建的回顾和思考[J].世界地理研究,2010,19(2):130-137.
85. 徐淑升,吴舜泽,逯元堂,等.国内外灾后重建经验与启示[J].环境保护,2008(13):39-42.
86. 苏幼坡,张玉敏.汶川地震建筑震害调查与灾后重建分析报告[R].北京:中国建筑工业出版社,2008:

432-441.

87. Chang S E. Urban disaster recovery: A measurement framework and its application to the 1995 Kobe Earthquabe[J]. Disasters,2010,34(2): 303-327.
88. Bruneau M S E, Chang R T, Equchi G C, etc. A frame work to quantitatively assess and enhance the seismic resilience of communities[J]. Earthquake Spectra, 2003,19(4): 733-752.
89. Hocharainer S. Macroeconomic risk management against natural disasters[M]. Wiesbaden: German University Publisher,2006.
90. 连玉明.汶川案例(重建篇)[M].北京:中国时代出版社,2009.
91. 曾旭正.灾后重建规划体制问题的分析与建议[J].城市规划学刊,2008(4):29-33.
92. 中国城市规划设计研究院.玉树灾后重建规划工作总结与经验交流[J].小城镇建设,2010(6):54-56.
93. 韩建武.突发事件应急机制[J].北京理工大学学报(社会科学版),2004,6(4).
94. 汪大海.公共危机管理实务[M].北京:中国人事出版社,2013.
95. 王宏伟,应急管理概论[M].北京:中国人民大学出版社,2007.
96. 高娜,聂高众,邓砚.地震应急救援辐射效应分析——以芦山7.0级地震为例[J].灾害学,2014,29(2):170-174.
97. 盛明科,郭群英.公共突发事件联运应急的部门利益梗阻及治理研究[J].中国行政管理,2014,(3):38-42.
98. Hallegatle S. How economic growth and rational decisions can make disaster losses grow faster than wealth[R]. Policy research working paper. Washington, DC: World Bank, 2011.
99. 刘霞,严晓.我国应急管理"一案三制"建设:挑战与重构[J].政治学研究,2011(1):94-100.
100. 钟开斌."一案三制":中国应急管理体系建设的基本框架[J].南京社会科学,2009(11):77-83.
101. 颜海,赵冲,马强.我国应急管理体制与机制理论研究综述[J].国书情报工作网刊,2010(7):8-12.
102. 马志毅.中国应急管理:体制、机制与法制[J].中国应急管理,2010(10).
103. 石磊.应急管理关键词:通用模型和应急机制[J].中国应急管理,2009(8):55-59.